国家重点研发计划:隧洞穿越活断层围岩-衬砌灾变机制及抗断技术
(2016YFC0401803)资助

活动断裂工程活动性分带与活动模式研究

Study on Engineering Activity Zoning and Mode of Active Faults

周 云 罗文行 房艳国 吴海斌 翁文林 付兴伟 著

中国地质大学出版社
CHINA UNIVERSITY OF GEOSCIENCES PRESS

图书在版编目(CIP)数据

活动断裂工程活动性分带与活动模式研究/周云等著.—武汉:中国地质大学出版社,2022.1

ISBN 978-7-5625-5047-1

Ⅰ.①活…
Ⅱ.①周…
Ⅲ.①活动断裂-断裂带-研究
Ⅳ.①P623.7

中国版本图书馆 CIP 数据核字(2022)第 028096 号

活动断裂工程活动性分带与活动模式研究

周　云　罗文行　房艳国
吴海斌　翁文林　付兴伟　著

责任编辑:周　旭　　责任校对:徐蕾蕾

出版发行:中国地质大学出版社(武汉市洪山区鲁磨路 388 号)　　邮编:430074
电　　话:(027)67883511　　传　　真:(027)67883580　　E-mail:cbb@cug.edu.cn
经　　销:全国新华书店　　http://cugp.cug.edu.cn

开本:787 毫米×1092 毫米　1/16　　字数:307 千字　　印张:12
版次:2022 年 1 月第 1 版　　印次:2022 年 1 月第 1 次印刷
印刷:湖北睿智印务有限公司

ISBN 978-7-5625-5047-1　　定价:58.00 元

前　言

水资源是基础性的自然资源和战略性的经济资源，是经济社会发展的重要支撑，是影响生态与环境的重要控制性因素，是一个国家综合国力的重要组成部分，而水短缺已然成为我国水资源安全中最突出的问题之一。我国水资源较为丰富，但分布不均，呈现东多西少、南多北少的状态，可调配利用的水资源相对集中在我国中、西部及西南地区。为推进我国经济持续高速发展，满足人民群众日益增长的需求，中、西部及西南地区跨流域与长距离引调水工程逐步实施。

我国西南地区经历了多期构造运动，地质构造背景复杂，区域深大活动断层发育。经多阶段、多方案研究论证后，引调水线路仍无法绕避活动断层，且需要直接穿过活动断层。这些活动断层形成时代早，经历多期构造变动，在晚更新世、全新世仍有较强的活动性，控制了区域地貌及河流的发育与展布。受板块运动及现今构造应力场的共同作用，这些深大活动断层多表现为走滑运动模式，而活动断层的走滑运动往往伴随着强震的发生，沿深大活动断层形成地震活动带。引调水工程输水建筑物穿(跨)过这些深大活动断层部位，存在建筑物抗震及衬砌结构抗错断问题。例如深大活动断层黏滑运动发生强震，产生强烈位错，引调水工程输水建筑物特别是输水隧洞衬砌结构难以适应同震突发位错。根据活动断层发震特征研究成果，活动断层多具强震复发周期，且震间期活动断层(特别是川滇藏地区的活动断层)往往表现为一定程度的蠕滑运动特征。活动断层的蠕滑位错可通过输水隧洞衬砌结构的研究及优化设计来适应。

全新世以来的活动断层在川滇藏地区表现为宽大的破碎带，往往具有多条近平行的分支断层。当输水隧洞穿过活动断裂带时，需要查明活动断层的分布位置、断层运动性质、最新活动部位(软弱带)，进行工程活动性分带研究，科学计算工程设计使用年限内活动断层蠕滑累计位错量，为工程衬砌结构设计和设防部位的确定提供依据。

断层的识别及其活动性评价，是水利水电工程地质勘察中的一项重要研究内容。现行规程规范及其他有关技术文件，都涉及对断层特别是活动断层进行重点调查和评价的问题。国内外早期对断层活动性的研究主要侧重于断层分布与产状、断层性质及宏观特征的定性判别、第四系沉积物变形和明显地貌错动现象识别。近年来，随着构造理论、物探技术、监测技术、测试手段的不断更新，国内外断层活动性研究取得了长足进展。蠕滑断层相关地貌学以及断层几何学、运动学和动力学，新的地质年龄测定技术在断层活动性研究中的应用以及由此发展起来的构造活动过程速率研究，使断层活动性及运动模式、变形带宽度及最新活动部位的研究等已经开始了从定性向定量转变。

本书是在国家重点研发计划“隧洞穿越活断层围岩-衬砌灾变机制及抗断技术(2016YFC0401803)”课题的资助下完成的，是对课题研究成果的系统梳理和总结。需要说明，本书中“断裂带”指的是区域性的、可能包含多条断层的断裂带，“断层”是指断裂带内在有限宽度内较为集中的错动面（窄的错动带）。

本书依托滇中引水工程，从工程前期到工程开工建设等不同阶段通过对香炉山隧洞穿过的蠕滑活动断裂开展工程活动性分带及其活动模式研究，探索解决线路工程穿越段“蠕滑活动断层有没有、活不活、在哪里”的问题，取得了如下重要进展。

（1）综合运用大比例尺构造测绘、大地电磁剖面、人工地震、放射性氡测试剖面等手段确定断裂带内分支断层的位置和活动强弱，进行活动断裂工程活动性分带及最新活动部位即软弱带的划分，建立跨活动断层分带剖面。

（2）在断裂带的断层影响带、角砾岩带、碎砾岩带、碎粉岩带内采集方解石、断层泥等样品，开展方解石U系测年、断层泥矿物微观擦痕和阶步、微米级和纳米级显微构造分析、碳酸盐岩碳氧同位素分析及石英微形貌研究，判断活动断层活动期次及最新活动部位。

（3）综合采用古地震或历史地震法、滑动速率法、断层长度转换法、预测震级转换法、定量类比法、加权平均法等方法，确定活动断裂在工程使用年限内最大可能位移量的参考值，创新提出龙蟠-乔后断裂及丽江-剑川断裂蠕滑活动位错量占位错总量的1/3～2/3的观点，根据断裂带的各分支断层活动强度，在断裂带最新活动部位确定了蠕滑位错量。

（4）从宏观尺度（空）到工程尺度（地）再到微观尺度（显微镜下），从地表到地下，通过对测年、地球物理、地球化学、工程力学、运动学等方面资料的研究，结合微观岩矿变形特征进行活动断裂的识别、断裂的工程活动性分带、断层滑动方式鉴别，以及估算蠕滑位错量，整理总结了一套活动断裂工程活动性分带及其活动模式研究的方法体系。

通过上述研究，重点解决了如何鉴定活动断裂最新活动部位，如何计算蠕滑位错累计位移量，如何设计隧洞工程过活动断裂带时衬砌结构的设防宽度等问题，建立了长距离线性引调水工程穿越相关的活动断裂分带性和活动模式研究方法体系，为国内类似工程提供了重要的借鉴。

本书主要由罗文行、房艳国共同执笔完成。罗文行主要负责第1、2、4、5、6、8章，共计约14万字。房艳国主要负责第3、7、9、10、11、12章，共计约15万字。周云负责全书统稿、校核和最后审查。中国长江三峡集团有限公司的吴海斌、翁文林、付兴伟参与了本书第1、2、8、11、12章等章节的编写、修改和校核工作。在本书的撰写过程中，得到了中国长江三峡集团有限公司和长江勘测规划设计研究有限责任公司有关专家和领导的关心与支持；王家祥、刘承新、王旺盛、陈长生、张艳山、叶浩、周洋、周逊等同志在课题研究过程中提供了帮助；书中参考了大量已发表的文献和数据，有些不能一一标注，在此一并表示衷心感谢。

本书是针对长距离引调水工程线路无法绕避活动断层，需要直接穿过，而必须进行抗断设计的工程难题开展的基础性研究的相关成果。它的出版发行对我国引调水工程等隧洞穿越活动断裂的抗断设计水平的提升起到积极的推动作用。但是由于课题研究难度大，加上著者水平有限，书中难免存在错漏或不当之处，在此诚邀本书读者提出宝贵意见和建议。

著　者

2021年11月

目 录

第1章　概　论

1.1　问题的提出

滇中引水工程大理Ⅰ段输水线路北起石鼓，终点至大理洱海东岸，穿越区总体为南北向的三山夹两川地貌，中间为金沙江和澜沧江流域分水岭——马耳山脉，两侧分别为鹤庆盆地和鹤庆东山（又名石宝山，东线方案展布区）、剑川盆地和剑川西山（又名老君山，西线方案展布区）。其中，香炉山隧洞涉及的行政区域有玉龙县、剑川县和洱源县。滇中引水工程是我国西南地区规模较大的重点民生工程，而该区域内地质情况复杂，如活动断裂发育及岩溶作用较强等，是工程地质上极为关注的问题。因此，探明活动断裂的工程活动性分带及其活动模式，是滇中引水工程项目中的重要问题之一。

近年来国内外的不同机构对活动断裂展开了不同方向的研究，并且出版了较多高质量的学术成果和技术标准。以断裂活动习性为主要科学问题，兼顾工程实践的断层研究，主要的任务分为以下3个层次：

(1)活动断裂在哪里？与隧洞工程的空间位置关系如何？

(2)断裂系统几何学、运动学和动力学特征如何？尤其是长不长、宽不宽、深不深？活动断裂在隧洞工程埋深部位的特征如何？

(3)断裂蠕滑活动强度如何？具体参数如何？隧洞工程衬砌结构既定工程年限的设防量值是多少？

第一个层次的问题应以地质填图的思路来完成，即选择某一比例尺，根据地质、遥感、物探、化探等资料情况，选择详测、简测、修测、编图。在详细分析论证的情况下，尽可能详细地对某一区域的断裂构造填绘，并辅以褶皱构造和不整合构造等的填绘，以确定研究目标。

第二个层次的问题是在第一个层次问题研究的基础上进行的，它专门对断裂构造进行解析，包括分组、分支、分层、分类、分期、分级、分段，解决断裂系统的组成和配套问题。

第三个层次的问题主要是进行断裂活动性鉴定和参数计算，即在第二个层次问题研究的基础上，搞清楚某一必须要研究的断裂的级别，从而对其进行进一步的分带和活动性研究，研究活动断裂地表及地下断裂带的分带特征。

可见，活动断裂的研究必须分层次进行，它是有轻重之分的，这种轻重之分在地质构造研究上具体表现为尺度（空间分辨率）、精确度和时限3个方面。本书分别从这3个方面介绍活动断裂工程活动性分带及其活动模式研究动态，以滇中引水工程区域地质为基础，提出了需要探讨的科学问题。

首先剖析第一个尺度问题，针对单个断裂，最为重要的是分带性。活动断裂工程活动性分带是指断裂长期滑动形成的与围岩相区别的断裂带内物质组成的分带，包括碎裂岩带、片理化断层角砾带、松软断层泥带和最新滑动面或裂缝等。其中碎裂岩带由围岩破碎而成，常见碎裂程度由围岩向断层泥带增高，接近断层泥带为定向排列明显的超碎裂岩带，并有可能穿插有灰黑色的假玄武岩玻璃，它们常不对称地分布在最新滑动面两侧。地质现象本身具有不均一性，因此我们必须研究活动断裂普遍的几何学特征。

此外，近年来关于活动断裂工程活动性分带有两个重要的成果：一是活动断裂最新活动面的尺度往往是厘米级至米级；二是其空间分布表现为不对称性。一般而言，包括胶结、半胶结断层碎裂岩，松散断层角砾，断层泥带和最新断层滑动面在内的断裂带宽度可达千米量级，但无论是断层地表露头，还是钻孔揭露的如圣安德烈斯断裂、台湾地区车笼埔断裂、四川龙门山断裂等均表明，断层最新滑动面两侧松散断层角砾和断层泥宽度在百米量级，最新破裂带宽度在10m左右，且钻孔显示地下最新滑动面竟为数十微米至上百微米量级。已有地震现场考察和横跨活动断层探槽剖面地质编录等研究表明，一次地震滑动引起的绝大部分变形局限在100μm到厘米量级宽度的超碎裂滑动带内，同震地表破裂带具有变形局部化基本特征，震级大于或等于6.5级地震常常沿发震断层形成长度不等、宽度局限的地表破裂带（Yeats et al.，1997；Scholz，2002）。地表破裂带主要沿发震活动断层呈带状分布，宽度仅数米至数十米不等（徐锡伟等，2003；Rockwell et al.，2007；Xu et al.，2008；Yu et al.，2010；Zhou et al.，2010；Xu et al.，2006，2009）。而以无震蠕滑为主的板内断层或板块间边界断层内部存在较宽的断层泥带（Chester et al.，1993；Wibberley et al.，2008）。围陷波探测进一步反映出走滑断层地表迹线至地壳震源深度范围内低速破裂带宽度介于200～300m之间，变形局部化特征仍然非常明显（Li et al.，2009）。

近些年来，为了揭示最新滑动面特征，有关活动断层变形局部化特征、工程活动性分带的研究主要侧重于地表露头断层物质的分类、分带研究和同震地表破裂的野外测量，以及大型探槽开挖剖面地质变形观测（Xu et al.，2006；徐锡伟等，2007；Rockwell et al.，2007；Xu et al.，2009；Yu et al.，2010；Zhou et al.，2010；孙鑫喆等，2012）。

第二个是精确度的问题，目前断层剖面的测量方法众多，但主要是利用测绳进行人工测量，或者直接进行目测素描。对于大比例尺地质填图而言，已经发展到基于高精度GPS坐标的剖面测制方法或者基于激光雷达点云系统的三维地质剖面测制方法。

第三个重要的问题是断层工程活动性的确定。究竟是10万年以来活动过的称为活动断裂，还是5万年以来活动过的称为活动断裂，甚至是1万年以来活动过的称为活动断裂？采用哪一个标准？这取决于一个地区最新构造格局起始的时限，对于工程活动性而言，最为简单的方式是按照目前流行的标准选取10万年作为活动断层的标准，相对较为保守。但是，仅就中国而言，东南沿海受控于滨太平洋构造域的控制，青藏高原及其周缘受控于喜马拉雅构造域的控制，二者地质活动的频率或者重现期可能是有明显差异的。将10万年以来有过活动的断层定为活动断层，起始于中国东部的红沿河核电站建设时期，可能并不适用于中国西部。因此，我们在选择活动断层时代标准时，必须结合当地所处的新构造背景。

1.2 重点研究内容

(1)地下活动断层工程活动性分带的构造地质学剖面研究。

(2)地下活动断层工程活动性分带的地球化学和岩石学、矿物学剖面研究。

(3)地下活动断层工程活动性分带的地球物理综合参数剖面研究。

(4)断层活动模式综合研究。

(5)活动断裂带各分支断裂未来百年蠕滑位移量及变形带宽度研究。

1.3 研究目标

依托滇中引水工程香炉山隧洞查明龙蟠-乔后、丽江-剑川、鹤庆-洱源3条断裂带野外延伸状况,以及每条断裂带的分支断裂分布情况、活动断裂与滇中引水工程交会部位所处的具体位置、活动模式和最新的滑动面位置,同时进行跨断层监测获得间震期断层滑动方式和附近地段围岩的应变样式等,估算各活动断裂带(含各分支断裂)未来百年蠕滑位移量(垂直、水平分量)及变形带宽度,为跨断层工程设计提供科学依据。

(1)隧洞工程穿过的活动断裂带的地表展布位置,活动断裂带的组成、活动强弱及其与隧洞线路工程的位置关系,解决活动断裂带在哪里的技术问题。

(2)查明断裂带构造岩分带特征、断层滑动面特征、地球化学和矿物学特征、不同分带的力学性质和力学参数,总结活动断裂蠕滑运动模式、最新滑动面的可能位置、变形带范围及宽度的研究方法,解决隧洞工程衬砌结构等工程措施在何处设防、设防宽度等关键技术问题。

(3)综合运用活动断裂带形变监测资料,以及地震学、地层年代学、断层年代学研究成果,总结活动断裂带内各分支活动断层在既定工程使用年限内震间蠕滑位错量研究方法,确定隧洞工程衬砌结构抗蠕滑错断位移量设防值,解决活动断层累计位错量如何确定的技术难题,为选择经济合理的抗错断结构措施提供技术支撑。

1.4 取得的成果

基于目前所做的研究工作,通过对断裂带内碳酸盐岩的U系测年和碳氧同位素,以及断裂带中断层泥的纳米尺度下的矿物形态、微观构造及岩矿学方面的综合分析,取得的主要成果如下。

(1)3条断裂都属于全新世活动断裂。通过对采集的方解石样本分析,断层活动的活跃期为4万年左右,并产生了区域上与断裂有关的流体排泄,主要形成了沿着断裂带分布的不同时代的方解石脉。4万年后的断层活动周期和时限有待进一步研究。

(2)断裂带分带性具有明显的不对称性质,鉴于目前部分断层岩石构造年代学资料的缺乏,尚难以精确制约。但是可以肯定的是,在龙蟠-乔后断裂带中出现蒙脱石的位置一般为断层最新活动面,可以根据这些断层新生矿物进行年代学测试和显微构造的研究,从而判断最新活动面空间位置以及活动复发期规律。断层泥中黏土矿物以蒙脱石为主的断层滑动性强,地震发生概率较大;断层泥中黏土矿物以伊利石为主的断层滑动性较弱,发生地震概率较低。张性断层形成的断层泥中黏土矿物以蒙脱石为主,剪切作用形成的断层泥中黏土矿物以伊利石为主。

(3)定向标本微观—超微观的擦痕、阶步指示了丽江-剑川断裂的活动方向为南东方向,并且在活动过程中发生过方向的改变。微米级和纳米级颗粒观察表明,断层面发育大量微米颗粒，少量纳米颗粒，说明丽江-剑川断裂活动过程中，断层面上应力作用较小，不足以使岩石形成纳米颗粒，揭示丽江-剑川断裂的性质为张扭性。纳米颗粒呈线状或槽状排列，显示为黏滑的运动特征，揭示该断裂具有不稳定性。

(4)3条活动断裂带基岩区活动年代学特征如下：①龙蟠-乔后断裂带在基岩断面上形成的方解石脉主要年代集中于500～400ka，说明该断裂带基岩区在中更新世为强烈的构造事件，中新世以来的活动较弱。而全新世以来的断层活动主要集中在盆地中。②丽江-剑川断裂带主断层走向40°，次为130°，为正断层兼左旋走滑，在断层面上可见砾石被切断。方解石U系测试结果显示该区主要有五期断层活动，第一期600～300ka，第二期180～120ka，第三期76ka，第四期50ka，第五期1.25ka。③鹤庆-洱源断裂带南段断裂活动年龄介于600～47ka之间，大量样品集中在80～70ka之间，表明该断裂带南段活动时间长达60～50ka，80～70ka可能是一期较为强烈的断裂活动，造成地层隆升。

(5)通过对碳氧同位素分析认为，龙蟠-乔后断裂带内碳酸盐矿物的来源可能以深部热液为主，其中大气降水的贡献较小，同时可能受到深部气体的影响和改造。丽江-剑川断裂带内的方解石脉的碳氧同位素全部为负值，且变化较小，推测该区的热液物质主要来自深部的热液，可能受到深部气体的交换改造。鹤庆-洱源断裂带南段发育的方解石脉碳氧同位素变化较大，但大多为负值，极个别的样品为正值，但也接近零。值得注意的是，该断裂带碳同位素低至−11.3‰，氧同位素低至−18‰，由此推测其热液系统的物质来源可能是大气降水和深部物质的混合，而具有较低的碳氧同位素的样品，很有可能是受到深部释放CO_2的影响。说明龙蟠-乔后断裂带和丽江-剑川断裂带较鹤庆-洱源断裂带延伸较深远，以深部热液为主。

(6)应力-应变数值模拟结果表明，在向东蠕散的大地构造应力场作用下，滇中引水工程区经过的3条主断裂以张扭性为特征，可能还存在近东西向的大应变量带。东边的鹤庆-洱源断裂可能最先被拉开形成大应变带，然后逐级向西传递，在工程加固与防护上应有所差别考虑。

(7)综合采用古地震或历史地震法、滑动速率法、断层长度转换法、预测震级转换法、定量类比法、加权平均法等方法，确定活动断裂在工程使用年限内最大可能位移量的参考值，创新提出龙蟠-乔后断裂及丽江-剑川断裂蠕滑活动位错量占位错总量的1/3～2/3的观点。根据各断裂带的分支断层活动强度，在各最新活动部位确定了蠕滑位错量。龙蟠-乔后断裂带百年累计水平位移设防量值为1.9m，垂直位移设防量为0.33m，其中分支断层西支水平位移设防量值为0.6～0.72m，垂直位移设防量为0.11～0.14m，中支断层水平位移设防量值为0.80～0.95m，垂直位移设防量为0.12～0.17m。丽江-剑川断裂带水平及垂直位移设防量分别为2.2m、0.34m，其中中1支分支断层水平位移设防量值为0.65～0.78m，垂直位移设防量为0.13～0.15m；中2支分支断层水平位移设防量值为0.88～1.10m，垂直位移设防量为0.14～0.18m；东支分支断层水平位移设防量值为0.75～0.90m，垂直位移设防量为0.14～0.17m。鹤庆-洱源断裂带水平及垂直位移设防量分别为0.6～0.75m、0.11～0.15m。

1.5 活动断层工程活动性分带与活动模式研究方法标准体系

从宏观尺度(空)到工程尺度(地)再到微观尺度(显微镜下)，从地表到地下，通过对测年、地球物理、地球化学、工程力学、运动学等方面资料的研究，结合微观岩矿变形特征进行活动断裂的识别、断裂的工程活动性分带、断层滑动方式鉴别，以及蠕滑位错量的估算，整理总结了一套活动断裂工程活动性分带及其活动模式研究的方法体系。

活动断层错断晚更新世以来地层或水系的累计位错量是由同震黏滑位错量和震间蠕滑位错量组成的。活动断层黏滑运动发生强震，会产生强烈位错，隧洞衬砌结构难以适应同震突发位错。根据活动断层发震特征研究成果，活动断层多具强震复发周期，震间期活动断层往往表现为一定程度的蠕滑运动特征。本书主要针对晚更新世以来断层的活动性质、运动方式及滑动方向没有发生变化或反转，震间期发生的蠕滑运动进行研究。

1.5.1 活动断层最新蠕滑活动断面位置判定方法

活动断层最新蠕滑活动断面位置的判定应遵循从宏观尺度(空)到工程尺度(地)再到微观尺度(显微镜下)、从地表到地下、从定性到定量的原则，并将这一原则贯穿勘察设计工程的全过程，在工程实际开挖揭露阶段定量确定蠕滑活动断面位置。

(1)通过高清区域影像及现场构造测绘等工作，分析活动断层的分段展布特征，进行活动断层工程穿越段活动时代复核及地震活动强度研究。

(2)对工程穿越段进行大比例尺构造测绘研究工作，结合断裂带各分支断层对现今地貌、水系的控制强弱和断层错断地层的新老关系，辅以跨断层坑槽探、大地电磁物探剖面、浅层地震剖面或放射性氡测试剖面，逐步确定工程活动断裂带内各分支断层的活动强弱。

(3)跨断裂带进行平面地质分带，建立活动断裂带宏观分带特征。

(4)跨活动断层绘制大比例尺构造地质学剖面，充分利用天然露头(如有覆盖层时，通过坑槽探)，查明各分支断层的破碎带宽度、不同构造岩分带特征(宽度、胶结状态)、断面几何学特征、运动学特征及切割关系，取构造岩样、断层上断点样、未被错断地层年代学样品测年，宏观确定断层最新蠕滑活动性质及最新的活动断面。

(5)根据隧洞工程实际开挖揭露的活动断裂带，对断层两侧影响带、主断面、次级断面几何学、运动学特征进行详细编录描述，分析不同期次断面的新老切割关系，判别地震位错事件，鉴定同震位错变形带宽度；对活动断裂带进行构造岩物质分带，详细记录隧洞开挖揭露的断层影响带、角砾岩带、碎粒岩带、碎粉岩带、断层泥带宽度及性状，以及胶结类型及强弱，对各构造岩分带进行工程力学、矿物化学、微纳米微观定向、显微构造研究，以及黏土矿物、石英微形貌快速测年等研究，综合判断最近一次断层地震事件破碎带位置及同震变形带宽度，探索位错位移量与变形带宽度的正相关关系，界定最新活动的部位。

(6)通过以上方法对活动断层从地表到地下，从宏观到微观，定量地研究活动断层最新蠕滑活动断面及变形带宽度。根据地表物探测试和坑槽地层年代学、测年、构造学研究，以及构造岩胶结强弱等成果，定量界定活动断层最新蠕滑活动断面位置及其与工程的相互位置关系，为隧洞工程抗错断设防提供依据。

(7)最新蠕滑活动断面变形带宽度的确定，应综合考虑最新活动断面两侧构造岩的物理特征(粒度、胶结程度、力学指标等)，结合断层的性质，探索统计得到基于考虑断层上盘效应的变形带宽度确定方法。

1.5.2 既定工程年限内的断层蠕滑活动量计算方法

(1)断层蠕滑活动速率复核:对活动断裂有明显的地表地貌表现,如盆地、河流水系、山脊、堵塞脊等同步同方向出现位错迹象时,需要通过坑槽探、地震考古、历史地震记载、被错断地层的起止时间、晚更新世以来活动断层错断地层位移总量,计算活动断层年蠕滑位错速率,包括水平蠕滑速率及垂向滑动速率。

(2)对工程线路无法绕避的活动断层,需在项目建议书或可行性研究阶段(或更早)建立地表跨断层高精度形变监测网、含水平及垂直位移监测网,为工程活动断层速率研究提供翔实的监测资料,更好地指导隧洞工程过活动断层的抗错断措施的选用及累计设防位移量。

(3)结合工程地质勘察钻孔,对孔内揭露有活动断层的孔段布置孔内自动化监测位移计,实时记录断层上下盘或断面的走滑运动特征,与断层地层年代学方法、地表形变监测网监测成果对比分析,合理界定断层蠕滑位移运动的速率。

(4)采用古地震或历史地震法、滑动速率法、断层长度转换法、预测震级转换法、定量类比法及加权综合法进行计算分析,取合理值作为既定年限活动断层百年位移设防量值。

(5)在既定工程年限间,震间活动断层蠕滑位错设防量为总位错量的1/3～2/3,当活动断层表现为现今强烈的走滑运动性质时,取大值,反之取小值。将通过地表形变监测的多年平均蠕滑速率计算的百年蠕滑位移设防量与之对比,取合理值作为抗错断设防位移量值。

(6)当同一条活动断裂带有多条活动断层时,应根据分支断层的活动强弱,合理估算每条活动断层的蠕滑活动位错设防量值,一般情况下主活动断层(即对现今地貌、水系控制最明显的断层)的蠕滑活动位错设防量占活动断裂带总位错量的2/3。

1.5.3 活动断层蠕滑活动方式判定标准体系

(1)根据活动断层地表出露及地下工程实际开挖揭露,重点观察断层运动学特征及运动期次,不同期次的断面擦痕性质,最新一次活动断面留下的指示断层运动方向的擦痕,特别是水平向擦痕的性质、阶步等指示断层运动方向的运动痕迹。

(2)当断裂带内断面或构造岩带内的碎粉岩带中有不切砾追踪微断裂、弧形或勺状擦痕,碎粒中见有研磨面、研磨坑以及擦面平滑的弧形擦痕等现象时,可直接判定断层具有蠕滑运动特征。

(3)断裂带为粗颗粒构造岩,或无法观测到指示断层活动方向或运动特征的构造痕迹时,需要取粒度较细的构造岩做定向研究。根据构造岩或矿物的显微构造特征来判定断层的活动方式。

(4)活动断层滑动方式,即断层滑动位移分布模式。本书主要针对蠕滑活动断层百年累计滑动位移量在变形带内的分布模式进行研究。受变形带宽度、构造岩粒度、胶结强度、软硬程度等影响,本书借鉴活动断层坑槽揭露变形特征,进行概化归纳总结,并定性分析,构建了适用于蠕滑模式的断层滑动方式判定标准。断层滑动方式主要有以下两种:当软弱破碎带宽度大于理论计算变形带宽度时,活动断裂累计位移在变形带内呈曲线分布,在最新活动断面附近位移相对集中分布;当软弱活动破碎带宽度较小,小于理论计算变形带宽度时,因受两侧胶结较好或大粒角砾岩等围岩岩体力学性质好、与软弱带内力学性质差异大的影响,累计位移在变形带内呈近似的直线分布。

第2章　滇中引水工程隧洞穿越区域地质概况

2.1　自然地理概况

研究区地处云南西北部，属横断山系切割山地峡谷区向滇中盆地山原区之滇中红色高原亚区过渡地带。区内高山、深谷、盆地相间排列，总体呈北西高、南东低的地势特征。区内地貌受断裂控制明显，山脉及主要水系走向呈近南北向、北北东向或北西向，与区域构造线近于平行(图 2-1)。北部山岭高耸，山顶高程一般 3500～4513m(金丝厂)，海拔 5000m 以上的山峰终年积雪，丽江以北的玉龙雪山海拔 5596m，为区内第一高峰；中部山岭与盆地相间分布，山岭总体较浑厚，山顶高程一般 3000～3500m，山间盆地高程一般 2000～2500m；南部为苍山山脉，山顶高程一般在 3500m 以上，最高峰马龙峰 4122m。区内北部发育的主要河流有金沙江及其主要支流水系，河谷深切，河床高程 1850～1800m，岭谷相对高差在 3000m 以上，金沙江为区内北部最低侵蚀基准面；东部主要发育穿越丽江盆地、鹤庆盆地的漾弓江，河床高程 2380～1990m；西南部发育的主要河流有黑惠江及其主要支流水系，河谷切割较深，岭谷相对高差一般 1500m 左右，河床高程 2160～1750m，苍山以西切割剧烈，高差达 2000m 左右，漾濞江为西南部最低侵蚀基准面，属澜沧江水系。

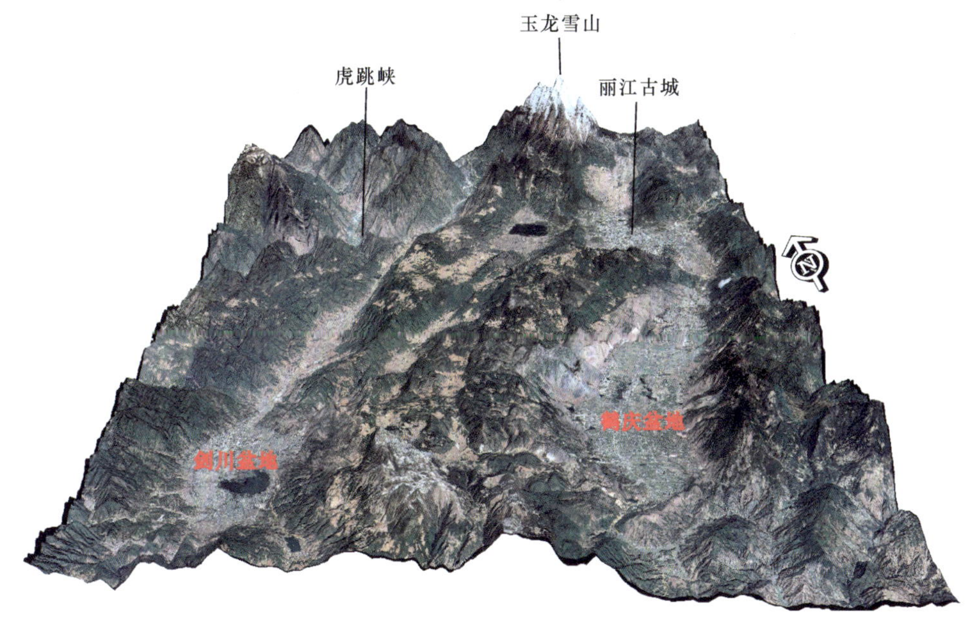

图 2-1　研究区三维地形图

研究区气候属于亚热带高原大陆性山地季风气候。由于区内海拔高差变化大，从亚热带气候至高寒带气候在山地均有典型的分布，四季气候整体变化不大，雨季、旱季分明，气候具有明显的海拔垂直差异特征，灾害性天气发生次数较多，年温差小而昼夜温差大，兼具有海洋性气候和大陆性气候特征。受焚风效应作用和影响，山的迎风坡面为潮湿多雨区，化学风化作用强烈，植被茂盛，岩石出露较少；背风坡面为干旱少雨区，以物理风化为主，植被不发育，岩石较为裸露(图 2-2)。全区年平均气温在 12.6～19.9℃之间，全年无霜期为 191～310d；年均累计降水量一般为 910～1040mm，雨季主要集中在 6～9 月；年平均日照时数在 2321～2554h 之间。

图 2-2　研究区焚风效应示意图

2.2　地层特征

区域范围内地层出露较齐全，从前古生界至新生界均有出露。以龙蟠-乔后断裂为界，东、西两侧地区地层沉积特征截然不同，北西侧属玉树-中甸分区的中甸-石鼓小区，南东侧属丽江-金平分区。

龙蟠-乔后断裂以西地区地层沉积特征具明显的地槽特征，基底由元古宙变质岩组成，盖层由泥盆系、石炭系、上三叠统浅海-滨海相碎屑岩建造及侏罗系、白垩系、古近系、新近系的海陆交互相、陆相红色碎屑建造组成。古生界泥盆系为浅变质岩、碳酸盐岩，局部为碎屑沉积岩、火山岩等，主要分布于大马坝以北金沙江河谷两侧；中生界岩性主要为碳酸盐岩、碎屑沉积岩，局部具浅变质相，主要分布在香炉山隧洞西 2 线大马坝北东及黑惠江金鸡鸣水库以南地区；新生界古近系—新近系主要为碎屑沉积岩，含膏盐矿，主要分布于大马坝至黑惠江金鸡鸣水库一线以西地区；第四系主要为残坡积、冲洪积堆积物，分布于洼地、缓坡、河谷和山间盆地。区内岩浆活动较强烈，从海西期—喜马拉雅期均有活动，超基性、基性、中性和酸性岩浆岩均有出露，多遭受了构造变动和变质作用，主要沿区域性断裂分布。区内变质作用较普遍，主要分布有云岭-澜沧江、中甸两个区域动力变质岩带和洛玉-巨甸-石鼓中压区域变质岩带。云岭-澜沧江、中甸为低温动力变质类型，洛玉-巨甸-石鼓为中压区域动力热流变质类型。各地层岩性特征见表 2-1。

表 2-1　香炉山隧洞研究区龙蟠-乔后断裂以西地区地层岩性特征简表

界	系	统	群/组	代号	厚度/m	岩性特征
新生界	第四系	全新统		Q	106～194	近代湖积、冲积、洪积砂、砾石、黏土等松散堆积物，局部有冰碛砾岩
		更新统				
	新近系	上新统	三营组	N_2s	119.8～429	灰色砾岩、黏土岩夹褐煤
		中新统	双河组	N_1s	＞687.8	灰色砾岩、砂岩、粉砂岩夹油页岩
	古近系	渐新统	金丝厂组	E_3j	＞1661	上部灰色砾岩、砂岩、粉砂岩；下部紫红色巨砾岩、砂岩
		始新统	宝相寺组/丽江组	E_2b/E_2l	795.8	上部灰色砂岩；下部紫红色砾岩、砂岩互层/石灰质角砾岩夹砂岩、灰岩
			美乐组	E_2m	621.3	上部砖红色砂岩；下部砾岩夹砂岩
		古新统	果郎组	E_1g	＞855	紫红色粉砂岩、泥岩
			云龙组	E_1y	669～3610	杂色钙质泥岩夹泥砾岩、砂岩、膏盐层
中生界	白垩系	上统	虎头寺组	K_2h	1614	紫红色粉砂岩夹灰白色砂岩
			南新组	K_2n	80～103	紫红色砂岩、砾岩夹粉砂岩
		下统	景星组	K_1j	2368～2904	杂色泥岩，灰白色、紫红色砂岩夹泥岩
	侏罗系	上统	坝注路组	J_3b	523～1523	紫红色粉砂岩、泥岩及砂岩
		中统	花开左组	J_2h	1122～2116	杂色泥岩夹泥灰岩；紫红色粉砂岩夹泥岩。底部砾岩或灰白色砂岩夹泥岩
		下统	漾江组	J_1y	708	紫红色粉砂岩、泥岩夹石英砂岩
	三叠系	上统	麦初箐组	T_3m	890.3	灰色砂岩及黑色页岩夹煤
			三合洞组	T_3s	148～316	黑色板岩、页岩，灰岩、角砾状灰岩
			歪古村组	T_3w	460～1 113.6	杂色千枚岩、砂岩，酸性火山熔岩
		中统	上兰组	T_2s	1565～2020	灰岩、板岩夹砂岩
			北衙组	T_2b	1669	白云质灰岩、泥灰岩
				T_2a	1729	深灰色板岩、凝灰岩、玄武岩
		下统	腊美组	T_1l	115.2～316	紫红色泥岩、砂岩，底部砾岩

续表 2-1

界	系	统	群/组	代号	厚度/m	岩性特征
古生界	二叠系	上统		P_2	>1948	砂岩、板岩夹玄武岩
			峨眉山玄武岩组	P_2e	2000～4500	暗灰色—黑绿色致密状、杏仁状玄武岩，凝灰岩夹灰岩透镜体
		下统		P_1	305.4	灰白色灰岩
	石炭系			C	>300	深灰色薄—中厚层鲕状灰岩，生物碎屑灰岩，含燧石
	泥盆系	上统	小羊场组	D_3x	543～817	浅灰色白云岩，白云质灰岩
		中统	苍纳组	D_2c	2674	灰色灰岩夹钙质泥岩
			穷错组	D_2q	2875	灰色片岩与灰岩互层
		下统	冉家湾组	D_1r	145～786	绢云（石英）微晶片岩、灰岩石英砂岩
			海落组	D_1h	>200	灰色结晶灰岩与绢云微晶片岩互层
	志留系	中上统		S_{2+3}	585	浅灰色白云质灰岩，下部为泥灰岩
		下统		S_1	104	深灰色页岩夹薄层灰岩
	奥陶系	上统		O_3	181	钙质砂岩，石英砂岩夹页岩
		下统		O_1	176～1566	砂质页岩及中厚层石英砂岩
新元古界	震旦系	上统	灯影组	Z_2dn		硅质灰岩、白云岩及灰质白云岩
			巨甸岩群 塔城岩组	$Pt_3J.$ $Pt_3t.$		绢云石英千枚岩、钠长绢云千枚岩夹变质绢云长石石英砂岩与变基性熔岩
			巨甸岩群 陇巴岩组	$Pt_3J.$ $Pt_3l.$		二云千枚岩、含碳质绢云石英千枚岩夹钠长阳起片岩、钠长透闪片岩与变质石英粉砂岩

龙蟠-乔后断裂以东研究区内，地层沉积特征具有地台型特征，区内出露地层较齐全，除寒武系外，其余地层均有出露。基底地层岩性为元古宙变质岩。盖层地层除侏罗系、白垩系主要分布在程海-宾川断裂以东地区，距香炉山隧洞研究区较远外，其他地层岩性特征如下：下古生界下奥陶统砂（页）岩，主要分布于洱海以东以及剑川—洱源一带；上古生界泥盆系和石炭系碳酸盐岩，主要分布在剑川—洱源一带；二叠系碎屑岩及峨眉山玄武岩组，主要分布在剑川—牛街—大理一线及鹤庆东部地区；三叠系碳酸盐岩、碎屑岩主要分布在鹤庆东山及松桂、北衙一带；古近系、新近系为碎屑沉积岩，主要分布在鹤庆东山一带；第四系主要为残坡积、冲洪积堆积物，分布于洼地、缓坡、河谷和山间盆地。区内岩浆活动较强烈，从海西期—喜马拉雅期均有活动，酸性、基性、超基性和中性岩浆岩均有出露，多沿区域长大断裂分布。区

内变质作用仅分布在大理以西苍山一带，主要为苍山前寒武纪变质岩带，该带为区域变质、热力变质和动力变质叠加而成的复杂变质岩系。各地层岩性特征见表 2-2。

表 2-2　香炉山隧洞研究区龙蟠-乔后断裂以东地区地层岩性特征简表

界	系	统	群/组	代号	厚度/m		岩性特征
					滇西	滇中	
新生界	第四系	全新统		Q	＞500		近代湖积、冲积、洪积砂、砾石、黏土等松散堆积物，局部有冰碛砾岩
		更新统					
	新近系			N	＞3000	300～1000	半固结砾岩与粉砂岩互层
	古近系			E	11 327	1500	块状石灰质角砾岩、石英砂岩及砂质页岩
中生界	白垩系	上统	江底河组	K_2j	600	1500	江底河组为紫色黏土岩夹细砂岩或粉砂岩，马头山组为砂砾岩
			马头山组	K_2m	628	100	
		下统	普昌河组	K_1p	385	1300	紫红色黏土岩夹砂岩
			高峰寺组	K_1g	468	702	砂岩、砂砾岩夹黏土岩
	侏罗系	上统	妥甸组	J_3t	400		以紫红色黏土岩、粉砂岩为主，夹粉砂岩及泥灰岩和细砂岩
			蛇店组	J_3sh	1180		
		中统	张家河组/上禄丰组	J_2z/ J_2s	500～700	40～1600	张家河组上部为黏土层、泥灰岩，下部多石英砂岩；上禄丰组为棕红色黏土层，粉砂岩
		下统	冯家河组/下禄丰组	J_1f/ J_1x	1100～1600	60～840	冯家河组紫红色黏土岩、粉砂质黏土岩，夹石英砂岩；下禄丰组为黏土岩、粉砂质黏土岩
	三叠系	上统	新安村组 松桂组 中窝组	T_3	700～3000		以石英砂岩、长石砂岩为主，夹黏土岩或粉砂质黏土岩
		中统	北衙组	T_2b	450～2400		以灰岩、白云质灰岩为主，夹泥灰岩
		下统	青天堡组	T_1q	100～350		以砂、页岩为主，底部含砾石

续表 2-2

界	系	统	群/组	代号	厚度/m		岩性特征
					滇西	滇中	
上古生界	二叠系	上统	黑泥哨组	P_2h	309～659		砂岩、页岩夹灰岩及煤线
			峨眉山玄武岩组	P_2e	2000～4500		暗灰色—黑绿色致密状、杏仁状玄武岩，凝灰岩夹灰岩透镜体
			阳新组	P_2y			以灰岩为主
		下统	茅口组	P_1m	350		灰色、灰白色厚层块状灰岩
			栖霞组	P_1q	200		灰色、灰白色白云质灰岩
	石炭系	上统		C	＞300	250	深灰色薄—中厚层鲕状灰岩，生物碎屑灰岩，含燧石
		中统					
		下统					
	泥盆系	上统		D_3	543～1096	＞76	白云岩、白云质灰岩
		中统		D_2	838～1018	10～170	石英砂岩夹砂质页岩或黏土岩，底部为砂砾岩
		下统		D_1	345～1148	22	上部为灰岩、泥灰岩夹页岩，下部为灰岩及泥晶灰岩或白云质灰岩
下古生界	志留系	中上统		S_{2+3}	585		浅灰色白云质灰岩，下部为泥灰岩
		下统		S_1	104		深灰色页岩夹薄层灰岩
	奥陶系	上统		O_3	181	91	钙质砂岩、石英砂岩夹页岩
		下统		O_1	176～1566	355	砂质页岩及中厚层石英砂岩
元古宇	震旦系	上统	灯影组	Z_2dn	658	460	硅质灰岩、白云岩及灰质白云岩
			观音崖组	Z_2g	＞200		紫红色砂岩、页岩夹白云岩
太古宇			苍山群	$ArCn^6$	545		黑云母片麻岩、角闪斜长片麻岩及薄层大理岩
				$ArCn^5$	666		上部为辉石角闪片岩、花岗片麻岩、云母微晶片麻岩，中部为片岩，下部为长英变粒岩
				$ArCn^4$	462		长英变粒岩、变余长英粉砂岩夹角闪片岩
				$ArCn^3$	438		绿泥角闪阳起石片岩夹大理岩
				$ArCn^2$	270		白云质灰岩及大理岩
				$ArCn^1$	＞300		绿泥石、绢云千枚岩及片岩

2.3　大地构造背景

2.3.1　区域构造背景

西南三江地区区域构造复杂，具有复杂而独特的巨厚地壳和岩石圈结构，与印支半岛相连，位于特提斯构造域的东端，由冈瓦纳大陆与华南板块之间多个大小不等的地块组成。在欧亚大陆边缘与冈瓦纳大陆边缘相互作用下，经历原特提斯阶段（Z—O—S）、古特提斯阶段（D—T_3—J_1）、新特提斯阶段（T_3—N）等漫长的构造运动历史，张裂、碰撞和消减作用交替，形成数条板块结合带及断裂带。该构造域主要由滇缅马（Sinoburmalaya 或者 Sibumasu，或保山-掸泰）地块（图 2-3）、临沧-素可泰（Sukhothai）岩浆弧、思茅-印支地块、哀牢山-范士坂与瑶山-大象山地块，以及三江北部的松潘-甘孜地块、中咱地块等及其间的缝合带（如昌宁-孟连-清迈-庄他武里-劳勿缝合带、景洪-难河- SRAM Kaeo 缝合带、金沙江-哀牢山-马江缝合带、金平-沱江缝合带、甘孜-理塘蛇绿岩带）组成。西界为实皆断裂（Sagaing fault），与西缅地块分开，东界为红河断裂，与扬子板块分开。构造域内部又以昌宁-孟连-清迈缝合带为界分为两个大的一级构造单元，即掸泰地块及其以西具有亲冈瓦纳属性的地块群和思茅-印支地块以东具有亲扬子属性的微型地块群（刘本培等，1994）。实皆断裂和昌宁-孟连-清迈缝合带之间为掸泰地块，中国境内的腾冲、保山地块是掸泰地块的一部分。昌宁-孟连-清迈缝合带与景洪-难河缝合带之间为临沧-素可泰岩浆弧。景洪-难河缝合带与金沙江-哀牢山-马江缝合带之间为思茅-印支板块（Feng et al.，2005）。

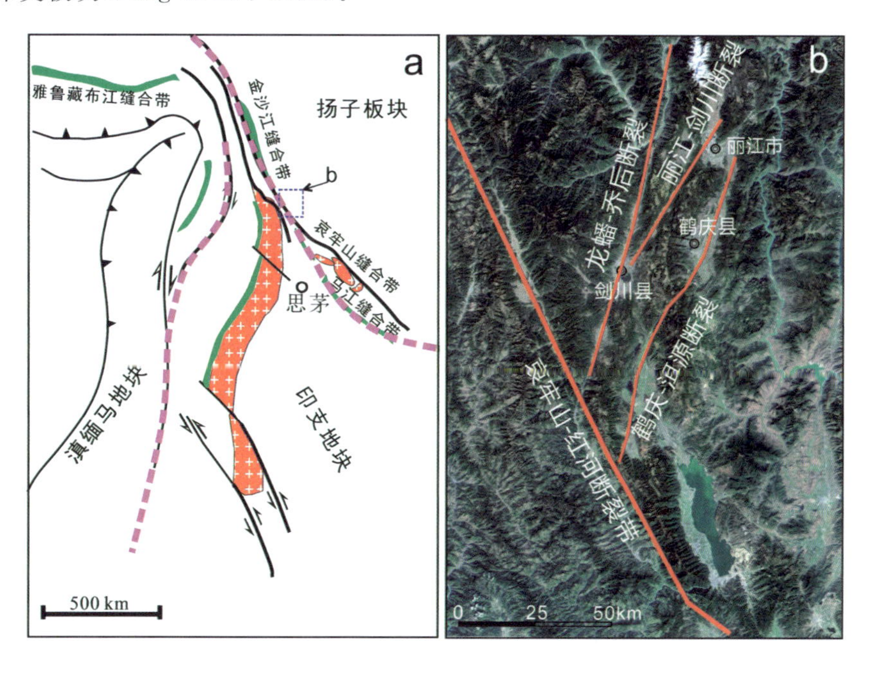

图 2-3　研究区区域大地构造简图

滇西北现今构造格局形似菱形，以德钦-中甸-大具断裂带、程海断裂带、红河断裂带、通甸-巍山断裂带和龙蟠-乔后断裂带为边界。区域上，滇西北地区随川滇菱形块体向南东滑行，并作顺时针旋转。在区内，滇西北地区北边界德钦-中甸-大具断裂带为走向北西的右旋走滑断裂，南边界红河断裂带和通甸-巍山断裂带也是走向北西的右旋走滑断裂。这导致了第四纪以来滇西北地区处于拉张环境，并在区内形成了一系列北东、北北东和近南北向的左旋走滑断裂，如龙蟠-乔后断裂、鹤庆-洱源断裂、丽江-小金河断裂等。同时也形成了一系列地堑或半地堑型断陷盆地，如剑川盆地、沙溪盆地、鹤庆盆地、宾川盆地、永胜盆地、期纳盆地等。丽江-小金河断裂切过滇西北地区，在剑川盆地与龙蟠-乔后断裂相交。

2.3.2 大地构造单元分区

香炉山隧洞区域构造复杂，西及西南以金沙江深断裂、红河深断裂为界，中部以三江断裂带、小金河-丽江-剑川断裂及龙蟠-乔后深断裂为界，西、北、东三面分属唐古拉-昌都-兰坪-思茅褶皱系(Ⅳ)、松潘-甘孜褶皱系(Ⅲ)和扬子准地台(Ⅰ)3个一级构造单元区(图2-4)。

香炉山隧洞自北西向南东依次穿过松潘-甘孜褶皱系(Ⅲ)及扬子准地台(Ⅰ)的二级构造单元中甸褶皱带(Ⅲ$_1$)、丽江台源拗褶带(Ⅰ$_1$)和三级构造单元东旺-巨甸(中咱)褶断束(Ⅲ$_1^1$)、三坝(理塘)褶皱束(Ⅲ$_1^3$)及鹤庆-洱海台褶束(Ⅰ$_1^1$)。

1. 松潘-甘孜褶皱系(Ⅲ)

松潘-甘孜褶皱系(Ⅲ)为一向南东凸出的弧形推覆褶皱带，属印支地槽褶皱系。它出露地层主要为上二叠统—三叠系，其他地层几乎全部被上二叠统—三叠系地槽沉积所覆盖。基性、中酸性岩浆侵入活动时期有海西期、印支期—燕山早期和燕山晚期—喜马拉雅期，区域变质作用时期有海西期、印支期。晚三叠世全面褶皱回返，转化为印支褶皱系，印支晚期的褶皱造山运动是本区最主要的构造运动。喜马拉雅运动主要表现为挤压褶皱和隆起，同时表现强烈的断裂构造运动。该褶皱系可进一步划分为中甸褶皱带(Ⅲ$_1$)和雅江冒地槽褶皱带(Ⅲ$_2$)两个二级构造单元。

滇中引水工程石鼓水源工程研究区及大理1段石鼓-剑川白汉场线路段位于其二级构造单元中甸褶皱带(Ⅲ$_1$)内，涉及的三级构造单元为东旺-巨甸(中咱)褶断束(Ⅲ$_1^1$)、三坝(理塘)褶皱束(Ⅲ$_1^3$)。中甸褶皱带夹持于金沙江断裂带与德来-定曲断裂带之间，该带最大特点是岩浆活动强烈，喷出岩层位多、岩石杂、分布广。

2. 扬子准地台(Ⅰ)

扬子准地台西北边界以三江口断裂、龙蟠-乔后断裂为界，与松潘-甘孜褶皱系(Ⅲ)所属的中甸褶皱带(Ⅲ$_1$)为邻；西南边界以金沙江-哀牢山断裂为界，与唐古拉-昌都-兰坪-思茅褶皱系(Ⅳ)所属的兰坪-思茅褶皱带(Ⅳ$_1$)与墨江-绿春褶皱带为邻；东南边界以弥勒-富源断裂为界，与华南褶皱系所属的滇东南褶皱带为邻。扬子准地台包括了滇中、滇东、滇东北地区。

扬子准地台具有典型的基底和盖层双层构造。基底岩系包括古元古界苴林群和中元古界昆阳群。古元古界为优地槽建造，为一套复理石和钠质火山岩建造，厚逾万米，可能是经过

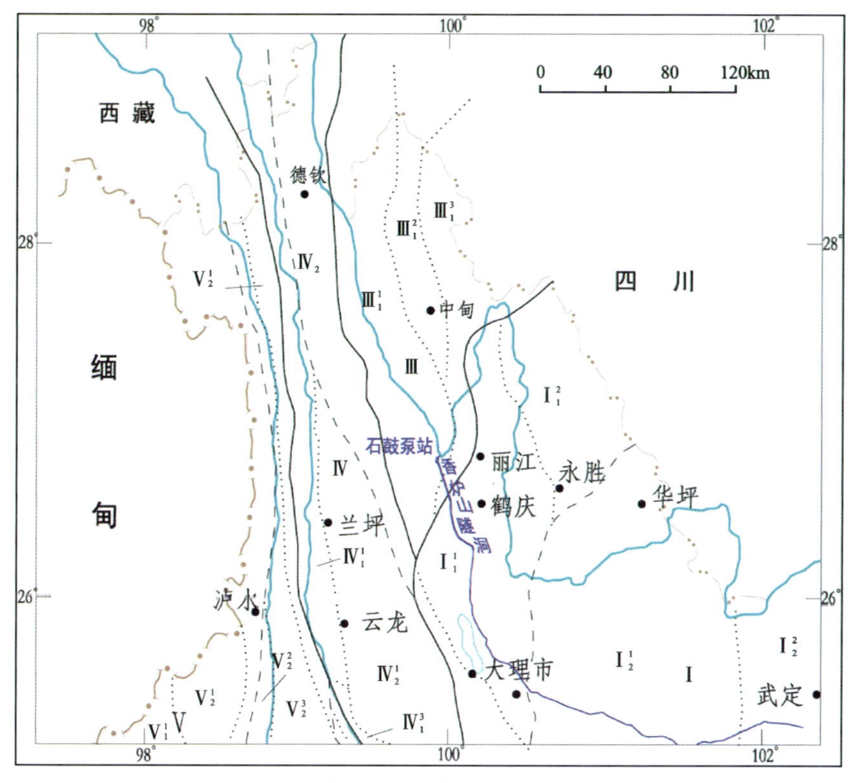

图2-4　香炉山隧洞大地构造分区略图

Ⅰ.扬子准地台；Ⅰ$_1$.丽江台源拗褶带；Ⅰ$_1^1$.鹤庆-洱海台褶束；Ⅰ$_1^2$.永宁-永胜台褶束；Ⅰ$_2$.康滇地轴；Ⅰ$_2^1$.滇中中台陷；Ⅰ$_2^2$.武定-石屏隆断束；Ⅲ.松潘-甘孜褶皱系；Ⅲ$_1$.中甸褶皱带；Ⅲ$_1^1$.东旺-巨甸(中咱)褶断束；Ⅲ$_1^2$.义墩褶皱束；Ⅲ$_1^3$.三坝(理塘)褶皱束；Ⅳ.唐古拉-昌都-兰坪-思茅褶皱系；Ⅳ$_1$.兰坪-思茅褶皱带；Ⅳ$_1^1$.中排山褶皱束；Ⅳ$_1^2$.云龙-江城褶皱束；Ⅳ$_1^3$.景谷-勐腊褶皱束；Ⅳ$_2$.云岭褶皱带；Ⅳ$_2^1$.德钦-雪龙山断褶束；Ⅴ.冈底斯-念青唐古拉褶皱系；Ⅴ$_1$.伯舒拉岭-高黎贡山褶皱带；Ⅴ$_1^1$.铜壁关褶皱束；Ⅴ$_1^2$.古永-盏西褶皱束；Ⅴ$_1^3$.泸水-陇川褶皱束；Ⅴ$_2$.福贡-镇康褶皱带；Ⅴ$_2^1$.丙中洛褶皱束；Ⅴ$_2^2$.芒市褶皱束；Ⅴ$_2^3$.保山-永德褶皱束

吕梁运动之后形成的结晶基底。中元古界为冒地槽型的类复理石建造和碳酸盐岩建造，厚度亦在万米左右，经晋宁运动全面褶皱回返，形成扬子准地台的褶皱基底，并伴随发生中酸性岩浆侵位和低温区域动力变质作用，从而结束了地槽演化阶段。新元古代—中三叠世为地台演化阶段，形成了后地槽阶段的盖层沉积。盖层发育良好，大致可分为3个构造层：第一构造层为下震旦统磨拉石建造，仅分布于滇东地区；第二构造层为上震旦统—上奥陶统，主要为碳酸盐岩建造；第三构造层为泥盆系—上三叠统中部，主要为河湖相红色碎屑建造、浅海相碳酸盐岩建造、基性火山岩建造、陆相-滨海相含煤建造。

晚三叠世中后期，进入地台演化的后期旋回，全区由海相变为陆相。川滇台背斜由长期隆起转变为断陷盆地，形成了三叠纪的含煤建造或含煤磨拉石建造和侏罗系—中始新统的巨厚红色碎屑建造与含煤建造。喜马拉雅运动使全区褶皱上升，形成了一系列山间和山前断陷盆地，在盆地内发育了一套磨拉石建造。渐新世末的构造运动基本上奠定了区域地形、地貌的雏形。上新世末的喜马拉雅运动(新构造运动)使全区进一步隆升，形成现今的高原面貌。

扬子准地台(Ⅰ)可进一步划分为丽江台源拗褶带($Ⅰ_1$)、康滇地轴($Ⅰ_2$)与滇东台褶带3个二级构造单元。滇中引水工程线路穿过扬子准地台3个二级构造单元。丽江台源拗褶带($Ⅰ_1$)西北边界和西南边界即是扬子准地台的一级构造单元的边界,东界为箐河断裂、程海断裂与红河断裂南段;康滇地轴($Ⅰ_2$)西界为箐河断裂和程海断裂,东界为普渡河断裂,西南界为红河断裂;滇东台褶带西界为普渡河断裂,东南界为弥勒-富源断裂。涉及的三级构造单元分别为鹤庆-洱海台褶束($Ⅰ_1^1$)、滇中中台陷($Ⅰ_2^1$)、武定-石屏隆断束($Ⅰ_2^2$)、昆明台褶束。

2.3.3 区域地球物理场与深部构造

1. 地壳结构特征

滇中引水工程区域范围内地壳厚度等值线梯度变化趋势总体呈北西向,从地震测深数据控制的布格重力异常反演得到的云南地区地壳厚度等值线分布图上可以看出(图2-5),云南地区地壳厚度等值线总体表现出由北西向南东凸出的弧形,地壳厚度由东南向北西逐渐增大。在滇东南的广南、富宁一带,地壳厚度约为37km,至滇西北的中甸、德钦一带增厚至55km,由滇东南至滇西北增加约20km。以小金河-丽江-剑川断裂带为界,西北地区地壳厚度梯度变化较快,南东滇中、滇东南地区地壳厚度变化平缓,地壳等厚线梯度突变的部位多分布有活动断裂。

香炉山隧洞研究区地壳厚度总趋势由46km向西北逐渐变厚至49km左右,丽江-剑川断裂对两侧地壳厚度变化有较明显的控制,地壳等厚度线走向与该断裂走向一致;龙蟠-乔后断裂及鹤庆-洱源断裂均为切壳断裂,对断裂两侧地壳厚度变化影响不大,断裂两侧地壳厚度等值线无明显突变。

2. 布格重力异常特征

云南地区布格重力异常全为负值。滇东南富宁附近最高,场值为$-90\times10^{-5}m/s^2$;向西、北渐次降低,至德钦附近场值约$-400\times10^{-5}m/s^2$。布格重力异常等值线总体上表现为由北西向南东凸出的弧形。

香炉山隧洞所在丽江—大理一带研究区重力场南高北低,但变化并不均匀。等值线较密集,并以北东向为主,平均变化率达$0.7\times10^{-5}m/(s^2\cdot km)$左右。区内重力异常等值线作向北、北西或南、南东同形扭曲,并沿北西向、南北向、北东向呈连续性好的弧形展布,显示以北西向为主、南北向和北东向为次的相对重力高与重力低异常带。总体组成北东向重力梯级带,但因近地表南北向局部重力异常带影响(叠加)而不甚完整。丽江-剑川断裂对重力场影响明显,等值线走向总体与该断裂对应,沿断裂为梯变带,在丽江及剑川一带可见重力低值区;鹤庆-洱源断裂总体呈北东向展布,断裂北西为重力异常等值线梯变带,南东重力异常不明显;沿龙蟠-乔后断裂可见重力异常等值线向北凸出,沿断裂可见重力低值区。总体来看,香炉山隧洞区沿3条全新世活动断裂表现为明显的布格重力异常梯级带或重力高和重力低的转换带。

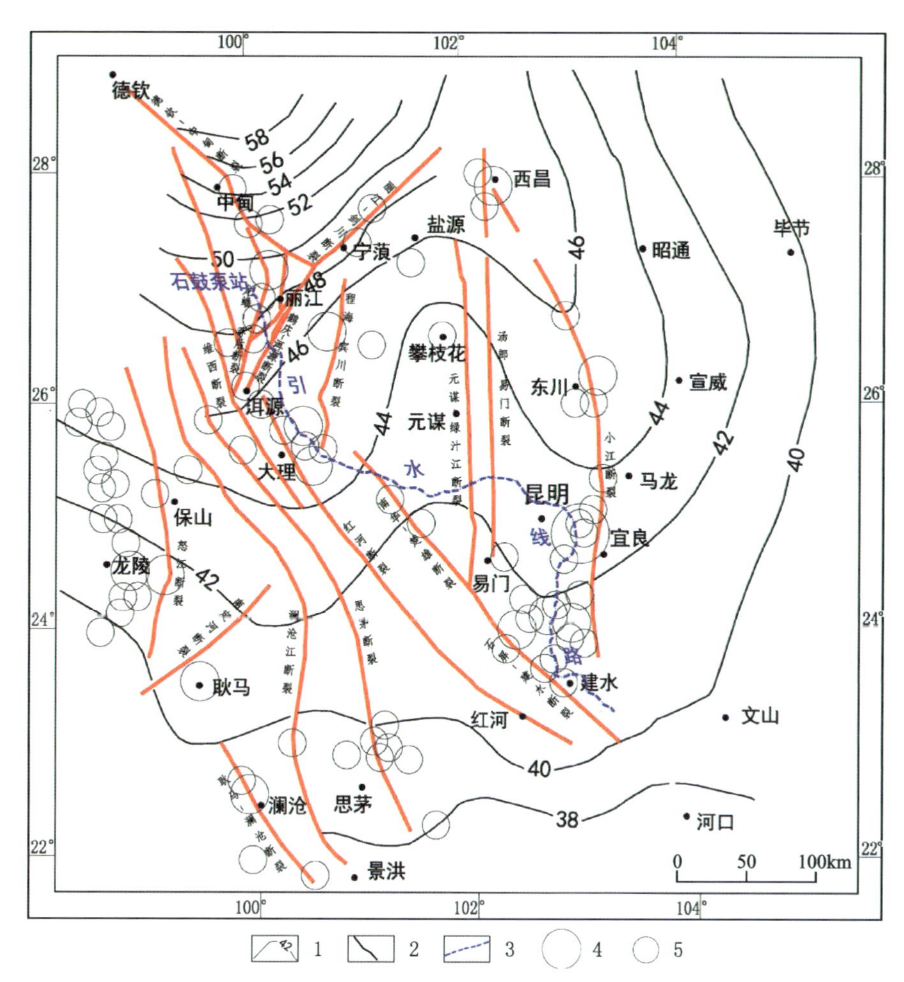

图 2-5　滇中引水工程研究区地壳厚度图

1. 地壳厚度等值线(km);2. 断裂;3. 引水线路;地震等级:4. $M \geqslant 8$;5. $7 < M \leqslant 7.9$

3. 均衡重力异常特征

区域范围内均衡重力异常,除滇中北部至四川攀枝花市及其以北和滇东南局部地区为正值外,其余均为负异常。滇东南及滇西南异常幅值较小,滇中及滇西北异常幅值较大,滇东地区则居于二者之间。均衡重力异常特征在各地也各不相同:香炉山隧洞所在的滇西地区,由东至西,从北西向直线状异常带→北西向弧形异常带→北东向异常带→北东—南北向异常带变化;滇中和滇东地区,以攀枝花—双柏正异常及相对高值带为中轴,向东、西两侧相对低值和高值异常带呈对称分布,形成“三高夹两低”的格局;滇东南地区,大体可分为南、北两部分,北部为正均衡重力异常或负背景上相对高值带,南部为相对低值异常,二者均呈东西向展布。这些特点也都与布格重力异常特征相一致,异常带的分布与活动断裂的展布及活动性对应较好。

4.航磁异常特征

研究区磁场具有明显的分区分带性，小金河-丽江-剑川断裂北西的滇西北地区以大范围的正磁场为背景，叠加有轴向多变的局部正异常为特点，断裂南东的滇中地区总体表现为一个尖端向西的三角形密集磁异常区，磁场面貌复杂多变。总体来看沿区域性深大断裂带往往是航磁异常密集带，尽管其异常特征可能存在某些差异，有的以正磁异常为主，有的以负磁异常为主，有的表现为正负异常交替排列。形成区域性深大断裂航磁异常密集成带分布的主要原因是这些深大断裂具长期的活动历时，多期构造活动，沿断裂有深部岩浆物质侵入，磁性物质丰富。香炉山隧洞区的 3 条全新世活动断裂，沿断裂表现为正异常，局部有负异常，为航磁异常密集带，这与断裂多期活动息息相关。

从地壳深部构造来看，地壳等厚线梯度突变的部位、重力异常带及磁场异常的部位多有活动断裂或深大断裂展布，与断裂对应较清晰。

2.3.4 区域主要断裂构造

香炉山隧洞研究区地处滇藏“歹”字形构造体系与三江南北向构造体系复合部位；现代块体运动属青藏断块东南部的“川滇菱形地块”，是我国南北构造带主体部位。工程区在长期的地质历史发展过程中，经多期构造运动，地壳改造强烈，逐渐形成极为复杂的构造系统。

区域范围内以北东向、北北东向构造带和北西向构造带为主体，在香炉山隧洞穿越区还出现了与近东西向构造体系的复合现象，断裂构造十分发育。香炉山隧洞两侧 150km 范围内深大断裂共 23 条，其中龙蟠-乔后断裂以西地区断裂以北西向为主，以东地区以北东向、北北东向断裂为主。这些断裂大多数延伸长、切割深，属于区域性大断裂或深大断裂带。各断裂带大多经历了较长的地质发育历史，大多属继承性活动断裂，它们对不同时代地层、岩浆岩起控制作用。区域主要断裂展布见图 2-6，各主要断裂简要特征及其活动性见表 2-3。

香炉山隧洞依次穿过龙蟠-乔后断裂(F10)、丽江-剑川断裂(F11)及鹤庆-洱源断裂(F12)，均为全新世活动断裂。北北东向展布的龙蟠-乔后断裂(F10)在乔后一带交于晚更新世活动的维西-乔后-巍山断裂(F4)，北接北西向全新世活动的德钦-中甸-大具断裂(F3)；丽江-剑川断裂(F11)南西于剑川一带交于龙蟠-乔后断裂带，在丽江南与全新世活动的丽江-大具断裂(FB11)及鹤庆-洱源断裂(F12)相交；鹤庆-洱源断裂(F12)南西止于红河断裂北段，向北东延伸于丽江以东交于丽江-剑川断裂(F11)上。香炉山隧洞研究区断裂交切、归并、复合现象普遍，说明该区域在漫长的地史时期内经历了复杂的构造运动，断裂的活动性质及活动强度在不同时期不同构造应力场环境中也发生了较大的变化。

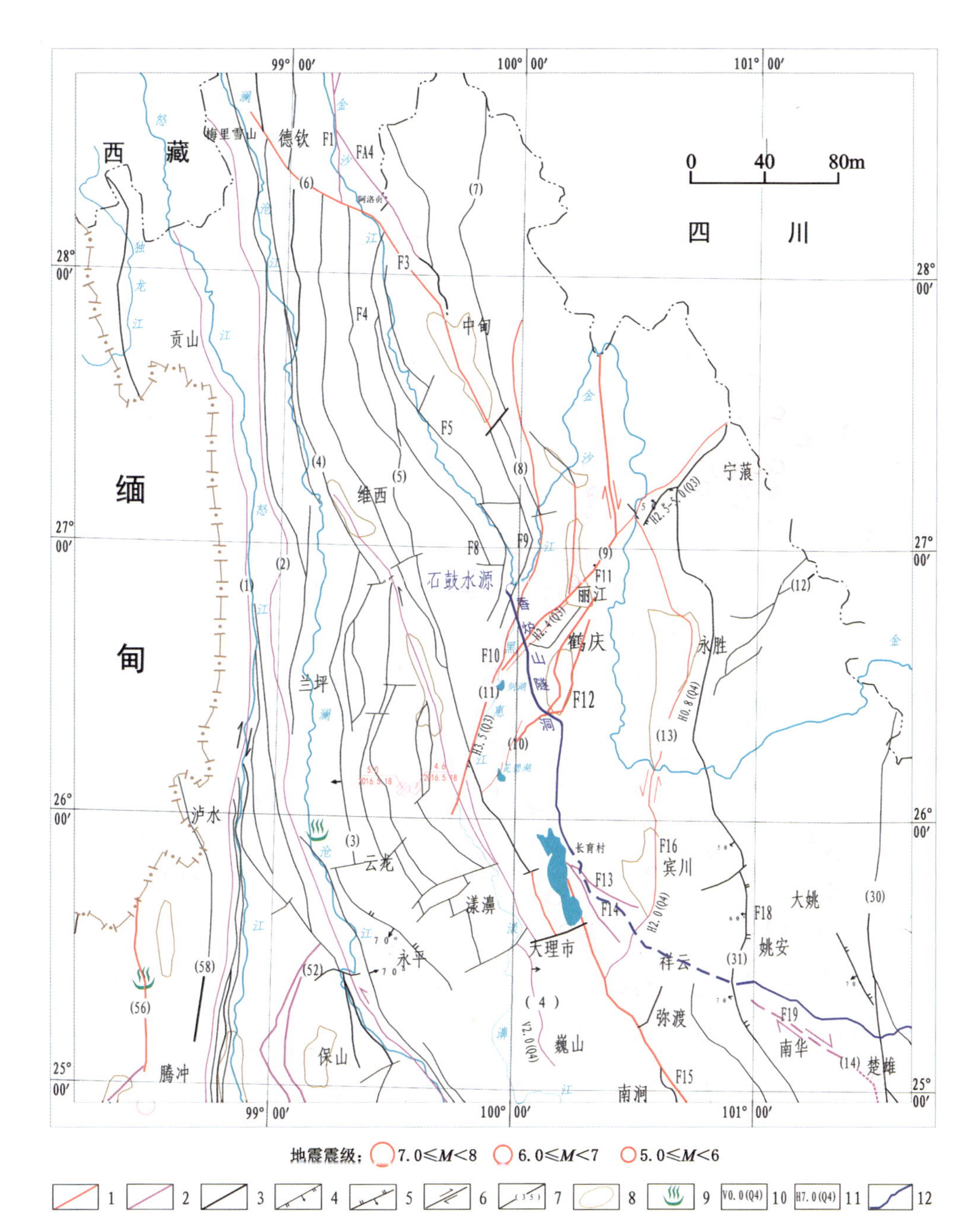

(1)怒江断裂；(2)澜沧江断裂；(3)兰坪-永平断裂带；(4)维西-巍山断裂；(5)金沙江断裂带(F1)；(6)德钦-中甸-大具断裂带(F3)；(7)格咱-中甸断裂；(8)冲江河断裂；(9)丽江-剑川断裂(F11)；(10)鹤庆-洱源断裂(F12)；(11)龙蟠-乔后断裂(F10)；(12)箐河-程海断裂；(13)程海-宾川断裂(F16)；(14)楚雄-南华断裂(F19)；(30)攀枝花-双柏隐伏断裂；(31)渔泡江断裂(F18)；(52)保山-施甸断裂带；(56)腾冲火山断裂带；(58)龙川江断裂；FA4.劳动桥断裂；F13.挖色-宾居街断裂；F14.三营-相国寺山断裂；F15.红河断裂。

图 2-6　香炉山隧洞区域主要断裂与地震构造纲要图

1.全新世活动断层；2.晚更新世活动断层；3.早—中更新世活动断层；4.正断层；5.逆断层；6.走滑断层；7.主要断层编号；8.第四纪断陷盆地；9.温泉；10.断层垂直滑动速率(mm/a)及滑动时代；11.断层水平滑动速率(mm/a)及滑动时代；12.输水线路

表 2-3　香炉山隧洞区域主要断裂特征简表

编号	名称	产状			长度/km	性质	活动性及历史地震情况
		走向	倾向	倾角			
F3	德钦-中甸-大具断裂	NW	NE/SW	40°～60°	220	右旋走滑	晚更新世至全新世活动断裂。1961年中甸6级，1966年中甸东南6.4级
F1	金沙江断裂	北段350°、南段205°	SW/NE	50°～80°	330	北段属压扭性，南段显张扭性质	现今活动性弱
F10	龙蟠-乔后断裂	NNE	NW	65°～70°	>200	左旋走滑兼正断层性质	全新世活动断裂。水平、垂直位错速率分别达到1.0～3.3mm/a、0.31mm/a；剑川1751年6.75级地震
F11	丽江-剑川断裂	NE	W	>70°	>100	左旋走滑兼正断层性质	全新世活动断裂。平均水平位移速率2.0～5.0mm/a，垂直位移速率0.85mm/a；1976年、1998年宁蒗东北先后发生6.4级、6级地震，1951年剑川6.2级地震
FB11	丽江-大具断裂	SN	E/W	60°～80°	55	左旋正断	全新世活动断裂。平均水平位移速率1.25～1.56mm/a，垂直位移速率1.0～2.5mm/a；1996年丽江7.0级地震
F 12	鹤庆-洱源断裂	46°～78°	NW	54°～75°	约40	左旋走滑兼正断层性质	全新世活动断裂。水平运动速率2.5～3.0mm/a，垂直位移速率0.7～0.8mm/a；1839年洱源盆地6.25级地震
F13	挖色-宾居街断裂	NW	NE	60°～80°	50	正右旋走滑	晚更新世活动断裂。活动性较弱，水平位移速率1.2～2.0mm/a，垂直位移速率0.3～0.45mm/a；1803年宾川6.2级地震
F15-1	红河断裂北段东支	NNW	NE	70°～80°	>50	右旋正断	全新世活动断裂。凤仪一带晚更新世早、中期以来，平均右旋水平运动速率4mm/a；1652年、1925年两次7级地震

续表 2-3

编号	名称	产状			长度/km	性质	活动性及历史地震情况
		走向	倾向	倾角			
FⅡ-22	苍山山前断裂	NW 325°	NE	50°	80	正断层	全新世活动断裂。共发生 9 次 4.7 级以上地震，1901 年右所 6.1 级地震，南段发生 8 次，最大为 1515 年 6 级地震
F14	三营-相国寺山断裂	NNW	NE	60°～80°	50	右旋压扭性质	晚更新世活动断裂，活动性较弱
F15	红河断裂	NNW	SW/NE	50°～80°	68	右旋正断	全新世活动断裂。平均左旋走滑速率 2.80mm/a，平均倾滑速率 1.60mm/a；共发生多次 6 级以上地震，1652 年弥渡 7 级地震、1925 年大理 7 级地震
F16	程海-宾川断裂	近 SN	W	陡倾	>50	正断层兼左旋走滑	线路穿越段为晚更新世活动断层，北段为全新世活动断裂。共发生过 2 次 6 级以上强震，其中最大一次为 1515 年永胜 7.75 级地震
F4	维西-乔后-巍山断裂	NW 330°	NE	60°～80°	200	右旋走滑	晚更新世活动断裂。发生过 1948 年 6.3 级地震及 1925 年 6.25 级地震，7 次 5.0～5.9 级地震，最近一次较大地震为 2013 年洱源炼铁 5.5 级地震

2.4　区域新构造运动特征与构造应力场

1. 区域新构造运动特征

大致始于 50Ma 的印度板块与欧亚板块汇聚导致新特提斯洋的闭合及青藏高原快速隆升，对青藏高原东缘地区的地质地貌变革具有深刻的影响。一方面由于东喜马拉雅构造结在向北的推进过程中，产生了强大的向东的推挤力，形成了由西向东的推覆。现已确认的中咱、兰坪等推覆构造体皆是由西向东逆冲，推覆距离达 80～100km。另一方面由于高原的迅速崛起，高原地壳物质在重力势的作用下产生水平的推挤力。在这两者的共同作用下，在东缘地区形成大型的弧形走滑断裂系，并造成川青块体向南东东方向的逸出和川滇块体向南南东方向的侧向滑移。这一重要的运动转型期，不仅对东缘地区地质、地貌的表现而且对地震发生均具有重要的制约作用。

研究区第四纪以来为强烈快速抬升区。古近纪末期尚处于准平原状态，高程仅1000m左右，第四纪以来与青藏高原同步快速抬升，为青藏高原的组成部分。现存高夷平面为海拔4200～4500m，第四纪以来的抬升幅度达3000～3500m。断裂带规模大，由于高原的差异抬升以及高原内部断块的水平移动，边界断裂表现出明显的活动性，是研究区内6级以上强震的分布区。研究区的新构造运动及地貌格局主要受喜马拉雅运动的影响。喜马拉雅运动可分为3期，即古近纪末、新近纪末和第四纪。古近纪、新近纪的运动性质以褶皱造山运动为主，第四纪则表现为大面积的整体抬升。在区域整体快速抬升的同时，沿一些边界断裂发生了明显的差异运动(包括水平与垂直运动)，这种运动的速度差异直接导致了不同的地貌格局。发生在上新世与早更新世之间的喜马拉雅运动第Ⅲ幕是对本区影响普遍的主要构造运动。区域新构造运动基本上奠定了研究区域现代山川地貌的雏形和构造的基本格局。区域范围新构造运动的总体特征主要有4个特点：一是大面积整体掀斜抬升运动；二是断块间的差异升降运动；三是活动块体的侧向滑移与旋转运动；四是断裂的新活动。

研究区内分青藏高原新构造区和华南新构造区，根据研究区地形地貌特征、新构造运动活动方式及活动强度的差异，区内可划分处4个一级新构造区(图2-7)。金沙江-红河断裂以西为巴迪-兰坪掀斜隆起区，以东为中甸-丽江差异隆起区、程海-大理差异隆起区、盐源-渡口掀斜隆起区，其中程海-大理差异隆起区可进一步划分出3个二级新构造分区，即永胜-宾川差异凸起区、鹤庆-剑川差异凹陷区和点仓山差异凸起区。研究区内的新构造运动，青藏高原部分表现为强烈的垂直差异运动和断块的侧向滑移，以及以近南北向断裂左旋位移和北西向右旋位移为代表的断裂活动。而华南断块区，断块差异运动和断裂活动较弱，新构造活动强度要小得多。

新构造运动时期，断裂继承性活动频繁，先存的主要断裂均有明显的新活动表现，并形成一系列沿断裂带发育的断陷或拉分盆地。沿一些大断裂带分布的断陷盆地、湖泊、断错地貌等，均是这些断裂新活动的产物。断裂、断块活动还显示出新生性，早更新世晚期或中更新世初，由于印度板块不断向北推挤，块体向南东挤出和侧向滑移，造成块体的北西向边界断裂具明显的右旋走滑特征，而块体的近南北向、北东向边界断裂则具左旋走滑特征。

本书研究的新构造活动具有明显的继承性，尤其是规模较大的断裂均具有明显的多期活动性，并且有活动性质和强度的变化。如丽江-剑川断裂新构造活动显示出由南东方向的推覆挤压转较强的左旋走滑性质，平面上造成丽江盆地的左行扭曲，最大速率可达2～5mm/a；清水江断裂带，沿断裂有辉绿岩和辉长岩等不同期次(至少2次)的岩体侵入，并且在岩体中出现多期的剪切裂隙(图2-8)，反映清水江断裂历经由左旋转右旋的多次新构造活动；在大龙潭西山坡沿鹤庆-洱源断裂带发育的溶洞洞顶见胶结的第四系角砾岩、洞穴沉积物被再次错断现象，表明该断层第四纪以来再次发生活动，并且沿断层地震活动频繁，而2013年3月3日该地还发生过5.5级地震，也证实了该断层目前仍然在活动中。

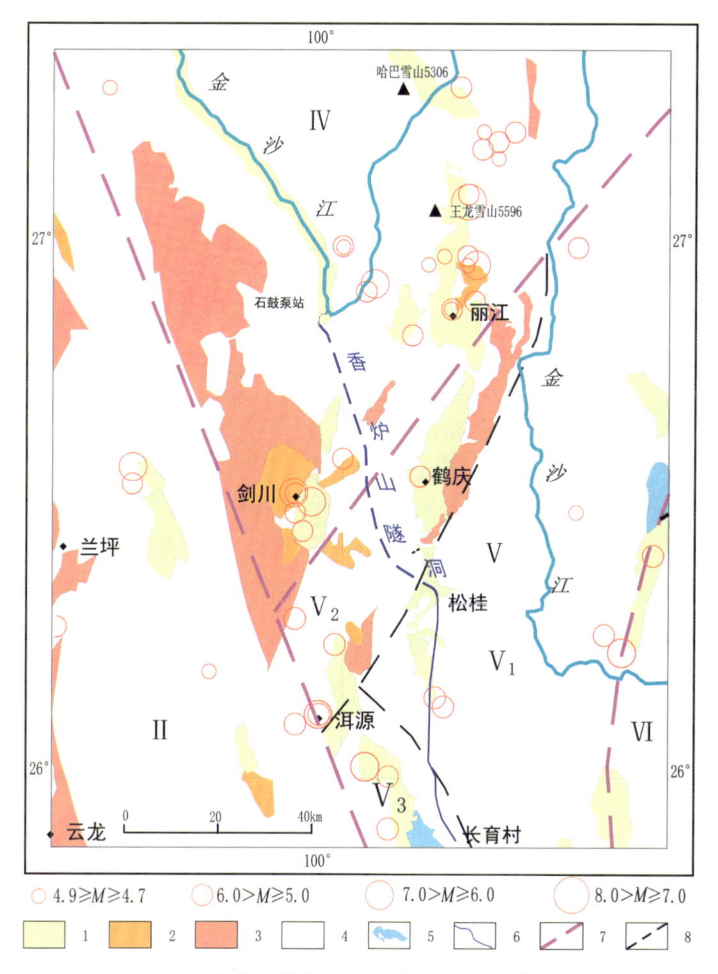

图 2-7　香炉山隧洞研究区新构造运动分区图

1. 全新统；2. 新近系；3. 古近系；4. 前新生界；5. 湖泊；6. 引调水线路；7. 一级新构造运动分区界线；8. 二级新构造分区界线；Ⅱ. 巴迪-兰坪掀斜隆起区；Ⅳ中甸-丽江差异隆起区；Ⅴ. 程海-大理差异隆起区；$Ⅴ_1$. 永胜-宾川差异凸起区；$Ⅴ_2$. 鹤庆-剑川差异凹陷区；$Ⅴ_3$. 点仓山差异凸起区；Ⅵ. 盐源-渡口掀斜隆起区

图 2-8　锐角相交的多期剪切节理（充填、未充填，示左旋和右旋）

受龙蟠-乔后断裂第四纪以来构造应力场由右旋逆冲转向左旋（往南北向偏转）拉分或引张作用的影响，造成区域性强烈断陷，沿区内主要活动断裂都分布有串珠状或斜列式展布的断陷盆地、湖泊、槽谷等，形成（新生或继承）剑川盆地、丽江盆地、鹤庆盆地等。其中，由丽江-大具断裂断陷的丽江盆地相对断距达 2000 余米。

新生性新构造形迹在区内所见不多，且也多见于位于老断裂带中或附近的中新世以来形成的松散、半胶结或半成岩沉积物中。比较典型的如位于清水江河谷（清水江断裂谷）上游的上新统砂砾岩、粉砂岩、泥岩夹褐煤层的褶皱现象（图 2-9）、鹤庆洗马塘附近（洱源-鹤庆断裂带）第四系沉积物（河流相砂砾层）剖面中的新构造断裂（图 2-10）。

图 2-9　清水江上游河谷左岸产状陡倾的中新统含褐煤之泥岩

图 2-10　洗马塘晚更新世砂、卵砾石层中的新构造断层

自上新世末期以来，印度板块自南向北向欧亚板块俯冲，伴随着青藏高原的强烈隆升，香炉山隧洞工程区及其外围地区也大幅度地快速抬升为高原面，抬升幅度达 1500～3500m，平均抬升速度为 1～2.4mm/a。但不同块段的抬升存在差异，表现为断块差异升降和掀斜。

全新世以来，本区地壳、断裂活动性虽然大大减弱，但大地水准测量成果表明，仍具有随青藏高原隆起的区域性缓缓抬升，并存在局部的差异升降运动，如永胜-荣将断裂带以 1～

3mm/a 的速率抬升，而丽江-剑川断裂带则以 2～3mm/a 的速率下降。跨断裂形变测量资料反映了沿断裂带形变作用的存在，尤其是丽江-剑川断裂带及龙蟠-乔后断裂带均属高应变速率带，可达$(0.6\sim0.8)\times10^{-6}$/a，呈现出较强的活动性。由此可见，本区现今构造运动仍然存在，而且其活动程度还相当高，区域地壳稳定性较差。

区域夷平面和断陷盆地高程有自北往南递减的趋势，同期夷平面高程由德钦、中甸的 4000～4800m 到丽江、宁蒗的 3000～4200m 再到剑川、永胜、鹤庆、大理的 2800～3200m，这种差异明显地反映了本区在新构造期上隆过程中，由北西向南东的整体掀斜的运动特点。虎跳峡地区四级夷平面中，同级夷平面亦有北西向东南方向逐渐降低的特征。但鹤庆盆地自早更新世以来，局部急剧沉降，接受了厚度大于 700m 的河湖相沉积。根据丽江组石灰质角砾岩仅分布在盆地东山，并且地层向盆地（西）倾斜形成单斜山体的情况分析，推测可能存在自东向西的局部掀斜作用。

2. 区域构造应力场特征

工程区域位于印度板块与欧亚板块碰撞带的东部，新构造运动十分剧烈。云南地区主要受到来自 3 个方面力的作用：一是印度板块与欧亚板块碰撞，使西藏地块东移，受阻于四川地块和华南地块，从而向西南作用，使“川滇菱形块体”向南南东方向楔入，终止于红河断裂南部。此外，受阻于四川地块和华南地块的作用力，还沿四川的鲜水河断裂、安宁河断裂、则木河断裂向南传递到云南的小江断裂带（“川滇菱形块体”的东边界）。二是印度板块向东经缅甸对云南地区的侧向挤压力，这一挤压力直接作用于云南西部地区，尤其是澜沧江断裂以西地区，澜沧江断裂在小湾附近的弧形展布正是这一作用力的结果。三是受到来自华南地块的北西向、北北西向应力的作用。受区域构造应力场的影响，香炉山隧洞穿过的 3 条全新世活动断裂最近均表现为左旋走滑兼正断性质。

2.5　区域地震活动特征

香炉山隧洞位于鲜水河-滇东地震统计区内，区内地震活动与新构造运动及活动断裂关系十分密切。新构造运动强烈的地区，地震活动的强度和频次也高，反之亦然。从历史地震活动的实际情况看，与强烈的差异运动密切相关，强烈地震主要发生在活动块体的边界控制断裂上。香炉山隧洞研究区位于“川滇菱形块体”内，且跨川西北块体和滇中块体（以丽江-剑川断裂为界），位于中甸-丽江-大理地震活动带内（图 2-11）。

中甸-丽江-大理地震活动带北西自德钦、中甸，往南经丽江、鹤庆、剑川、洱源、大理至弥渡以南，南北长约 400km，东西宽 60～80km。带内活动断裂发育，地震构造复杂，地壳比较破碎，强震频度较高，距香炉山隧洞不远的中甸、剑川、丽江均有多次历史强震发生。自公元 886 年带内有破坏性地震记载以来，至 2016 年 12 月底，共记有 $M\geqslant4.7$ 级地震 75 次，其中 6.0～6.9 级 16 次，7 级 3 次，最近一次为 2013 年 8 月 28 日 5.1 级地震和 2013 年 8 月 30 日 5.9 级地震。

从 1965—1997 年观测到的 $M\geqslant2.0$ 级 964 次仪测地震的分布来看，香炉山隧洞研究区内仪测地震主要沿龙蟠-乔后断裂、丽江-剑川断裂、丽江-大具断裂、鹤庆-洱源断裂及红河断裂

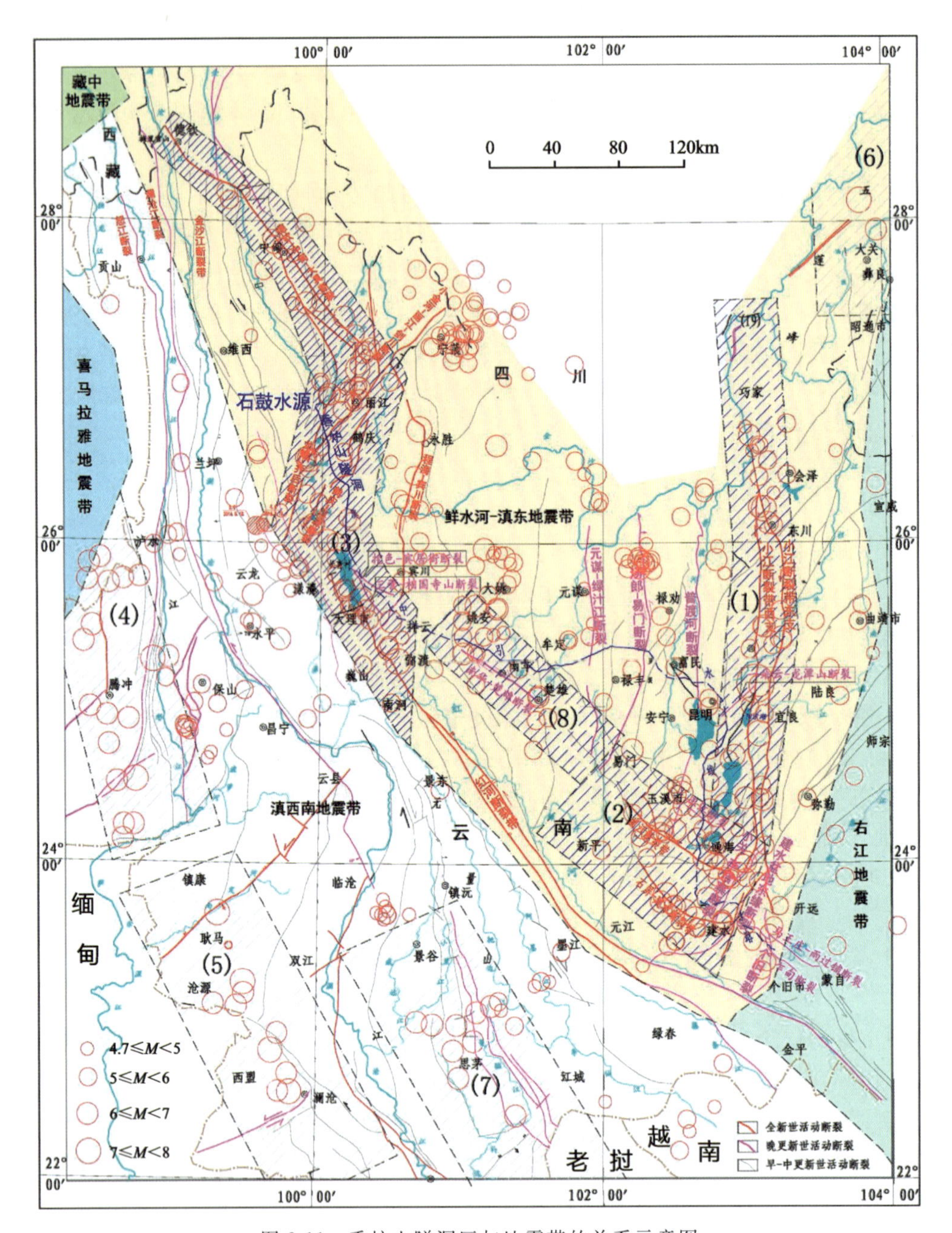

图 2-11 香炉山隧洞区与地震带的关系示意图

(1)小江地震活动带;(2)通海-石屏地震活动带;(3)中甸-丽江-大理地震活动带;
(4)腾冲-龙陵地震活动带;(5)耿马-澜沧地震活动带;(6)马边-大关地震活动带;
(7)思茅-普洱地震活动带;(8)南华-楚雄地震活动带

带展布,说明该区地壳稳定性是较差的。1996 春节丽江发生的 7.0 级地震即位于丽江-大具断裂带上;1925 年 3 月 17 日大理洱海南东 7.0 级地震位于红河断裂北段东支断裂带上;1751 年 5 月 25 日剑川 6.75 级地震位于龙蟠-乔后断裂与丽江-剑川断裂交会部位;1839 年洱源 2 次 6.25 级地震、1901 年洱源与邓川间 6.5 级地震均位于鹤庆-洱源断裂带上。

根据历史地震来看，香炉山隧洞穿过的龙蟠-乔后断裂带历史最大地震为 6.25 级地震，丽江-剑川断裂带历史最大地震为 6.75 级地震，鹤庆-洱源断裂带历史最大地震为 6.25 级地震。自有地震记录资料以来，这些断裂历史上曾发生过多次 $6<M<7$ 级地震，根据各断裂的规模及新构造运动活动强度，香炉山隧洞穿过的 3 条全新世活动断裂具有发生 7 级及以上地震的构造条件，各活动断裂潜在发生地震的震级上限为 7.5 级。

第3章 典型活动断层工程活动性分带的构造地质学剖面研究

以香炉山隧洞穿过的龙蟠-乔后断裂带、丽江-剑川断裂带及鹤庆-洱源断裂带为示范研究对象。3条断裂带位于一级构造单元扬子准地台西侧与松潘-甘孜地槽褶皱系分界部位，为一级大地构造单元、二级大地构造单元的分界断裂。断裂切割深，沿活动断裂地壳厚度突变，可见明显的重磁及深部构造异常，各断裂展布位置详见图3-1。

3.1 龙蟠-乔后断裂(F10)

龙蟠-乔后断裂(F10)位于工作区西部，西起中甸西北，向东南至小中甸、冷都、中和、雄古、白汉场、九河、剑川、沙溪，到达乔后与红河断裂的分支断裂——维西-巍山断裂相交会。走向上北段呈北北西向，南段呈北北东向，为一向东凸出的弧形断裂。全长约210km(图3-2)。

龙蟠-乔后断裂带是一条活动性质比较复杂的断裂带。断裂带形成于古生代，中生代强烈活动，新生代早期以挤压-逆冲运动为特征，晚期以拉张-走滑运动为主，沿断裂带有玄武岩和苦橄岩溢出，结合重磁资料和地壳厚度分布等，该断裂为错断至下地壳的深大断裂。断裂带北段主要发育正断层，断层倾角较大，倾向南东，局部可见方解石脉呈右行雁列式现象(图3-3)。

对于龙蟠-乔后断裂，依据断裂几何延展上的不连续性、断裂空间位置与盆地展布关系分析等，初步将其分为东富乐段、剑川段、九河段、宏文段、龙蟠段等(图3-3)。从图3-3可见，沿断裂带有第四纪地层连续分布。对于这一断裂的活动性，前人已有大量研究资料(国家地震局地质研究所，1990；中国地震局地质研究所，2002，2004；向宏发等，2000；徐锡伟等，2003；中国地震局地震预测研究所，2011)。

该断裂是一条区域性断裂，大致以龙蟠三家村为界。该断裂分南、北两段：北段断面西倾为主，为右旋正断性质；南段主断面倾向北西，为左旋正断性质。北段以大马场为界，南段以白汉场为界，各分为两个亚段。断裂北段，控制中甸、小中甸第四纪盆地的发育。在中甸盆地一段，使盆地东、西两部分落差达数百米，北东盘出露基岩残丘，南东盘为低平的湖泊和沼泽，第四系厚度达百米以上。断裂南段控制了龙蟠、九河、剑川、沙溪、乔后等一系列第四纪小盆地的发育(图3-3)，本书的研究对象为南段三家村-白汉场亚段。

该断裂带错断第四系以及上更新统的现象常见，例如在中甸达拉北公路边探槽剖面上，揭露出宽0.8～4m的断层破碎带和两条剖面，其中一条断开了晚更新世灰白色碎石层，该层样品TL年龄为$(4.04\pm0.30)\times10^4$a。反映断裂晚更新世晚期—全新世仍有活动。达拉南300m，断裂错断山脊的同时还形成正断层陡坎，高2～3m，坡角21°～25°，反映全新世仍在活动。在小中甸宗思西250m公路边，断裂切割了河流Ⅱ级阶地灰色砾石层和褐色砂土，砾石层被强烈扰动，沿断面定向排列。Ⅱ级阶地属于晚更新世末期，反映断裂晚更新世—全新世仍有活动。

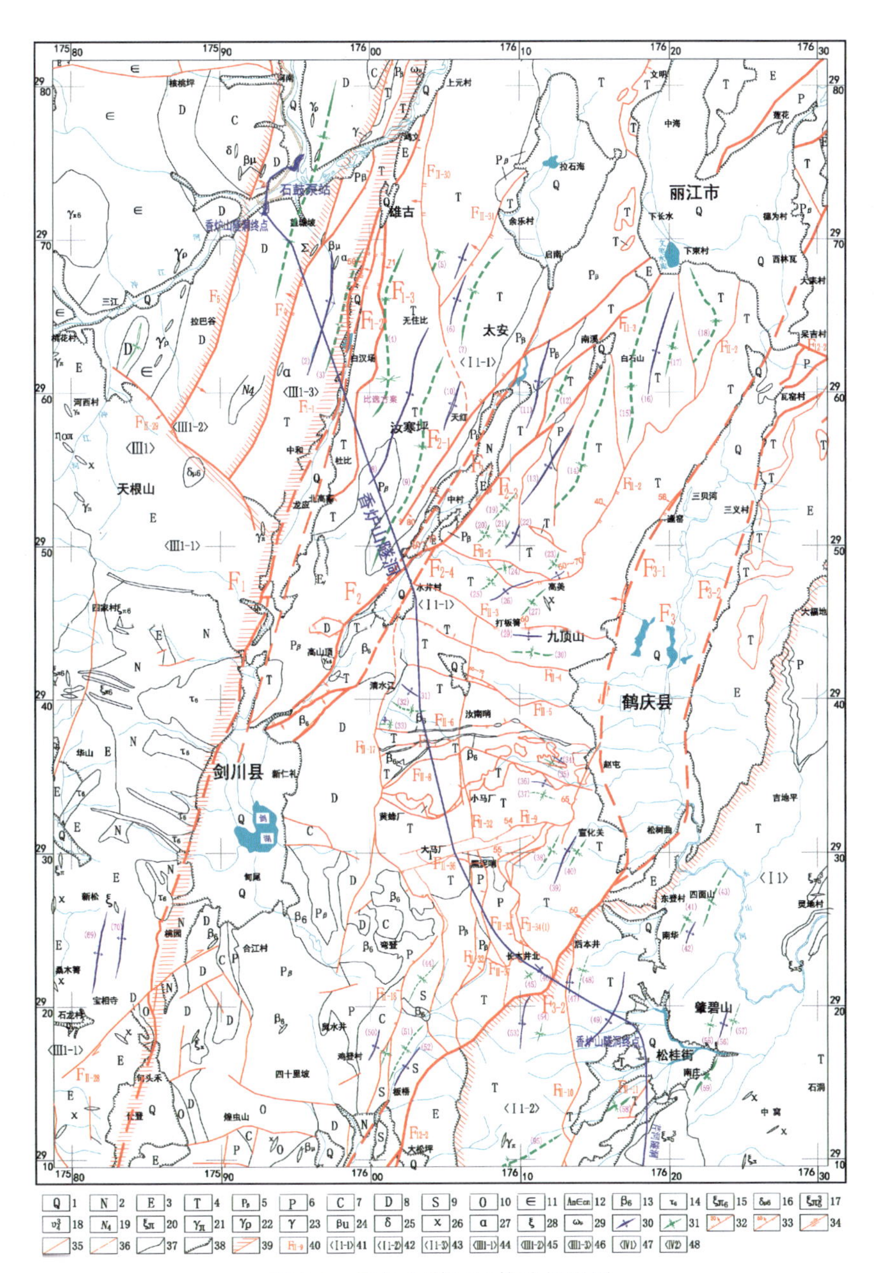

图 3-1　香炉山隧洞区构造纲要图

1.第四系不同成因的松散堆积；2.新近系碎屑岩；3.古近系碎屑岩；4.三叠系碎屑岩类；5.二叠系玄武岩；6.二叠系碎屑岩(灰岩、大理岩)；7.石炭系碎屑岩(灰岩、结晶灰岩)；8.泥盆系碎屑岩(灰岩、大理岩夹砂页岩)；9.志留系碎屑岩(页岩、砂岩、灰岩)；10.奥陶系碎屑岩(页岩、砂岩、泥岩、灰岩)；11.寒武系碎屑岩(片岩、板岩、变粒岩夹白云岩)；12.前寒武系苍山群(变粒岩、混合岩、大理岩、片岩)；13.喜马拉雅期苦橄玄武岩、橄斑玄武岩；14.喜马拉雅期粗面岩；15.喜马拉雅期正长斑岩；16.喜马拉雅期闪长玢岩；17.燕山期正长斑岩；18.海西期辉长岩；19.海西期基性岩；20.正长斑岩脉；21.花岗斑岩脉；22.伟晶岩脉；23.花岗岩脉；24.辉绿岩脉；25.闪长岩脉；26.煌斑岩脉；27.安山岩脉；28.正长岩脉；29.苦橄玢岩脉；30.背斜；31.向斜；32.正断层；33.逆断层；34.走滑断层；35.性质不明断层；36.调查推测断层；37.地层界线；38.地层不整合界线；39.分区界线；40.断裂编号；41.扬子准地台盐源-丽江台缘褶皱带鹤庆-洱海台褶束；42.炼洞街褶皱小区；43.苍山基底断褶皱小区；44.松潘-甘孜地槽褶皱系中甸褶皱带东旺-巨甸褶断束；45.布伦-石鼓褶断束；46.中甸褶断束；47.唐古拉-兰坪-思茅褶皱系云岭褶皱带维西褶断束；48.兰坪-思茅凹陷漾江中生代褶断小区

图 3-2　中甸-龙蟠-乔后断裂卫星影像展布图

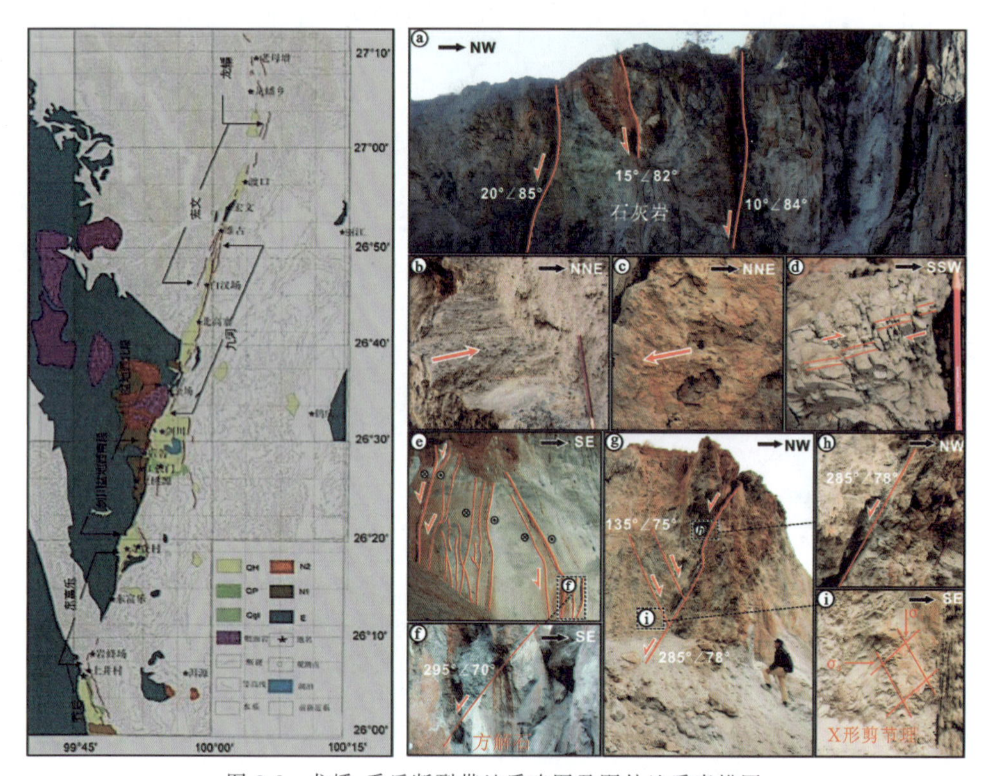

图 3-3　龙蟠-乔后断裂带地质略图及野外地质素描图

断裂控制中甸、小中甸、剑川等一系列第四纪盆地的发育，沿断裂湖泊、沼泽呈线性分布。沿断裂带断层地貌清楚，断层陡崖、断层谷、断错水系、断错山脊等多处可见。据中国地震局地质所研究成果，中甸-大马场断裂段晚更新世中晚期或全新世的左旋走滑平均速率为1.21mm/a、三家村-白汉场段为1.0～3.3mm/a、剑川-乔后段为2.7～3.03mm/a。垂直位移速率上述3段分别为0.32～0.75mm/a、0.13～1.31mm/a和0.41～0.43mm/a。沿断裂是一条中强地震活动带，历史上发生多次 5 级以上地震，其中在剑川曾发生两次 6.25 级地震。香炉山隧洞穿过的龙蟠-乔后断裂三家村-白汉场段右旋走滑运动速率为 1.0～3.3mm/a，中值为 2.2mm/a，垂直运动速率为 0.13～1.31mm/a，以左旋走滑运动为主。该断裂带在白汉场槽谷一带由 3 条分支断层近平行展布。

在现场复核地质构造测绘工作的基础上，进行活动断裂研究区平面地质分带(图 3-4)，理清断裂带的平面展布及分支断层组成，为活动断裂构造地质学剖面研究奠定良好的基础。地面构造调查发现，在龙蟠-乔后断裂 F10-1 断层上盘岩体中可见多条次级断裂，岩体呈碎裂状，宽度大于 200m；在断层 F10-2 与断层 F10-3 之间为挤压揉皱强烈连续发育的小规模褶曲，褶皱的核部及转折端部位岩体极其破碎；断层 F10-3 下盘的中三叠统北衙组地层中，靠近断层部位可见受断层活动的影响带，可见宽度 100m。

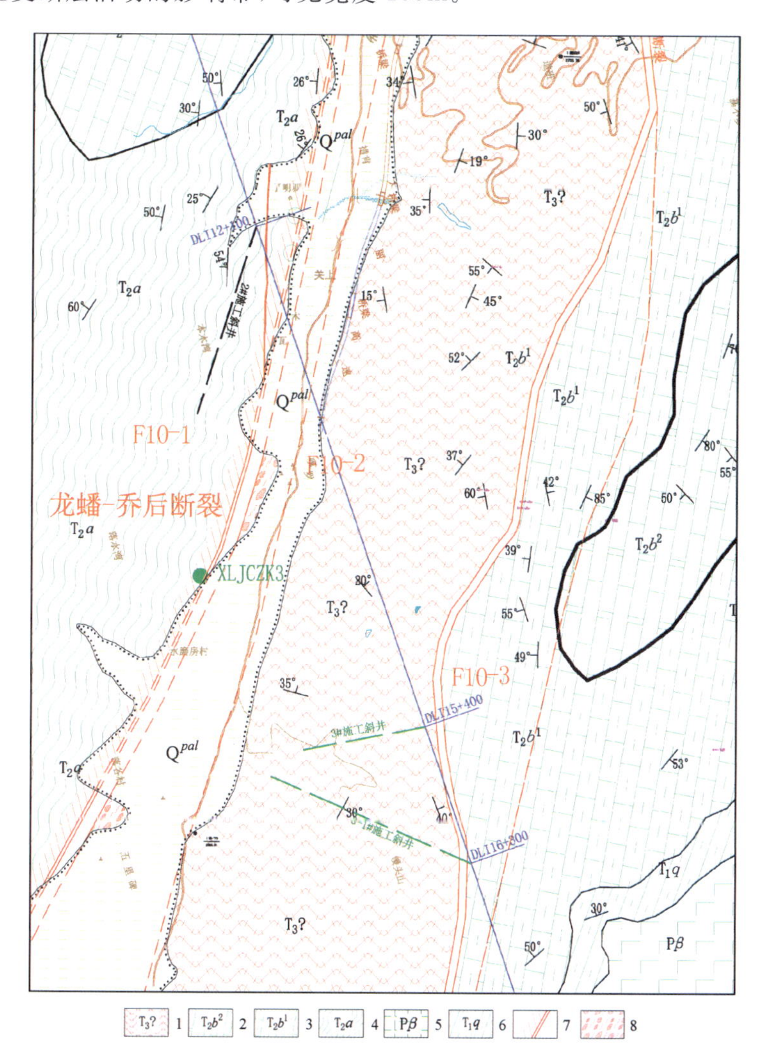

图 3-4　龙蟠-乔后断裂带活动断裂平面工程地质分带

1. 三叠系；2. 中三叠统北衙组第二段；3. 中三叠统北衙组第一段；4. 中三叠统下段；5. 二叠系玄武岩；6. 三叠系青天堡组；7. 断层碎裂岩带；8. 地表断层角砾岩带

3.1.1 水泥厂断层剖面

向宏发等(2002)在剑川北水泥厂东，发现大规模的断层破碎带，断裂发育在二叠系石灰岩中，破碎带规模宏大，宽达 98m，破碎带岩屑粗细不一，有的形成粗大岩块，有的形成细小碎砾，其间发育后期断裂活动形成的条带状碎裂带，宽达 5m，并且有许多小断面穿插其中，断层产状为走向 25°，倾向北西，倾角 62°，具有典型的正断层运动性质。

本次在水泥厂处的一冲沟中发现了断层露头剖面。主要为正断层系统，垂向上错动距离为 20～40cm。在地貌上，该露头剖面位于主断裂的下降盘，其倾向与主断裂相反，应该是在主断裂地震活动时产生的反向断裂(图 3-5～图 3-8)。前人在黏土层中采集^{14}C 样品，测得年龄为(10 230±50)a BP ，说明在 10 000 年前后发生过两次古地震事件。如图 3-7 所示，该断层直接切割穿过地表，切穿地层为第四系土层，说明该活动时间较新，具体以后续的测试结果为准，断层走向近东西向，与区域上主干断裂相垂直，并且采用激光雷达系统进行矢量化数据收集，为后续的滑动量计算提供准确数据。

图 3-5 水泥厂北构造剖面的平面位置

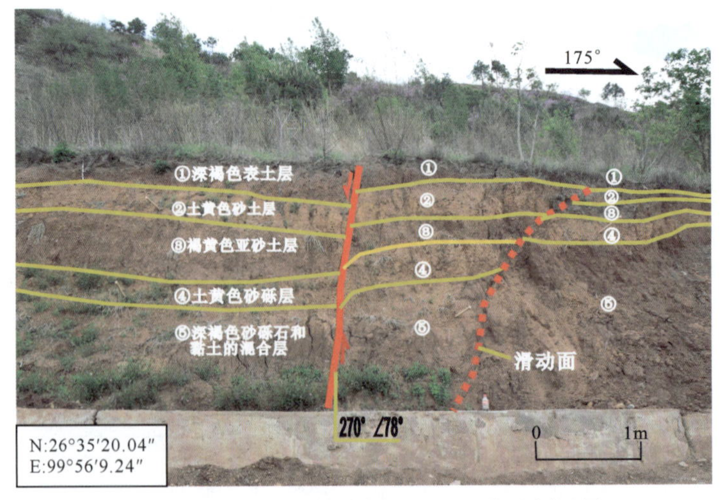

图 3-6 龙蟠-乔后断裂水泥厂北 01 构造剖面图

图 3-7　龙蟠-乔后断裂水泥厂北 01 剖面激光扫描成果图

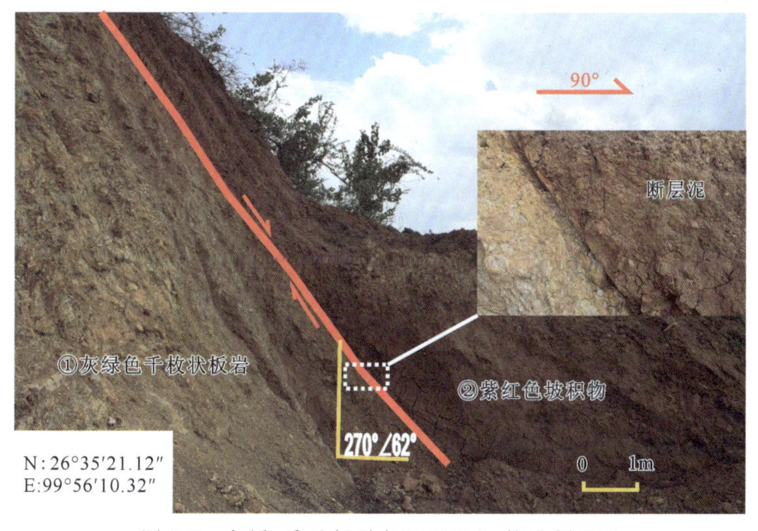

图 3-8　龙蟠-乔后断裂水泥厂北 02 构造剖面图

3.1.2 北高寨村东剖面

断裂在北高寨村附近沿山脚发育(图 3-9)。北高寨村东约 400m，在地貌上可见笔直的山脚线。在冲沟的两侧发育Ⅱ级阶地，在Ⅱ级阶地上形成东高西低的陡坎。在冲沟北壁上发现第二级基座阶地上的砾石层被断错，顶部的砂层也被断错，同时在冲沟南壁发现阶地的基座顶面也被断错约 200cm，均表现为东盘上升、西盘下降、断面西倾的正断裂。南壁断层剖面产状为(35°～125°)∠82°。断层已进行过激光雷达矢量化扫描(图 3-10)。

图 3-9 龙蟠-乔后断裂北高寨村东断层剖面图

图 3-10 北高寨村东断层剖面三维激光雷达扫描成果图

3.1.3 新文村北断层剖面

向宏发等(2002)在新文北约 500m 公路西，发现断层剖面，近南北向冲沟中见发育在中三叠统千枚状板岩的断层挤压破碎带揉褶带，宽达 8～10m。显示新近活动的断层泥带宽约

30cm。断裂带上覆盖有晚更新世河流冲积层[其上部层位的^{14}C年龄为(6130±140)a BP]和全新世残积亚黏土层，断裂并未切穿该层(图3-11)。而直接覆盖在断层泥带之上为现代残积褪色亚黏土层(图3-12)。从冲沟发育与断裂活动关系分析，断裂活动形成断裂谷后，该冲沟相继发育并堆积了一套以河流相为主的冲洪积层，致使断层泥带之上直接为现代残积层所覆盖。沿断裂走向追溯证实区段内断裂的最新活动均未切错该冲沟早期(即Qp^3—Qh)堆积物。表明断裂段最新活动应在晚更新世晚期—全新世早期以前。

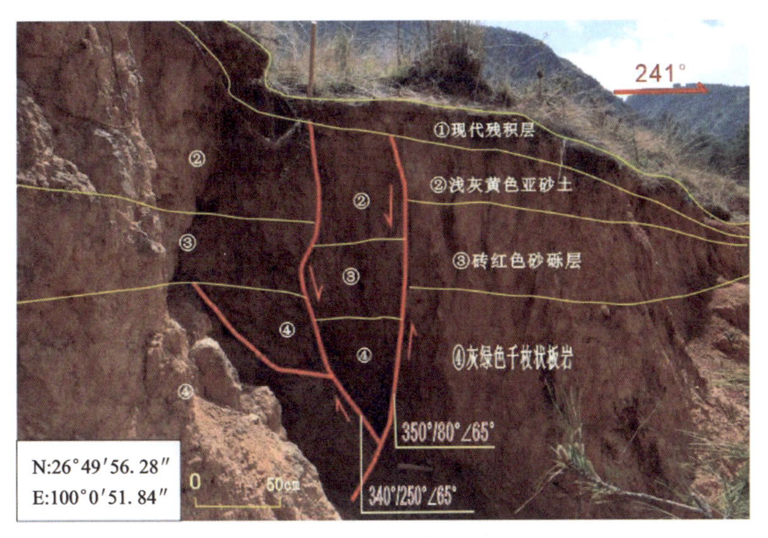

图3-11 新文村北断层剖面图

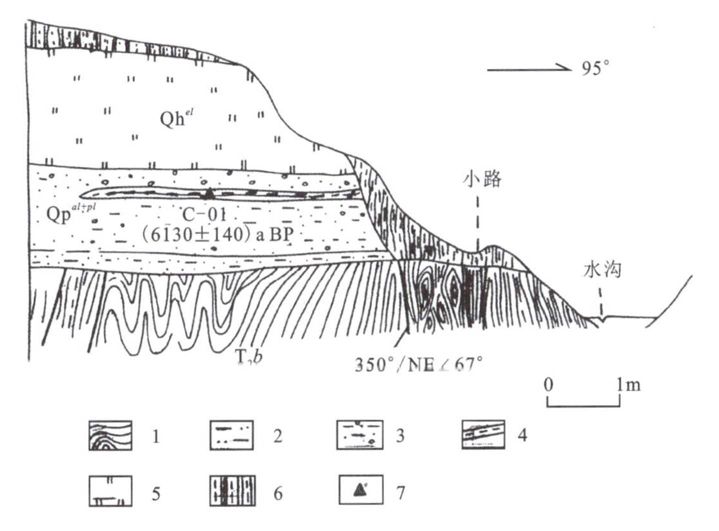

图3-12 新文北断裂剖面图(据中国地震局,2017)

1.灰绿色千枚状生状板岩;2.浅灰色含碎石亚黏土,夹数层碳末层;3.砂砾层;4.断层泥带;5.砖红色残积黏土层;6.褐色亚黏土现代残积层;7.^{14}C采样点

3.1.4 鸿文村断层剖面

向北至鸿文村东及东北一带，断裂发育在金沙江的Ⅲ～Ⅳ级阶地上，沿带基岩断层陡崖和松散层中的断层陡坎层槽谷地貌仍十分清楚。沿断层陡崖向北追溯，在鸿文北约300m处可见断层槽谷和冲沟的左旋位错。冲沟a的位错量分别为100m和50m(图3-13)。根据断裂发育的地貌部位及位错水系的规模与位错量分析，此区段内的断裂活动时代应在晚更新世中晚期。

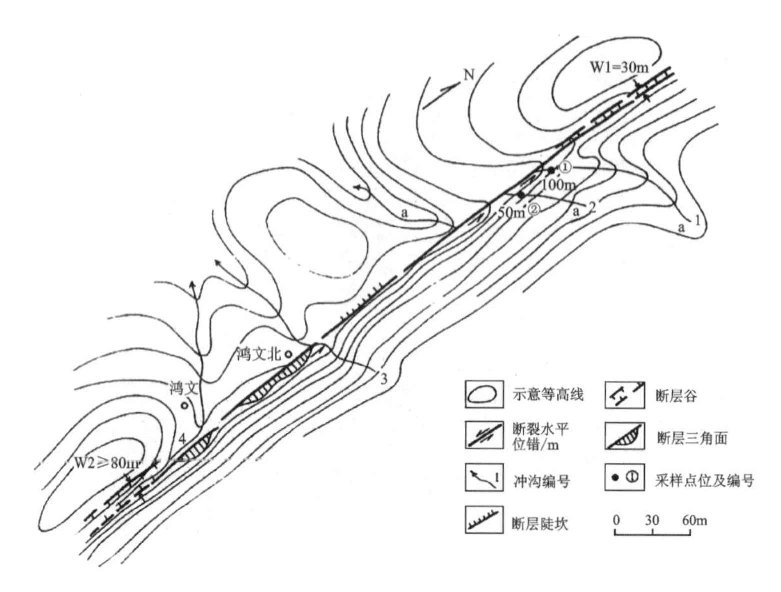

图3-13 鸿文北断裂位错平面分布图(据中国地震局，1997)

在达落村南350m公咱东侧见晚更新世冲洪积砾石层中发育北北东向冲断层(国家地震局地质研究所，1997)，断层为一左旋逆冲型断裂。被断错层的TL年龄为$(5.91\pm0.96)\times10^4$a BP。在仁河、三家村一带，见断裂左旋切错水系并见到中三叠统灰岩中发育有走向30°的正断层，断裂由东北向西南呈阶梯状下移，被断错最新层位为浅黄色碎石黏土层，其TL年龄为$(7.49\pm0.57)\times10^4$a BP，表明断裂晚更新世—全新世时期曾有活动。

3.1.5 雄古采石场断层剖面

龙蟠-乔后断裂西支断层(F10-1)线性影像较为清楚，在白汉场水库南东可见断层三角面，断裂总体走向北东15°，倾向北西，倾角约60°，断裂自龙蟠至剑川南，沿线错断三叠系及古近系、新近系，在雄古采石场北冲沟及九河乡中坪村西断裂错断晚更新世地层(图3-14)，说明该断裂全新世以来曾有过活动。雄古采石场一带断面倾向305°，倾角50°，断裂带可见宽约70m(图3-15)，带内构造岩主要为灰白色角砾岩、碎粒岩及少量条带状碎粉岩(图3-16、图3-17)，胶结差，呈碎裂-散体结构，采石厂所采“砂、碎石”即为断层碎粒岩和碎粉岩，开挖陡坎易垮塌，构造岩内劈理面发育，可见长大镜面及多期擦痕。调查揭示，该断裂具有多期活动特性，断裂先期活动为张性，形成宽大角砾岩带，角砾多呈棱角状，胶结差；断裂后期活动为左旋兼逆冲性质，于先期形成的角砾岩带内产生陡立长大剪切面及擦痕。该断裂与香炉山隧洞在木瓦一带地表相交，地貌显示为一顺直的槽地，西侧为陡坎状地貌，岩体破碎呈角砾岩状，擦痕镜面发育。

图 3-14 龙蟠-乔后断裂西支错断晚更新世堆积层(镜向南)

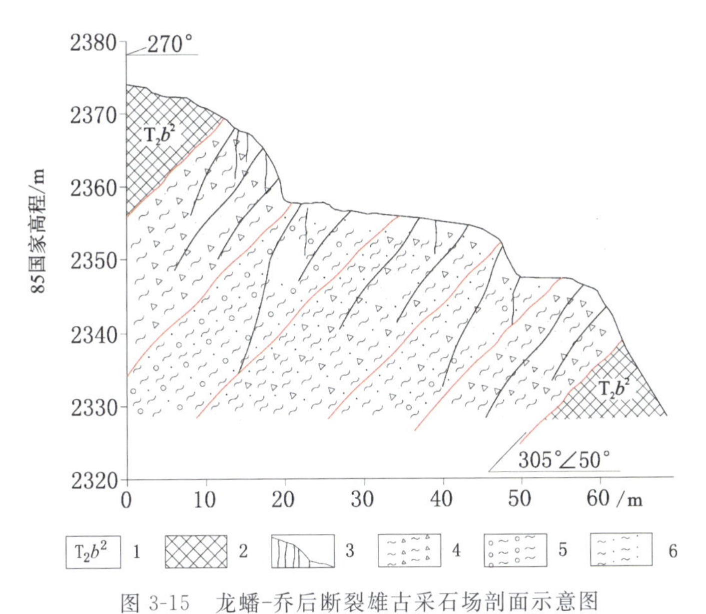

图 3-15 龙蟠-乔后断裂雄古采石场剖面示意图

1. 中三叠统北衙组第二段;2. 断裂影响带;3. 挤压劈理面;4. 角砾岩;5. 碎粒岩;6. 碎粉岩

图 3-16 龙蟠-乔后断裂西支断裂角砾岩带(镜向北)

图 3-17 龙蟠-乔后断裂东支断裂角砾岩带(镜向南)

3.1.6 跨断层综合构造地质剖面及特征

龙蟠-乔后断裂带主要有3条断层组成，断层倾向275°左右，倾角60°～80°；沿断裂形成1～2km的宽缓槽地，其中西支断层(F10-1)及中支断层(F10-2)对现今地貌控制作用明显，沿断层可见断层三角面、断塞塘、断层陡坎等地貌，局部可见有同向水系位错现象，指示断层全新世活动迹象明显。断裂带形成于古生代，中生代强烈运动，新生代早期以挤压-逆冲运动为主，晚期以拉张-走滑运动为主，香炉山隧洞穿过部位晚期及现今以左旋走滑运动为主，最新活动时代为全新世。

分析收集的高清卫星影像及无人机航拍影像，对龙蟠-乔后断裂在香炉山隧洞白汉场槽谷部位的展布特征进行了宏观分析，复核划定断裂的位置及分支断层组成；进行了详细的大比例尺构造测绘，绘制了龙蟠-乔后断裂构造地质学剖面(图3-18)。

地表大比例尺构造测绘显示，西支断层(F10-1)上盘为T_2a片岩、板岩夹少量灰岩，靠近断层部位受断裂影响岩体中劈理及次级断面发育(图3-19)，多为宽约50cm的碎裂岩、角砾岩带，受断层影响挤压碎裂岩带宽约200m。地表揭露处主断裂带宽250m左右，带内两侧为角砾岩带，中间部位为碎粒岩、碎粉岩及断层泥条带，工程力学性质极差(图3-20)。中支断层(F10-2)位于盆地中间位置，沿断层发育顺直的水沟，断裂带内零星露头可见大面积的灰岩角砾岩带夹碎粒岩、碎粉岩带，结合钻孔揭示，碎粒岩、碎粉岩带宽约50m，工程力学性质差，呈岩粉状(图3-21)。在西支断层(F10-1)及中支断层(F10-2)之间地表可见挤压揉皱强烈的破碎岩体，可见宽约300m(图3-22)。

取龙蟠-乔后断裂带内形成的方解石进行断裂带碳酸盐岩U系测年，结果显示断裂带内的方解石脉主要年代集中于400～500ka，说明龙蟠-乔后断裂带在中更新世为强烈的构造事件；取断裂带内被错断的Qp^3地层中的碳屑进行了^{14}C测试，获得准确年龄为26.92ka，说明龙蟠-乔后断裂带在晚更新世以来曾有过显著活动。

3.2 丽江-剑川断裂(F11)

丽江-小金河断裂是滇西北高原上的一条北东向活动构造带，丽江-剑川断裂是其西南段。该断裂西南始于剑川，向东北经丽江和宁蒗西北的宝地、天生桥、盐源木里后在石棉一带与安宁河断裂相交会。断裂总体走向北东东，全长约360km，该断裂斜切“川滇菱形地块”，是龙门山-锦屏山-玉龙雪山中新生代推覆构造带的西南一段(潘桂棠，1983)。这样一条重要的活动构造带，它第四纪以来的活动性已为许多地质学者所关注(王兴辉，1985；许志琴，1992；高名修，1996；申旭辉，1996)。

丽江-剑川断裂带是由一组北东向断层组成的断裂带。自西南向东北可分为剑川-文治断裂段、丽江-老白渣断裂段、栗楚卫断裂段、大坪子-金棉断裂段、卧罗河断裂段、小金河断裂段共6段。各断裂段以左旋剪切挤压逆冲运动为主，总体表现为一左旋挤压剪切活动断裂带(向宏发，2002)。过水段为剑川-文治断裂段，长48km，以左旋剪切运动为主，沿断裂发育有断层陡坎、断层槽谷及水系和盆地的左旋位错；丽江-老白渣断裂段有明显的挤压逆冲及水系、冲洪积扇的左旋位错；大坪子-金棉断裂段可见断层槽谷、断层陡崖及水系左旋位错现象。

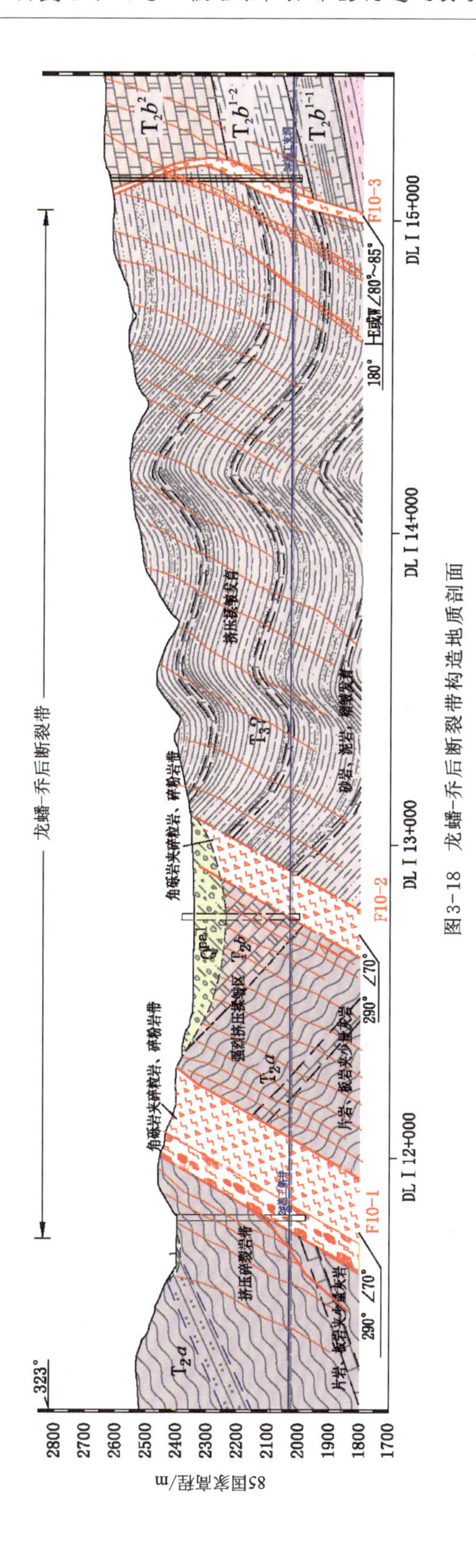

图 3-18　龙蟠-乔后断裂带构造地质剖面

图 3-19　西支断层上盘碎裂岩体(镜向北)

图 3-20　西支断裂带内碎砾岩、碎粉岩

图 3-21　中支断层主断裂带内碎砾岩、碎粉岩

图 3-22　断层间强烈挤压揉皱破碎岩体

图 3-23　丽江-剑川断裂卫星影像展布图

在研究区内，该断裂自北东向南西沿线控制了南溪、吉子、老丁-中村、红麦等线性盆地的发育（图3-23）。断裂带由多条断裂组成，呈左阶斜列或平行排列，断裂错断地层主要为二叠系玄武岩组、三叠系北衙组及新生界古近系，在中村南吾莫屯断裂错断晚更新世粉质黏土层，揭示该断裂带晚更新世以来活动过。隧洞轴线附近该断裂带由4条主要断层组成，中支断层（F11-2、F11-3）及南东支断层（F11-3）为主断裂。

该断裂具有长期的发育历史，形成于古生代，经历了多期构造活动。古生代—三叠纪为张性，喜马拉雅期表现为强烈的由北西向南东的挤压、逆冲。晚更新世以来，具明显的左旋走滑运动。沿断裂有基性、超基性岩浆侵入，对两侧地壳发育具有强烈的控制作用，构成了扬子准地台与松潘-甘孜地槽褶皱系两个一级大地构造单元的界线。沿断裂带地壳深部显示为北东向的布格重力异常梯级带，航磁异常密集带和地壳厚度呈现出由南东向北西倾斜的地壳厚度地幔斜坡带，是切割岩石圈的深断裂带，在宽50～100km的范围内，地壳厚度变化5～7km，沿断裂为地壳厚度梯变带。

断裂带第四纪以来新活动强烈，沿断裂发育断层陡崖、断层槽谷、断错水系、断错山脊、断层陡坎等一系列构造地貌。如在丽江团山水库西，沿断裂发育的山脊、溪水、洪积扇、洼地等同步位移现象十分明显。它控制了丽江、吉子、南溪、干地坝等盆地的发育。在沿断裂分布的第四系中发育有一系列第四纪新断层，切穿了上更新统地层。

通过卫星、航片解释和野外活断层调查实测与年龄测试分析发现，斜切中国西南“川滇菱块”的横向构造——丽江-剑川断裂为一断面高角度倾向北西的逆左旋走滑型活动断裂。通过盆地复位和同沉积盆地的位错分析，确定了该断裂第四纪以来的水平位错量为7.4～7.6km。断裂两侧差异隆升及相应堆积物的分析表明，中更新世以来，断裂垂直位错量达500～700m。由此计算得到丽江-剑川断裂第四纪和中更新世以来的水平与垂直位错速率分别为3.7～3.8mm/a和1.0～1.5mm/a。水平位错及相关年龄测试资料表明，该断裂晚更新世以来的平均位错速率在2.6～4.0mm/a之间，中值为3.3mm/a；全新世以来的平均位错速率在2.5～5.0mm/a之间，中值为3.5mm/a。第四纪各时段以来滑动速率的较好相似性表明，长期以来，该断裂的活动具相对稳定性和活动地块边界的持久性（向宏发等，2002）。

历史上沿断裂曾发生多次6级以上地震，1976年和1998年在断裂北部宁蒗东北先后发生6.4级和6.0级地震，1951年发生剑川6.2级地震。以上表明该断裂带是一条至今仍在活动的断裂带。

在现场复核地质构造测绘工作的基础上，进行活动断裂研究区平面地质分带，理清断裂带的平面展布及分支断层组成，为活动断裂构造地质学剖面研究奠定良好的基础。丽江-剑川断裂带平面地质分带成果见图3-24。地面构造调查发现，断层破碎带及两侧影响带宽度均较大。丽江-剑川断裂带F11-2断层上盘为二叠系玄武岩，沿断裂形成陡坎陡崖地貌，玄武岩岩体中次级断面发育，受断层活动影响形成的破碎带宽度大于200m，局部可达300～500m；断层F11-2与断层F11-3之间为卷入断层活动的玄武岩及灰岩破碎岩体，强烈破碎，宽度200m；断层F11-3与断层F11-4之间为古近系砾岩及二叠系北衙组白云质灰岩，受早期断层挤压活动，岩层倾斜揉皱变形，切层次级断面发育，断裂带宽300～500m。

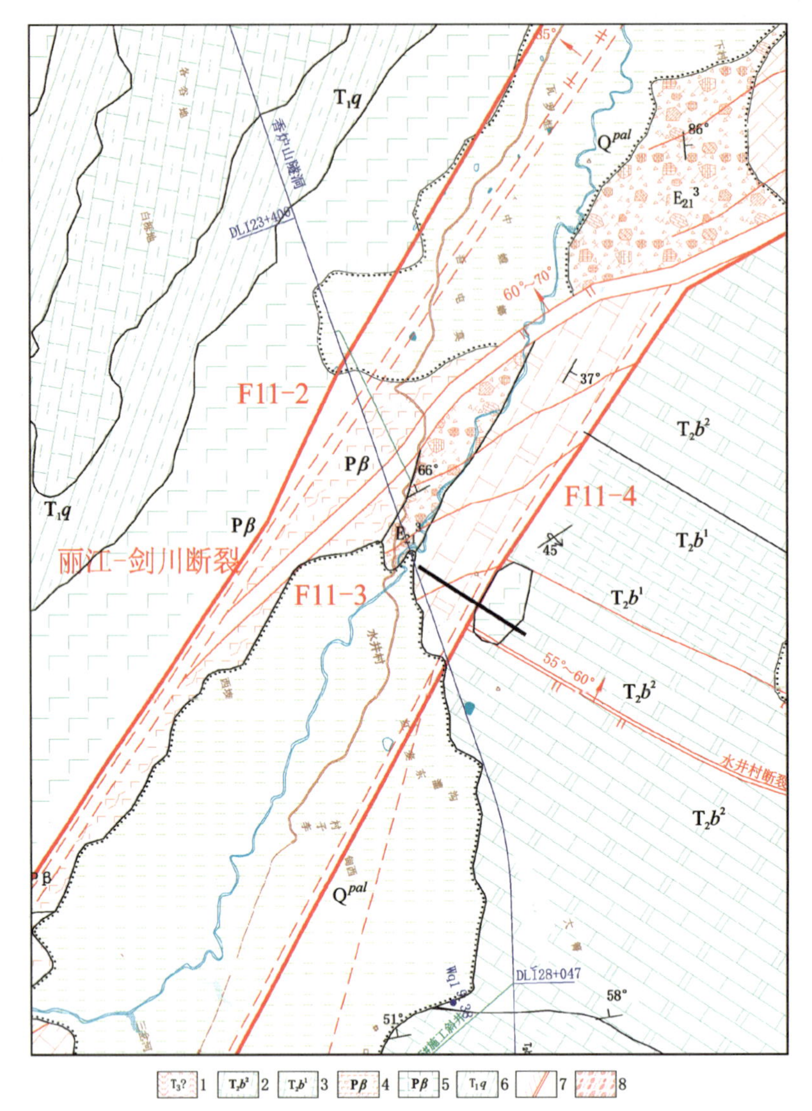

图 3-24 丽江-剑川断裂带活动断裂平面工程地质分带

1. 三叠系；2. 中三叠统北衙组第二段；3. 中三叠统北衙组第一段；4、5. 二叠系玄武岩；6. 三叠系青天堡组；7. 断层碎裂岩带；8. 地表断层角砾岩带

3.2.1 剑鹤公路断裂剖面

在剑鹤公路上可见产状近直立的断层(图 3-25)，走向近南北，断层内充填了后期灌入的红土，在断面上，发育大量具有生长纹层的白色方解石脉。根据方解石 U 系测年结果，该断层的活动时间主要有两期，早期为 173.9～141.7ka，晚期为 131.9～112.9ka，都是在更新世晚期。

3.2.2 剑川东化龙采石场剖面

该断裂属于丽江-剑川断裂的南段，断裂总体走向为北东 40°(图 3-26)。丽江-剑川断裂

图 3-25　丽江-剑川断裂剑鹤公路北侧断裂剖面

图 3-26　剑川东断裂野外剖面

是滇西北高原上的一条北东向活动构造带。在剑川县北东剑川至鹤庆公路旁化龙采石场开挖边坡揭露该断裂带主断裂，断层平破碎带宽约150m，破碎带内构造岩主要为灰岩角砾岩夹碎粒岩、碎粉岩（图3-27～图3-30）。

图3-27　丽江-剑川断裂断层角砾岩带

图3-28　丽江-剑川断裂化龙采石场一带断层角砾岩带（镜向北东）

图3-29　丽江-剑川断裂东支陡倾向北西的断裂镜面（化龙采石场）

图3-30　丽江-剑川断裂东支化龙采石场断裂角砾岩带

采石场揭露主断层走向40°，次级断裂130°，倾向北西，倾角75°，为正断层兼左旋走滑性质，在断层面上可见砾石被切断。构造岩带内根据构造岩状态及后期断面的切割关系，可知断层至少曾有过4期活动：第一期活动形成宽约150m的灰岩角砾岩夹碎粒岩、碎粉岩带，后钙质胶结；第二期活动在断层破碎带内切割形成贯通的剪切挤压断面，断面平直；第三期活动，断层沿着第二期运动形成的断面滑动，表现为规模较大的剪切镜面，并形成巨大的擦槽（图3-28），擦槽的倾伏向与断面的倾向近一致，擦槽起伏差约5cm；第四期活动则主要表现为左旋走滑性质，可见与第三期活动形成的擦槽斜交的擦痕，擦痕倾伏向为220°左右，倾伏角为15°～35°，断面上可见蠕滑运动特征。本次工作主要采集不同期次断层活动断层面上的碳酸盐岩进行U系测年，测试结果显示该区主要有4期断层活动：第一期在100ka左右，第二期

76ka,第三期 50ka,第四期 1.25ka。说明断层晚更新世以来至少有过 3 次强烈的活动,全新世以来曾有过 1 次活动。

3.2.3　长水村断裂剖面

在长水村北侧一砖厂内,可见一北东走向、产状近直立的断层,该断层切割灰白色灰岩,可见一约 2m 的陡坎,断面上可见擦痕,根据擦痕判断该断层为左旋走滑正断层,在断裂带内还充填了方解石,方解石由于后期风化作用,发生了严重的风化,呈粉末状(图 3-31)。

图 3-31　丽江-剑川断裂长水村断裂素描图

3.2.4　汝南河断面

丽江-剑川断裂带中两分支断层(F11-3)在丽江玉龙县剑川-汝南弹石路 K17km 里程碑附近,于一废弃采石场开挖断面揭露该断层(图 3-32)。断层走向北东 10°,倾向北西,倾角 76°。断裂带宽约 30m,构造岩主要为灰黄色—灰褐色断层角砾岩,胶结较好。断层东侧与西侧各发育有一条次级断层,东侧次级断层产状为 235°∠(70°～80°),沿断层面溶沟、溶槽、斜擦痕发育,斜擦痕倾伏向为 143°∠32°,断裂带内主要为角砾岩,角砾岩带宽约 2m;西侧次级断层产状为 270°∠70°,断裂带内为角砾岩,角砾岩带宽 2～3m。断层东侧为中三叠统北衙组上段深灰色灰岩,岩体破碎,岩层产状为 355°∠25°;断层西侧为上二叠统猪肝色玄武岩,岩体强风化。该断层对汝南河的发育及汝南河槽谷的形成具明显的控制作用,断裂新活动地貌特征较明显。

3.2.5　吾莫屯东山剖面

在玉龙县汝南吾莫屯东山坡小路处,断层(F11-3)走向北偏东 80°,倾向北西,倾角 58°。顺断层发育一条宽 10～20m 的冲沟,断层位于冲沟北侧,冲沟延伸至山脊地貌上显示为垭口。构造岩宽度约 20m,带内主要为灰白色、灰绿色、棕红色碎粉岩,角砾岩夹碎粒岩及透镜体状角砾岩,带内构造岩岩体风化强烈,胶结情况一般,构造岩产状呈波状(图 3-33)。

断层为正断层,根据断层错断地层情况,说明该断层在晚更新世以来曾经活动过。根据现场坑槽(坑槽宽度为 1.5m)揭露,将构造岩类别及形状分为以下条带:①灰白色碎粉岩,带

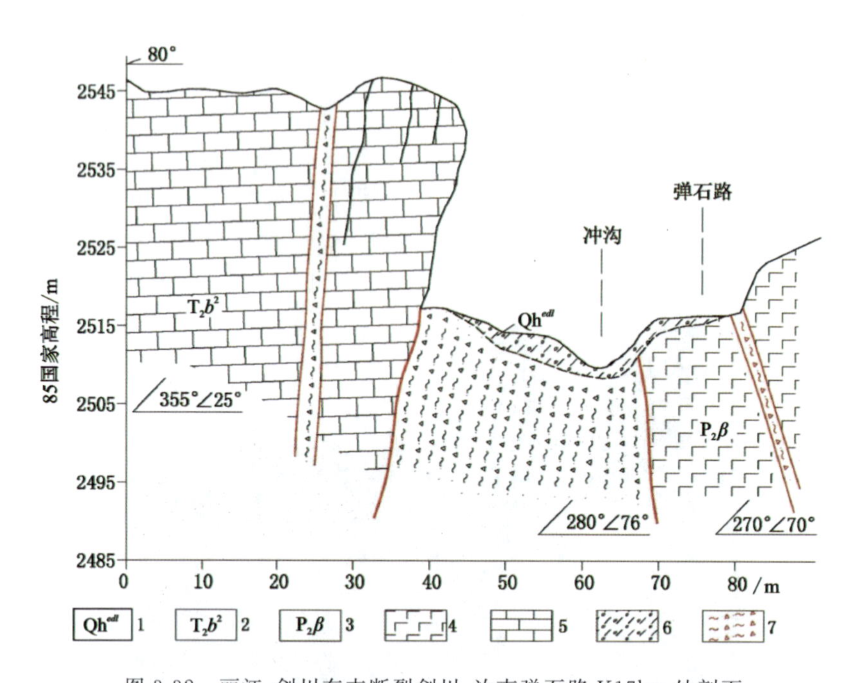

图 3-32　丽江-剑川东支断裂剑川-汝南弹石路 K17km 处剖面

1.第四系残坡积物；2.中三叠统北衙组第二段；3.上二叠统玄武岩；4.玄武岩；5.灰岩；6.砾质土；7.角砾岩

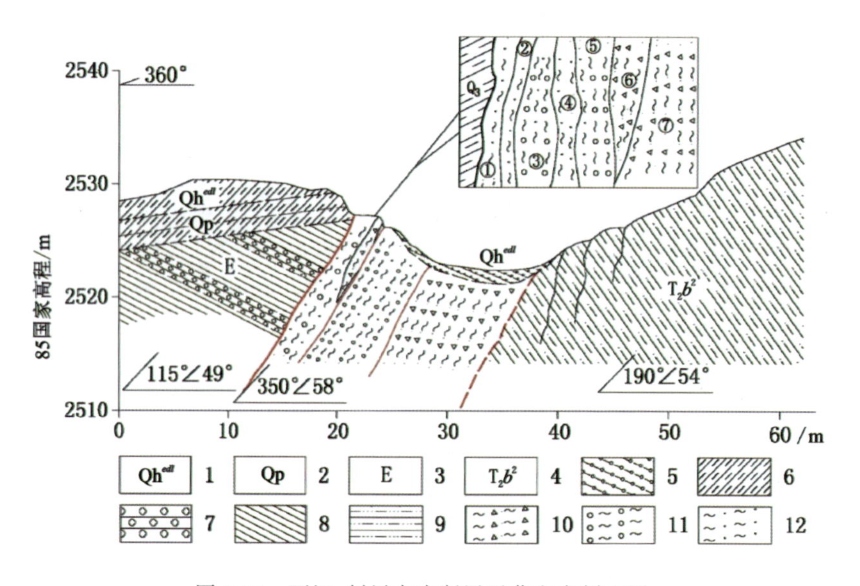

图 3-33　丽江-剑川东支断层吾莫屯东剖面图

1.第四系残坡积物；2.上更新统；3.古近系；4.中三叠统北衙组第二段；5.砾石土；6.粉质黏土；7.砾岩；8.黏土岩；9.泥质粉砂岩；10.角砾岩；11.碎粒岩；12.碎粉岩

宽约 0.2m；②棕红色碎粉岩夹碎粒岩，带宽 0.1～0.15m；③呈透镜体状灰绿色—灰黄色碎粒岩夹碎粉岩，带宽 0.1～0.25m；④灰白色碎粉岩夹碎粒岩，风化成泥状，带宽 0.1～0.15m；⑤棕红色碎粉岩夹碎粒岩，风化成泥状，带宽 0.15～0.25m；⑥灰白色角砾岩夹碎粒岩，带宽 0.2～0.4m；⑦灰褐色—灰白色透镜体状角砾岩带，带宽 0.5～1.5m。断层上盘为古近系—

第四系，古近系岩性为灰褐色砾岩，磨圆度较好，砾石成分以灰岩为主，岩层产状为 115°∠49°；上更新统物质成分为灰白色、棕黄色粉质黏土；第四系为残坡积物灰黄色粉质黏土。断层下盘为中三叠统北衙组上段灰紫色黏土岩，夹有钙质结核，薄层状，单层厚度一般为 5～15cm，受断层影响，岩体破碎，岩层产状为 190°∠54°。根据断层错断地层情况，说明该断层在晚更新世以来曾经活动过。

3.2.6 担渎村剖面

在南溪盆地担渎村东北，断裂左旋断错小冲沟(图 3-34)，其中 f2、f3 对应的位错量分别为 8m 和 20m。且 f3 断错 Ⅰ 级阶地堆积物。区内阶地测年资料表明，Ⅰ 级阶地(T_1)的年龄为 6.32×10^3a，表明此点断裂 20m 水平错距应发生在 6.32ka BP 以后，即左旋水平位错的下限值为 3.10mm/a。在金沙江树底北 1km 金沙江边，断层错断了金沙江 T_2 阶地砾石层堆积物，根据区域阶地测年资料，该阶地沉积发生于晚更新世，说明断层在晚更新世有过最新活动。

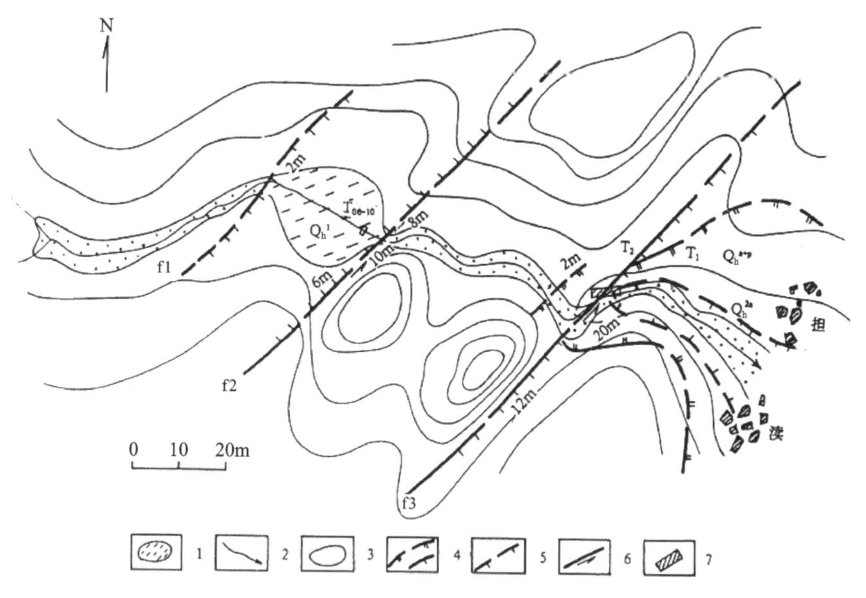

图 3-34 丽江西南南溪担渎断裂位错分布图

1. 黏土、淤泥质沉积物；2. 主冲沟流向；3. 示意等高线；4. 阶地、齿数示阶地级次；5. 断层陡坎；6. 水平位错；7. 探槽位置

在文化本过村西，山前小型冲沟及冲积扇被断裂同步左旋位错 14～18m，同时伴有断层陡坎发育。横过陡坎开挖探槽，揭露出断层和多期古地震事件。据丽江盆地的左旋位移量及其形成时代，求得距今 200Ma 以来断裂的位移速率为 3.7mm/a。据新近纪沉积的吉子盆地和南溪盆地被断裂左旋位错 7600m，求得第四纪以来断裂位错速率为 3.8mm/a。据长坪—母猪达之间水系、山脊和小型盆地左旋位移量及其发育年代，求得 34ka 以来断裂位移速率为 2.6～4.0mm/a，平均 3.3mm/a，9900 年以来断裂的左旋位移速率为 2.0～5.0mm/a，平均 3.5mm/a。

3.2.7 跨断层综合构造地质剖面及特征

香炉山隧洞穿过丽江-剑川断裂南西段，在隧洞区总体走向40°，区内延伸长约40km，断裂自北东向南西沿线控制了南溪、吉子、老丁-中村、红麦等线性盆地的发育。断裂带由多条断裂组成，呈左阶斜列或平行排列，断裂错断地层主要为二叠系玄武岩组、三叠系北衙组及新生界古近系，在中村南吾莫屯断裂错断晚更新世粉质黏土层，揭示该断裂带晚更新世以来活动过，为全新世活动断裂。

隧洞穿过区域沿该断裂形成宽1～2km的槽地，断裂破碎带宽大。丽江-剑川断裂在香炉山隧洞红麦盆地部位的展布特征进行了宏观分析，复核划定了断裂的位置及分支断层组成；进行了详细的大比例尺构造测绘，绘制了丽江-剑川断裂构造地质学剖面(图3-35)。丽江-剑川断裂带在隧洞穿过区域主要有3条断层组成，断层总体倾向300°～310°，倾角70°～80°；沿断裂形成2km的宽缓槽地，其中断层F11-2、断层F11-3及断层F11-4对现今地貌控制作用明显，沿断层可见断层三角面、断层陡坎及平直的水系等地貌，局部可见有同向水系位错现象，指示断层全新世左旋走滑活动迹象，其中沿断层F11-4有喜马拉雅期溢出相的苦橄玄武岩，并被后期的断层活动错断。其中，丽江-剑川断裂带断层F11-2上盘(北西盘)为断层早期活动逆冲的二叠系玄武岩，靠近断层部位为劈理强烈发育呈碎裂状的玄武岩，次级断面发育，岩体破碎，沿断层崩塌堆积体十分发育，破碎带可见宽度达200m，越靠近断层部位岩体越破碎；隧洞南部剑川盆地北侧采石场揭露断裂主断裂带，宽约80m，带内主要为角砾岩夹碎粒岩及碎粉岩，构造岩内可见断层多期活动的剪切破裂，指示断层早期逆冲形成擦槽，后期断层左旋走滑，在断面形成近水平的斜擦痕。

断层F11-2与断层F11-3之间为灰岩碎裂岩、古近系及新近系砾岩碎裂岩带，带内次级断面发育，可见10余个断面，断面总体走向北东40°，倾向北西，倾角60°～70°，局部可达80°，沿断层面形成宽0.5～1.0m的碎粒岩、碎粉岩带，工程力学性状较差，断面可见近水平的斜擦痕，两侧羽列状劈理发育。断层F11-3主断层位于红麦盆地中间部位，断层通过部位为盆地内槽状地形，水井村北侧沿断层发育一顺直的冲沟，隧洞穿过部位地表可见断裂带宽约50m，两侧影响破碎带宽约150m。在北侧担渎村一带碎石场开挖，可见主断裂带，断层倾向305°，倾角73°，断裂带内构造岩主要为灰白色角砾岩夹条带状碎粒岩、碎粉岩，以泥质胶结为主，局部为钙质胶结，胶结差，遇水易沙化散开，主断面上可见走滑运动形成的断层镜面，镜面可见斜擦痕及水平向擦痕，显示断层最后一期活动为左旋走滑运动。

3.3 鹤庆-洱源断裂(F12)

断裂带北端交于小金河-丽江断裂带，向南西经鹤庆盆地，止于洱源盆地。断裂整体走向北东，倾向南东或北西，长约108km(图3-36)。由两条左阶羽列次级断裂组成，西北为鹤庆盆地西边界——栗雄卫断裂，东南为鹤庆盆地东边界——洱源盆地断裂，两条断裂于鹤庆盆地南端蝙蝠洞一带交会，向南西延伸37km后止于洱源盆地；香炉山隧洞穿过蝙蝠洞至洱源断裂段。断裂之间为阶区，其重复段长25km，宽3～7km，阶区内为鹤庆盆地，堆积厚500m(局部700～800m)的第四系。

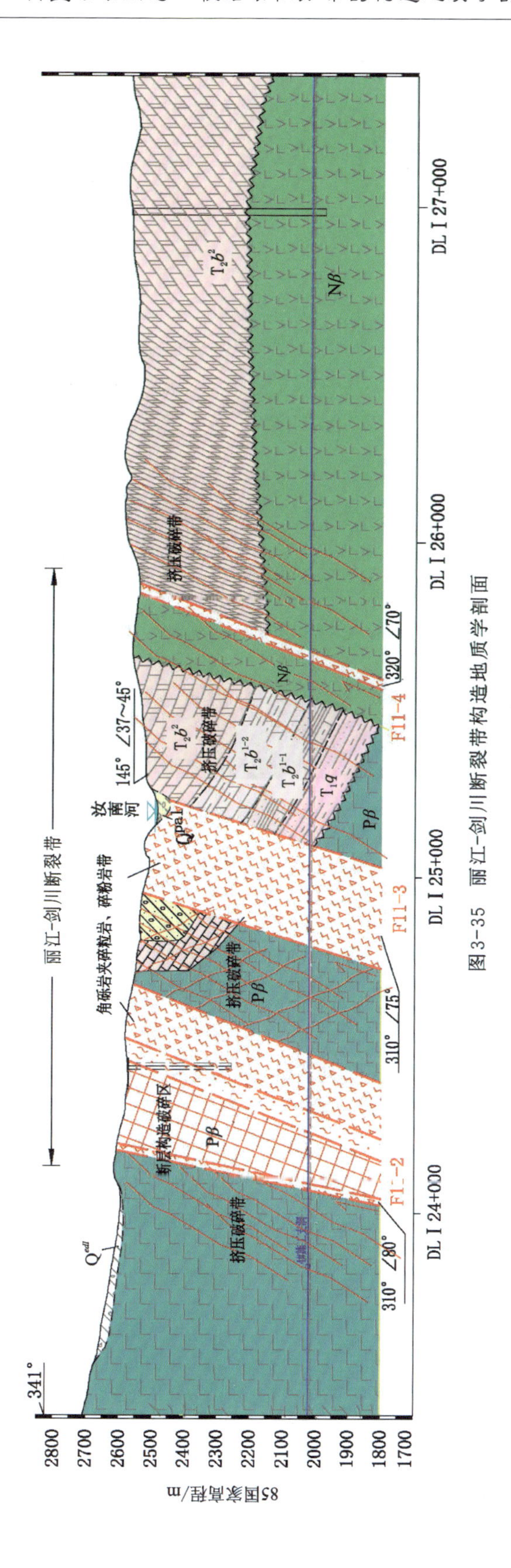

图3-35　丽江—剑川断裂带构造地质学剖面

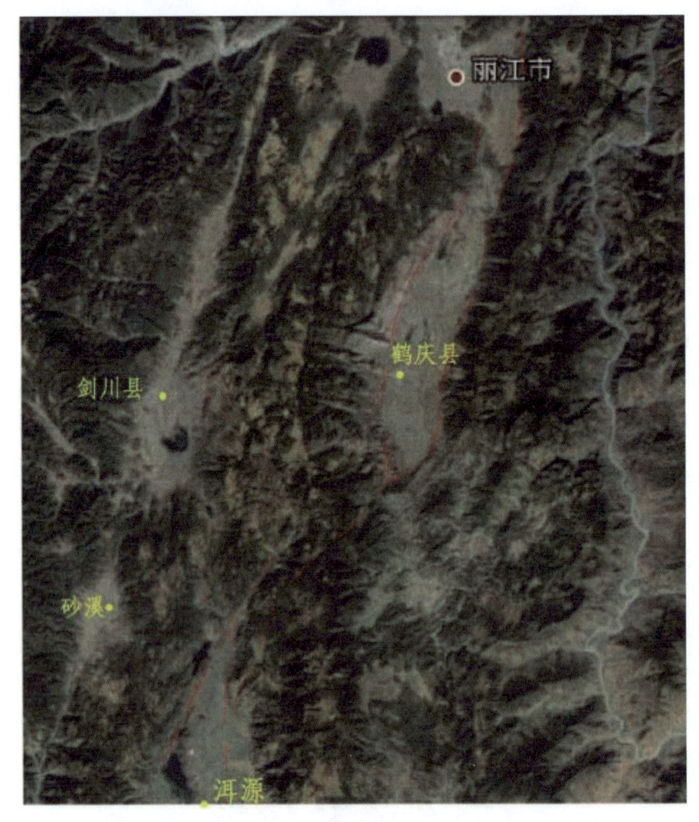

图 3-36　鹤庆-洱源断裂卫星影像展布图

断裂带形成于早古生代，其后经历多次活动，沿线有一系列自西北向东南的推覆构造和褶皱带，宽几十米至几百米。第四纪以来断裂活动性质既有左旋走滑，又有张性正断运动。左旋走滑表现在沿断裂发育的水系、山脊、冲沟、洪积扇等被左旋扭错，张性活动表现在断裂带上的盆地附近第四纪正断层发育。鹤庆盆地南端文明村水库大坝附近见第四系中发育有正断层。

沿断裂洪积扇发育，从南到北大小洪积扇组成洪积裙带，断裂通过处发育左旋断错水系，出山的冲沟通过断裂处也有左旋扭错现象。从大松坪到洞门口沿断裂分布一系列左旋扭动的冲沟和山脊。洞门口可见一断层残丘再次被后期断层活动的左旋错开。地貌上形成陡崖，剖面上形成正断层系列断面，其间夹多个构造楔，形成时代为晚更新世—全新世。

鹤庆新民中学南500m见断裂错断下更新统及上更新统，表明为晚更新世以来有过活动。在启可村东—达瓦村东，鹤庆盆地东边界断裂——洱源盆地断裂在地貌上有断阶平台、断层崖、断层陡坎发育，跨断裂的冲沟有左旋同步位移；洪家村一带冲沟左旋位移为250m，在启可村南断裂最新断错(12.11±1.3)ka(TL法测年)的洪积扇台地。在美自东北，断裂发育在二叠系玄武岩与中三叠统北衙组灰岩之间，见中、上更新统黄土中发育走向北北东向的小断层及其与之伴生的一组锐角指向北北西向的劈理带。

据中国地震局地质所研究成果，鹤庆盆地西边界——栗雄卫断裂晚更新世以来的左旋位移速率为2.2～2.5mm/a，东边界断裂为2.5～3.0mm/a。两条断裂的垂直位移速率为0.7～

0.8mm/a。沿该断裂带 1839 年在洱源盆地曾发生两次 6.25 级地震，该断裂为全新世活动断裂。

鹤庆-洱源断裂带中段穿过基岩山区，大致呈北东走向，东北端延至鹤庆盆地南缘，西南端与洱源盆地北部的太平盆地相接，平面上形成一弧形构造。本次野外调查选取 5 个典型剖面进行野外观察以及样品采集等工作(图 3-37)。

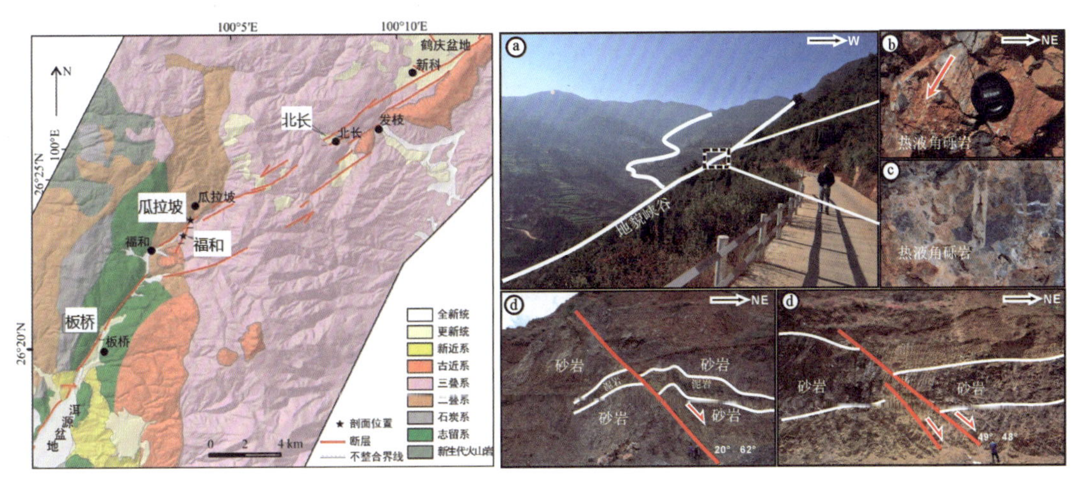

图 3-37　鹤庆-洱源断裂带中段活动断层分布和地质简图

3.3.1　观音峡断裂剖面

观音峡剖面位于丽江市七河乡东关村观音峡风景区入口处的公路北侧，该处为一人工露头(图 3-38)，可见第四系砂层被错断，在断裂带内砂层呈挠曲状分布，断层产状为(115°～205°)∠85°(图 3-39)。

图 3-38　观音峡剖面的平面位置

图 3-39　观音峡构造剖面图

3.3.2　北长村断裂剖面

遥感解译和地质调查表明，北长村—发枝村一带断层谷和断层崖发育，冲沟明显左旋位错，位错幅度约 500m(图 3-40)。北长村平面上表现为一个菱形的山间盆地，现已被河流从北向南贯通。盆内第四纪沉积物丰富，但以冲洪积为主。在构造破坏和现代水系切割下盆地面破坏严重，形成纵横交错的沟壑，仅局部形成小规模的台地。

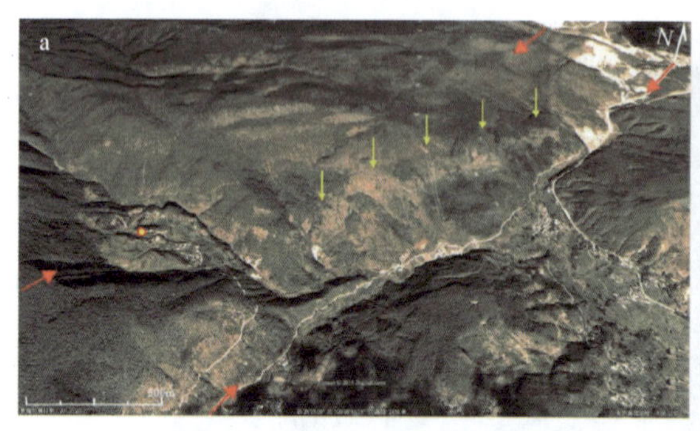

图 3-40　北长村一带构造剖面的平面位置

注：黄色箭头指示断层崖；红色箭头指示断层走向；黄色圆圈为剖面位置。

断层剖面发现于盆内切割出露的冲洪积物内。与遥感影像上解译的清晰的线性构造一致，由此判定为次级断裂通过处(图 3-41)。该剖面揭露有 4 层不同的堆积物，其中层④被断层围限成多个独立单元，层④a 为冲洪积层顶部夹杂的含砾细砂层。剖面中共揭露 3 条断层，f1 切穿地层③形成约 1m 左右的垂直断距，之后形成了覆盖其上的充填楔②；f2 切穿冲洪积层④，在上部出现断裂分叉，并切穿充填楔②，在 f2 中可见清晰的水平擦痕(图 3-b)；f3 断层被 f2 所切割。冲洪积层顶部④a 层中获得 OSL 年龄(100.7±10)ka(BC-1)；紫色粉砂质黏土③年龄为(101.6±11)ka(BC-2);在充填楔②中获得OSL年龄为(99.4±11)ka(BC-3)。3套地层的光释光年龄在误差范围内接近,表明它们沉积的时代相近。断层及其与填充楔之间的关系表明,在填充楔形成之前和之后各有1期构造活动,前者形成填充楔发育所依托的微地形,时间大致为100ka BP;后者断错填充楔内的填充物,时间为100ka BP。由于对上覆坡积物盖层①缺乏有效定年手段,不能定量限定f2、f3的活动上限。但从其成分和胶结程度推测上覆盖层应为晚更新世堆积。北长剖面断错地层的切割和覆盖关系表明构造活动发生在晚更新世早期。结合遥感影像和断层擦痕运动方向,初步认为北长剖面揭露的构造活动应以左旋走滑为主,活动时代为晚更新世。利用三维激光扫描雷达,对北长村主要构造剖面露头进行了扫描,成果见图3-42~图3-46。

对北长村断裂破碎带内方解石脉等进行碳酸盐岩U系测年结果显示,主要有3期构造活动分别为630ka、130ka、85ka,因此在全新世以来该断层较为稳定。

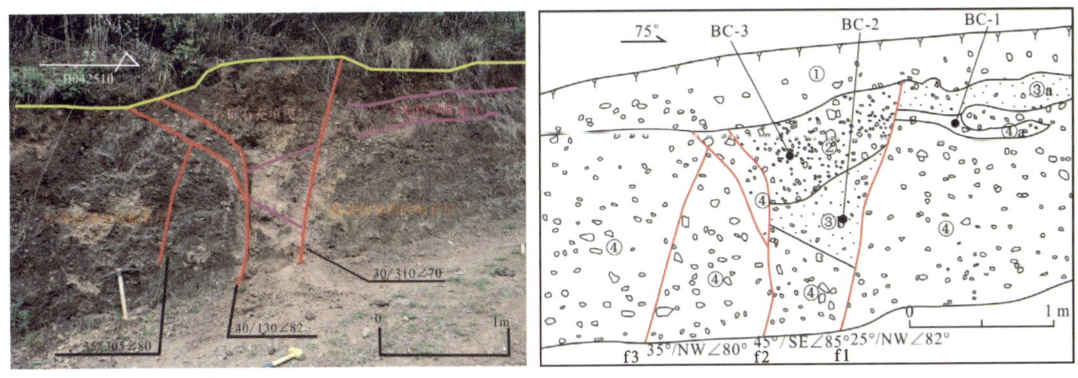

图3-41 北长村01剖面照片及对应剖面特征

注:①棕黄色坡积碎石及砂土;②灰黄色砂砾石充填楔;③含卵砾石的紫色粉砂质黏土,可分为上部不含次棱角状砾石的③a和下部含次棱角状砾石的③b;④一套棕黄色冲洪积砂砾石层;④a冲洪积层顶部夹杂的含砾细砂层。

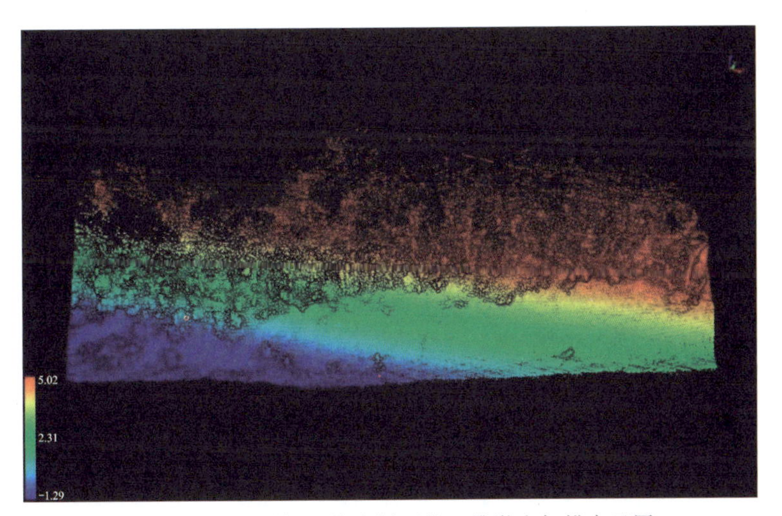

图3-42 北长村01构造剖面的三维激光扫描点云图

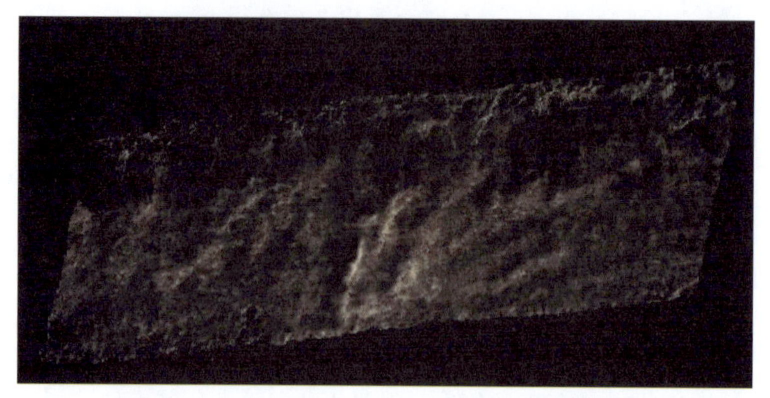

图 3-43　北长村 01 构造剖面的三维激光扫描成果图

图 3-44　鹤庆-洱源断裂北长村 02 构造剖面图

图 3-45　鹤庆-洱源断裂北长村 03 构造剖面图

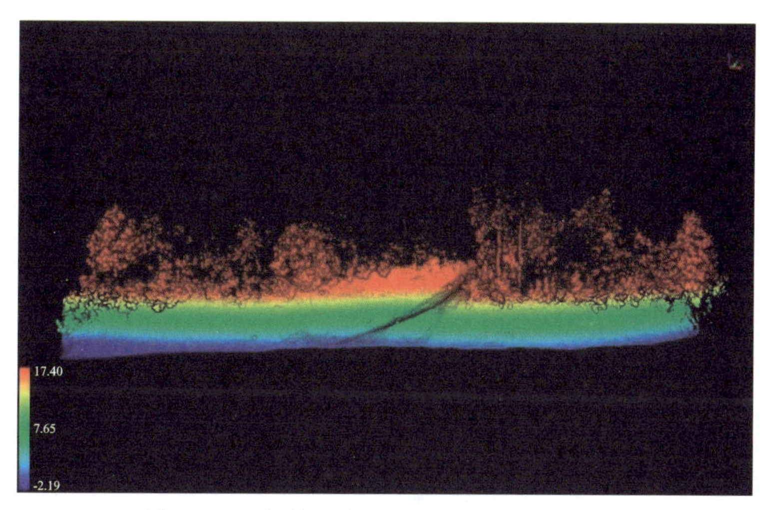

图 3-46　北长村 03 构造剖面图激光扫面点云图

3.3.3　蝙蝠洞剖面

露头处可见宽约 3～5m 的断层破碎带，为黄色断层泥和断层角砾岩充填，断层性质为右行走滑兼正断。此处修建高速公路开外边坡北东侧开挖坡面可见断层(图 3-47)，断层整体走向北东 15°，倾向北西 285°，倾角 40°～65°，断层破碎带宽约 45cm，带内为灰色、灰黑色角砾岩夹碎粒岩，胶结一般，带内可见羽列状剪节理，显示断层具有正断层活动性质。

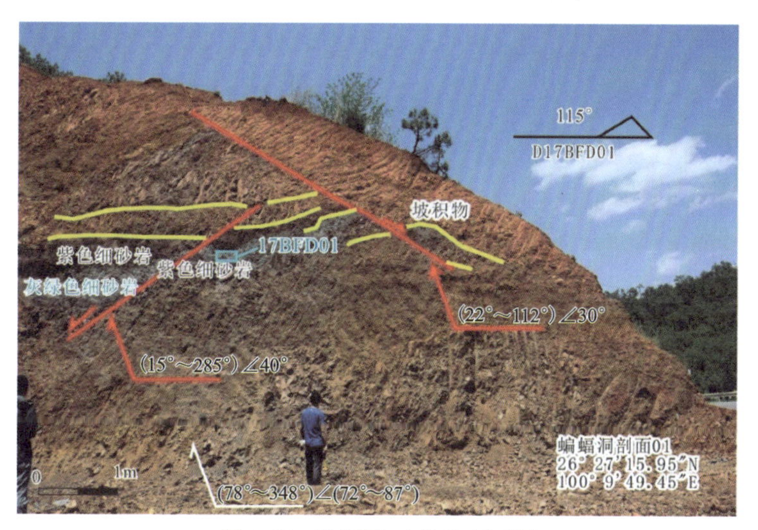

图 3-47　蝙蝠洞 01 构造剖面图

在开挖边坡的北侧可见断层早期活动断面，断层总体走向北东，倾向南东，倾角约 55°，断层错断下三叠统粉砂岩、页岩及煤线(图 3-48)，两侧挤压迹象明显，断裂带内构造岩主要为灰色、灰黑色角砾岩夹条带状碎粒岩及碎粉岩，胶结一般，断裂带宽约 75cm，根据上盘岩体挤压挠曲可知断层具有挤压逆冲性质，为断层期活动。对断面进行了三维激光雷达扫描，见图 3-49。

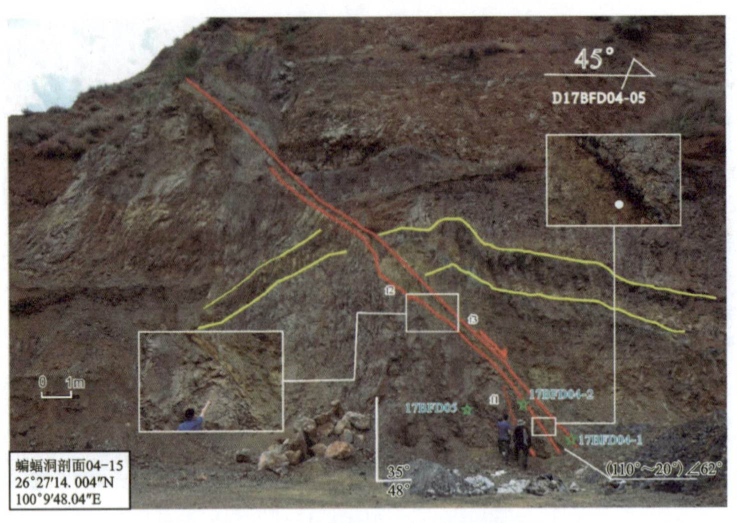

图 3-48　蝙蝠洞 02 构造剖面图

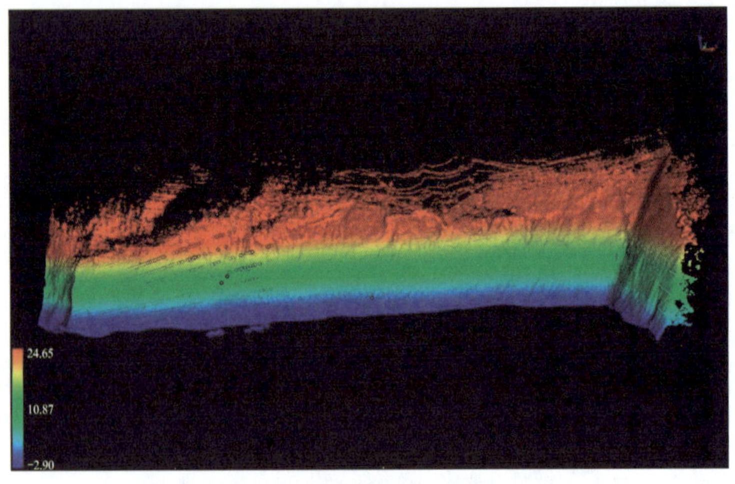

图 3-49　蝙蝠洞剖面激光扫面点云数据图

3.3.4　瓜拉坡剖面

瓜拉坡剖面位于小菁河桥西侧的断层谷中，剖面东侧为三叠系灰岩与二叠系火山岩交界处，也即主断裂通过处(图 3-50)，剖面位于主断裂西侧 2m 的洪积、坡积物内。该剖面揭露有 4 层不同的堆积物(图 3-50b)。剖面中揭露 1 条逆断层，断层切穿坡积层②，含碳泥层③被逆冲错断约 20 cm。前人对含碳泥层做的^{14}C 年龄(HQ1320)转换后为(19 880±280)a。据此认为瓜拉坡剖面揭露了至少 1 期构造活动，剖面表现为逆冲特征，活动时间大致晚于 20ka BP。

3.3.5　福和剖面

遥感解译和地质调查表明，福和村—瓜拉坡村一带断层谷和线性地貌发育，可见明显线性构造穿过洪积台地面及山脊，洪积台地及其中发育的冲沟明显左旋位错，冲沟位错幅度约

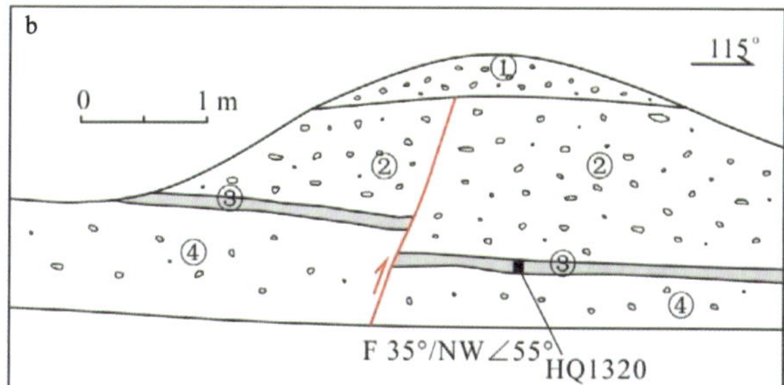

图 3-50　瓜拉坡断裂剖面

(a)瓜拉坡剖面照片;(b)剖面图

①松散的棕黄色坡积碎石及砂土;②浅黄色坡积砾石层，半胶结，砾石主要为火山岩，呈棱角状、次棱角状;③一层 5～7cm 的黑褐色含炭泥层，其中夹少量木炭;④洪积含砾石砂层

80m(图 3-51)。福和剖面位于瓜拉坡剖面南约 1km，冲沟左旋位错拐弯处。该剖面揭露有 2 套不同的地层(图 3-51)。剖面中揭露 1 条断层，断层为一条宽约 2m 的变形带，在变形带内发育大量北北东走向近垂直的节理，变形带西侧为一宽约 10cm 的破碎带，破碎带内砾石定向排列。该断裂应为一张性断裂，根据地层相对位置及地貌左旋特征，推测该断层应为　走滑断层。

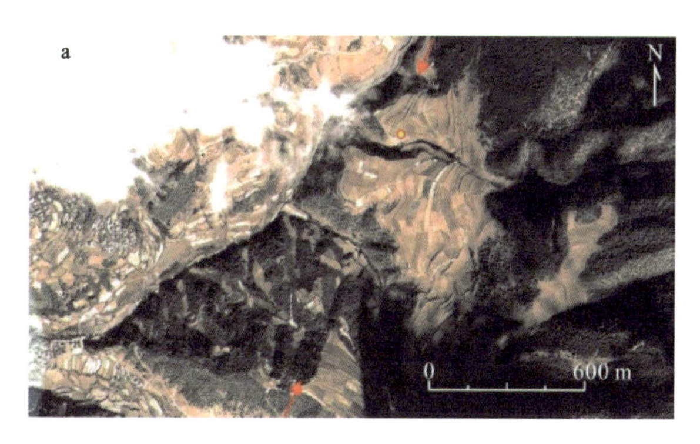

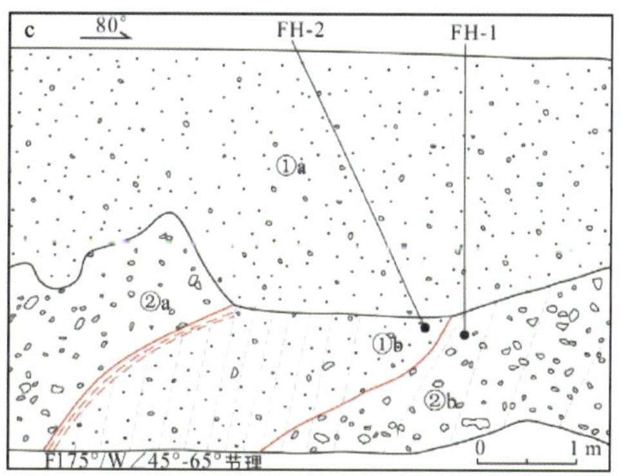

图 3-51　福和剖面位置及剖面特征

a. 福和地区 Google Earth 卫星影像(红色对向箭头指示断层走向;黄色圆圈为剖面位置);

b. 剖面断层破碎带照片;c. 剖面编录图

①含卵砾石的浅红色粉砂质黏土，可能为风化后的冲积物，可分为上部无变形的①a 和下部受断裂改造发育近垂直节理的①b;②灰黄色砂砾石洪积物，顶部保留有凹凸不平的侵蚀面，该层被断层分隔为东西两部分，其中东部②b 中可见垂直节理

前人对洪积层顶部②b 层位 OSL 年龄为(122.6±15)ka(FH-1);断裂剪切带①b 测得 OSL 年龄为(86.5±9)ka(FH-2)。地层①a 和①b 的颜色、组成物质相近,表明它们的沉积时代应该相近,地层①a 应该是断层形成后,经过侵蚀后再沉积的。以上分析表明,福和剖面至少揭露了 1 期构造活动,以走滑为主,活动时间晚于但接近 86.5ka BP。

3.3.6 板桥剖面

前期的遥感解译和地质调查表明,板桥村一带断层谷发育,谷地地形紧闭,线性地貌特征明显,一系列冲沟发生左旋位错,位错幅度大小不等(图 3-52)。地貌部位上,板桥村位于福田大沟内一个支沟型冲积扇上。从区域地貌特征看,扇体物质主要来自东南侧的一条左岸支沟,汇合处与东南侧海拔近 4000m 的马鞍山之间存在巨大的地形落差。后者存在典型的第四纪冰川遗迹。区域地貌配置和组合条件一方面限制了板桥冲积扇的规模,另一方面导致扇面坡度大,切割严重,冲洪积物在现代河流的两岸均有分布。鹤庆-洱源断裂带主断裂从扇体西北部通过。

板桥剖面位于断层谷中残留的洪积物内(图 3-52b)。该剖面揭露地层大致可分为 4 层(图 3-52c)。出露断层较多,仅剖面北部一段就出露 7 条断层(图 3-52c)。f1 切穿剖面底部洪积砂砾石层④;f2、f3、f4 发育在洪积砂砾石层④与粉砂质黏土层③之间;f5 为逆冲断层,致使洪积砾石层④压盖在含砾粉砂层之上,垂直断距约 50cm;F6 为正断层,致使顶部洪积层①向下错动;f7 切穿地表,同时切割断层 f4 和 f6。根据剖面地层的断错和覆盖关系,断层活动至少包括 3 期:第一期包括 f1、f2 和 f3,发生在层②堆积以前;第二期 f4 和 f5 发生在层①堆积之前;第三期包括 f6 和 f7,发生在层①堆积之后。考虑到剖面内部地层的复杂性和横向对比中的不确定性,以及剖面中断层的相互交切等复杂结构,实际期次可能更多。

根据前人 OSL 测年结果,洪积砂砾层①顶部年龄为(58.4±6)ka BP(EY-1217),含砾粉砂层②中粒度较细的砂层年龄为(52.8±4)ka BP(EY-1213);两层的年龄在同一误差范围内,推测两层皆为晚更新世中期沉积,大致在 55.6ka BP。粉砂质黏土层③OSL 年龄为98.5±8ka BP(EY-1215)。洪积砂砾层④OSL 年龄为(150.5±12)ka BP(EY-1216)。根据前述断层断错和覆盖关系,板桥剖面第一期构造活动发生在晚更新世早中期(98.5~52.8)ka BP;第二期发生在晚更新世中期,时间大致在 55.6ka BP 前后;第三期发生在晚更新世中期以后。结合地貌和断层特点分析,板桥剖面揭露的构造活动应以左旋走滑为主,活动时间贯穿晚更新世。

从板桥剖面发现的另一个重要现象是液化砂脉非常普遍,在不同时期的地层内均有出现。我们对发育在洪积砂砾石层④内和层①内砂脉的 OSL 测年结果进行了对比。层④中砂脉 OSL 年龄为(114.9±10)ka BP(EY-1214),与被穿插地层年龄(150.5±12)ka BP 相比,明显年轻。这个年龄数据有可能代表了层④堆积后发生在晚更新世早期的一次液化事件,也即意味着砂脉物质全部来源于地表充分曝光晒退的沉积物。但层①内砂脉的 OSL 年龄为(87.2±7)ka BP(EY-1218),明显比被穿插地层年龄(58.4±6)ka BP 要老,这表明砂脉内物质至少部分来源于更老的地层,砂脉物质的埋藏年代不能代表砂脉形成时间。

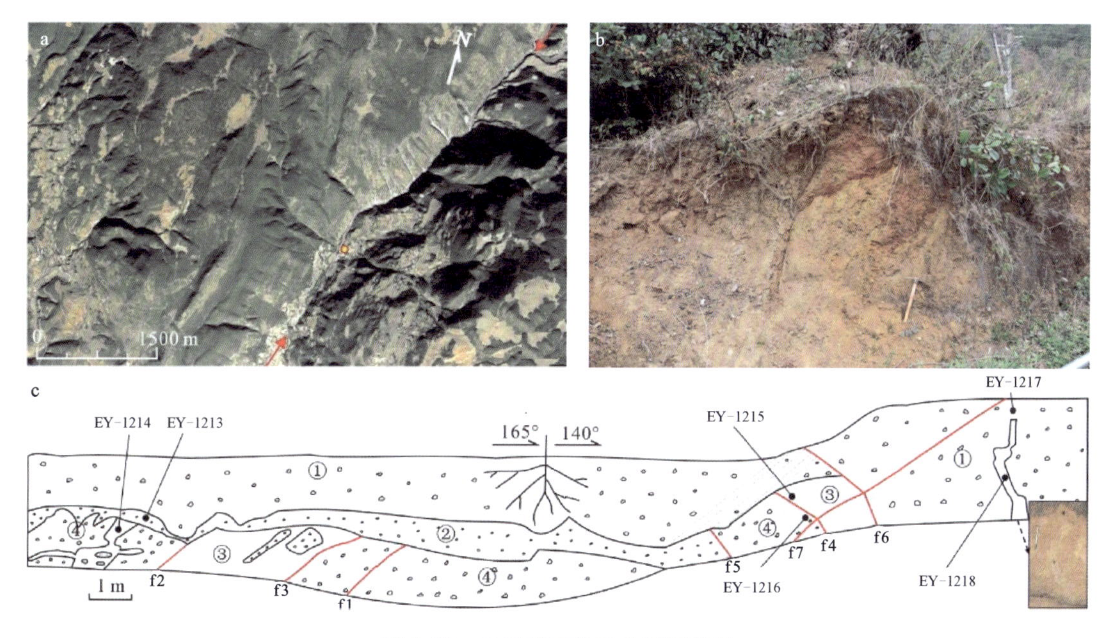

图3-52　板桥剖面位置及剖面特征

a.板桥地区Google Earth卫星影像(红色对向箭头指示断层走向;黄色圆圈为剖面位置);b.板桥剖面照片;c.板桥剖面图和砂脉照片

①浅红黄色洪积细砂砾石层,砾石呈次棱角状,局部发育节理,剖面南东侧①中可见一不规则形状的粉砂质黏土砂脉,砂脉中段宽度一致,可能为沿节理灌入的结果;②黄白色含砾粉砂层;③粉砂质黏土层,其中可见砂砾石团块;④一套棕黄色洪积砂砾石层,半胶结状,其中砾石多呈棱角状,砾石含量高,在剖面北西侧④中可见一成分与③相近的粉砂质黏土砂脉

3.3.7　东坡村剖面

在鹤庆县东坡村东坡路K4～5km一带揭露鹤庆盆地东边界——洱源盆地断裂南段,断层走向36°,倾向北西,倾角53°左右(图3-53)。

顺断层为一陡坎,局部有崩塌现象。山坡南东侧为槽状地形,槽地内发育一冲沟,冲沟展布方向与断层走向近一致。断层上盘为下三叠统青天堡组灰黄色砂岩与中三叠统北衙组灰褐色灰岩,砂岩呈中厚层—厚层状,岩层产状为33°∠42°,灰岩呈中厚层状。断层下盘为上三叠统松桂组薄层—中厚层状深灰色粉砂岩、岩体结构松散,多风化呈针状,岩层产状为25°∠(30°～45°)。断裂带北西侧为宽约4m的灰白色—褐黄色碎粒岩夹碎粉岩带,为钙质胶结,结构较密实,该带南东侧为宽约2m的灰褐色角砾岩带,角砾粒径一般为5～10cm,胶结较好。主断面处为可见20～30cm灰白色夹棕黄色条带状碎粉岩,棕黄色条带宽1～2cm,灰白色条带宽3～5cm,两者相间分布。主断带南东侧为灰白色—褐黄色角砾岩带夹灰紫色透镜体状角砾岩,结构较密实。

3.3.8　上窝村剖面

在鹤庆县上窝北西侧线路穿过活动断裂部位揭露鹤庆盆地东边界——洱源盆地断裂南段,断层走向北东30°,倾向北西,倾角46°(图3-54)。

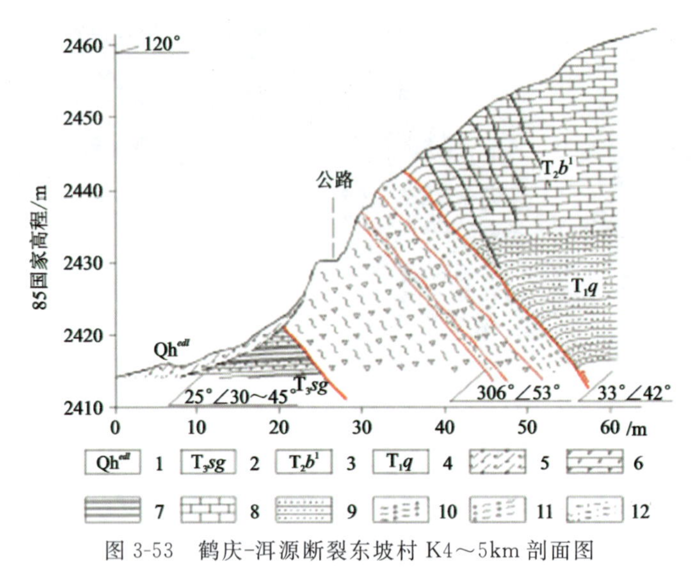

图 3-53 鹤庆-洱源断裂东坡村 K4～5km 剖面图

1.第四系残坡积物;2.上三叠统松桂组;3.中三叠统北衙组第一段;4.下三叠统青天堡组;5.砾质土;6.粉砂岩;7.页岩;8.灰岩;9.砂岩;10.角砾岩;11.碎粒岩;12.碎粉岩

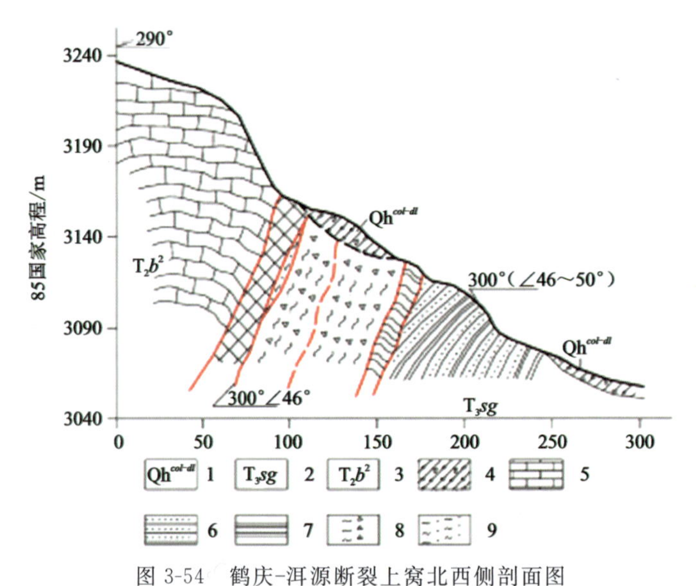

图 3-54 鹤庆-洱源断裂上窝北西侧剖面图

1.第四系崩坡积物;2.三叠系松桂组;3.三叠系北衙组;4.碎石土夹块石;5.灰岩;6.砂岩;7.页岩;8.断层角砾岩;9.碎粉岩

断层通过处形成陡崖地貌,顺直的槽状地形,陡坎崖处见有崩塌块石,沿三叠系松桂组砂岩与覆盖层接触部位处见泉水出露,渗水,从地貌特征来看该断裂具有一定的活动性。揭露处断层构造岩带宽约130m,带内构造岩为深灰色角砾岩,泥质胶结,胶结较差角砾呈次棱角状,直径一般3～6cm,少量大于10cm。靠西侧断面部位有灰白色透镜体状碎粉岩,遇水易崩解,岩体性状差。

3.3.9　瓦窑村剖面

丽江市玉龙县瓦窑村南华丰采砂场处揭露鹤庆盆地东边界——洱源盆地断裂，断裂走向北东 30°～60°，断面近直立，微倾向东，断层错断三叠系北衙组上段灰岩地层，断裂带宽度约 80m，主断面旁侧陡立张性劈理发育（图 3-55），带内构造岩为灰色角砾岩、碎粒岩，胶结差。该断裂后期活动切错了早期形成的角砾岩带，于角砾岩带内形成了剪切镜面及张性劈理密集带，断裂具多期活动性。

图 3-55　鹤庆-洱源断裂东支（镜向南）

(a)断裂拉张活动形成的张性劈理密集带；(b)断裂拉张活动形成的楔形体

在线路南西洱源牛街、福田一带大丽高速开挖边坡揭露鹤庆盆地东边界——洱源盆地断裂（图 3-56），揭露处主断裂破碎带宽约 100m，带内构造岩为灰白色碎粒岩、碎粉岩，胶结差，遇水易软化，水冲易形成水砂流，碎粉岩、碎粒岩带内可见断裂活动剪切镜面。洱源牛街—三营一带沿该断裂带有温泉出露，温度一般 50～70℃，最高 88℃。历史上在洱源附近发生过多次 $6.0 \leqslant M < 7.0$ 级地震，强震多集中分布在断裂南段牛街、三营及洱源盆地附近。

图 3-56　鹤庆-洱源断裂福田一带构造岩特征（镜向北东）

a. 断裂活动形成的碎粒岩、碎粉岩带；b. 碎粒岩、碎粉岩近景

第 4 章　活动断层工程活动性分带的地球物理综合剖面研究

4.1　遥感地质解译

本书收集了调查区 15m 分辨率的 Landsat 遥感影像和 0.2m 分辨率的无人机透拍影像，并针对 Landsat 数据通过假彩色合成、波段比值、主成分分析等光谱增强处理方法，突出活动断裂构造的光谱特征，提取活动断裂的线性色调异常；同时利用 ASTER 影像、DEM 数据建立研究区的三维地形，通过地势高差的变化，辅助判断活动断层的空间分布特征；并基于“匹配滤波—分析理论—空间分析”的方法对研究区的岩性单元进行识别分类。

4.1.1　Landsat 地质解译

1. 假彩色合成

通过不同波段的组合，分别赋予红、绿、蓝 3 种原色，突出地形、地貌、植被、水系等特征，增强目视效果(图 4-1)。

图 4-1　研究区假彩色合成图(波段 B7、B5、B4)

2. 波段比值

将同一地区不同波段间进行相除运算，降低或消除大气或地形导致的辐射量变化，增加地物显示效果，地质常用的波段比值运算如表 4-1 和图 4-2 所示。

表 4-1　Landsat 8 地质常用的波段比值运算

波段比值	效果
B2/B3	突出土壤和岩石单元
B6/B2	消除雪的影响，突出第四纪地层、地表铁离子变化
B6/B3	分离陆地和水体
B6/B7	增加黏土矿物
(B6×B7)/(B2×B3)	抑制雪和云的影响，区分主要岩石类型
(B7－B2)/(B4＋B5)	突出隐伏构造，突出纹理信息

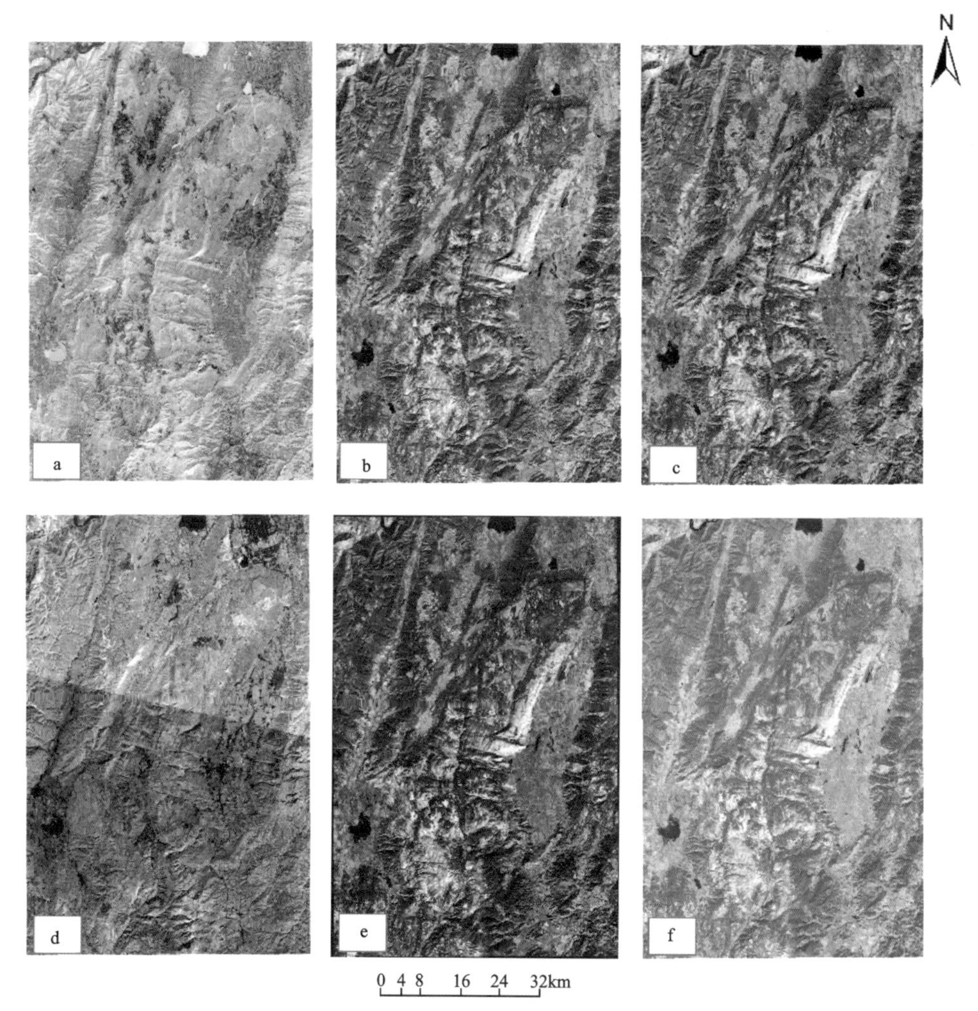

图 4-2　研究区地质常用波段比值运算

a. B2/B3；b. B6/B2；c. B6/B3；d. B6/B7；e. (B6×B7)/(B2×B3)；f. (B7－B2)/(B4＋B5)

3. 主成分分析

对 Landsat 各波段数据进行主成分分析，消除各波段之间的冗余信息，进而选择能反映所有波段方差信息的前 3 个主分量进行假彩色合成，识别地物信息(图 4-3)。

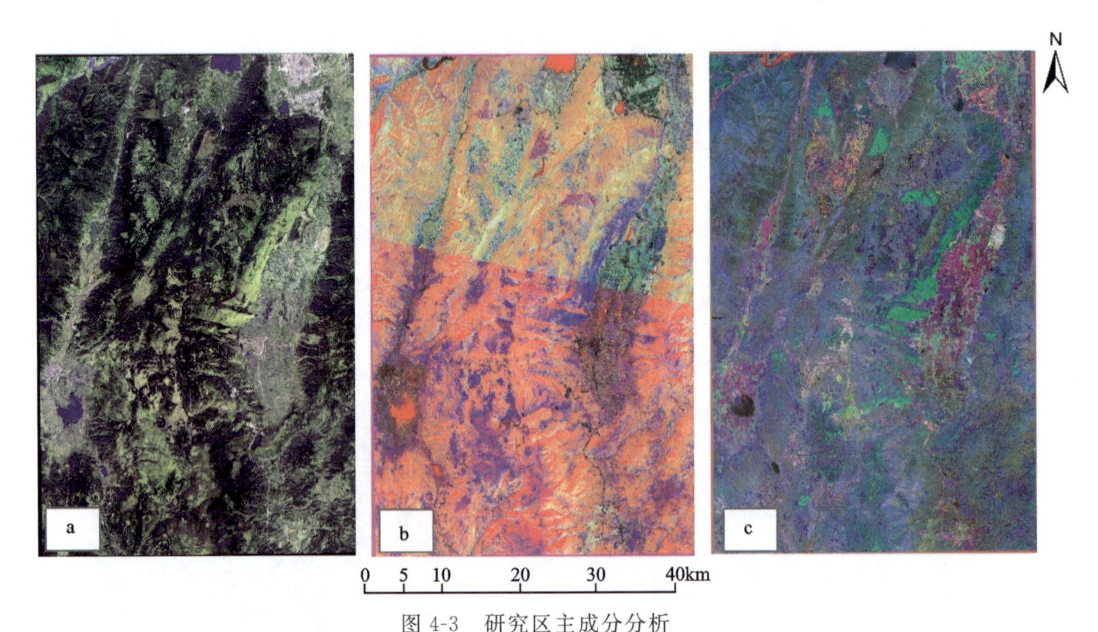

图 4-3　研究区主成分分析

a. 假彩色合成；b. PC1、PC2、PC3 假彩色合成；c. PC4、PC5、PC6 假彩色合成

4. 缨帽变换

将原始 Landsat 影像波段转换为关于亮度、绿度和湿度等分量，进而通过假彩色合成，识别地质信息(图 4-4)。

5. 卷积运算

通过每个像元与周围像元的关系，设置不同的滑动窗口，对每一个相邻像元设置一定的权重系数，重新计算窗口中心像元的亮度值，从而实现图像线性特征的增强或弱化(图 4-5)。

6. 数学形态滤波

数学形态滤波包括闭运算和开运算两种方法。闭运算是先通过膨胀算法使物体的边界向外扩张并填充内部小空洞，继而通过腐蚀算法使外界边界变回原来的形状，而内部空洞就此消失。开运算是先通过腐蚀算法去除物体的边缘点，然后通过膨胀算法恢复边界，从而实现去除图像中的亮点噪声。

收集了调查区无人机 169 幅 0.2m 分辨率的航拍影像，其中白汉场槽谷、汝南河槽谷和石鼓水源工程区各 73 幅、47 幅和 49 幅。实现无人机影像的自动拼接处理，为后续遥感地质精细解译提供了准确的数据基础(图 4-6～图 4-8)。

图 4-4　研究区影像缨帽变换 123 波段分量组合

图 4-5　空间卷积滤波效果

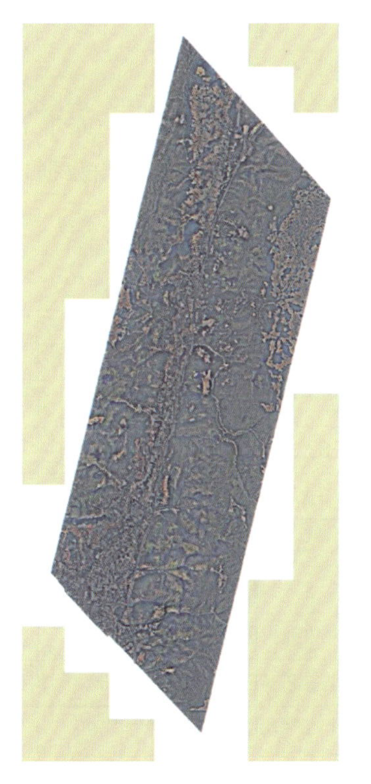

图 4-6　白汉场槽谷无人机拼接图

图 4-7　汝南河槽谷无人机拼接图

图 4-8　石鼓水源工程区无人机拼接图

4.1.2　ASTER 数据的地质解译

采用的 ASTER 数据为 ASTER (Level 1B)数据，数据获取时间为 2006 年 1 月 24 日，其太阳高度角为 40.109 627°，太阳方位角为 154.439 722°。下载的遥感观测数据均使用 WGS-84 基准进行了 UTM 北纬 47°投影，其参数如表 4-2 所示。

表 4-2　ASTER 数据参数

波段类型	波段	波长范围/μm	空间分辨率/m	辐射分辨率	幅宽/km	量化等级/bits
VNIR	Band1	0.52～0.60	15	NEΔρ≤0.5%	60	8
	Band2	0.63～0.69	15	NEΔρ≤0.5%	60	8
	Band3	0.78～0.86	15	NEΔρ≤0.5%	60	8
SWIR	Band4	1.60～1.70	30	0.5%NEΔρ	60	8
	Band5	2.145～2.185	30	1.3%NEΔρ	60	8
	Band6	2.185～2.225	30	1.3%NEΔρ	60	8
	Band7	2.235～2.285	30	1.3%NEΔρ	60	8
	Band8	2.295～2.365	30	1.0%NEΔρ	60	8
	Band9	2.360～2.430	30	1.3%NEΔρ	60	8

续表 4-2

波段类型	波段	波长范围/μm	空间分辨率/m	辐射分辨率	幅宽/km	量化等级/bits
TIR	Band10	8.125～8.475	90	NEΔT≤0.3k	60	12
	Band11	8.475～8.825	90	NEΔT≤0.3k	60	12
	Band12	8.925～9.275	90	NEΔT≤0.3k	60	12
	Band13	10.25～10.95	90	NEΔT≤0.3k	60	12
	Band14	10.95～11.65	90	NEΔT≤0.3k	60	12

1. 匹配滤波

由于待解译的岩石的光谱特征是一个混合像元的光谱特征集合，即一个像元里包含有目标岩性、土壤、植被、建筑以及水体等多种地物光谱信息(图 4-9)，为了增强图像中的目标岩性的光谱信息，消减其他干扰信息，提高图像的对比度，突出感兴趣信息的特征，达到更适合精确信息目标地物信息提取的目的，我们采用了匹配滤波(match filtcring，MF)的方法对信息进行提取。

匹配滤波(MF)方法是通过将局部信息分离，从而提高端元波谱特征丰度的方法，整个过程可以简单地理解为混合像元的信息分解。该方法是将已知背景端元的波谱信息响应最大化，同时抑制未知背景信息的表达，最后再匹配已知单元的波谱信息。它的优点在于无需数据解译者对遥感影像中所有地物的波谱特征都有详细的了解，只需要知道指定像元的信息特征就可以对其进行快速解译识别。该方法还能够检测出遥感影像中一些特殊地物的"假阳性(false positives)"。浮点型结果指示像元与端元波谱之间的相对匹配程度，近似混合像元的丰度值为 1.0 表示完全匹配。在书中，匹配滤波(MF)方法主要是结合遥感图像中人工选择的不同岩性的"标准"光谱作为参考，用于增强 ASTER 卫星数据的波段信息。值得注意的是，MF 值的大小表示 MF 投影的线性解，MF 值小于或等于 0 通常表示背景(目标分量不多或更少)，并且具有较高 MF 值的像素被认为包含目标分量的更高含量。

2. 分形理论

分形理论(fractal theory)是当今应用非常广泛的新一代数学理论，它最初的定义是由美籍数学家 Benoit B Mandelbrot 首先提出的。自然界中的分形有两种类型：一种为规则分形，这是研究者严格按照某种规则制定出的，具有十分严格的自相似性；另一种为无规则分形，它不具备严格的规则条件，具有统计自相似性，在各种地质现象中，大部分分形属于这种类型。

地球科学领域的分形理论研究主要表现在"地球演化"和"物质存在"两个方面。从构造角度考虑，岩石圈的圈层结构就是典型的自相似层次结构，海岸线边界及断层等在空间分布、位移-长度和大小-频度方面都显示了自相似的特征。从物质组成角度考虑，地球内圈层富含铁镁质和外圈层富含硅铝质的物质组成都具有自相似的特征。在地质现象当中，小尺度变形往往是大尺度演变过程中的缩影，尤其在岩浆分离结晶和沉积韵律上表现尤为突出。岩石矿物的光谱曲线也同样具有自相似特征，具体表现为其光谱曲线在不同尺度下都具有一定的相

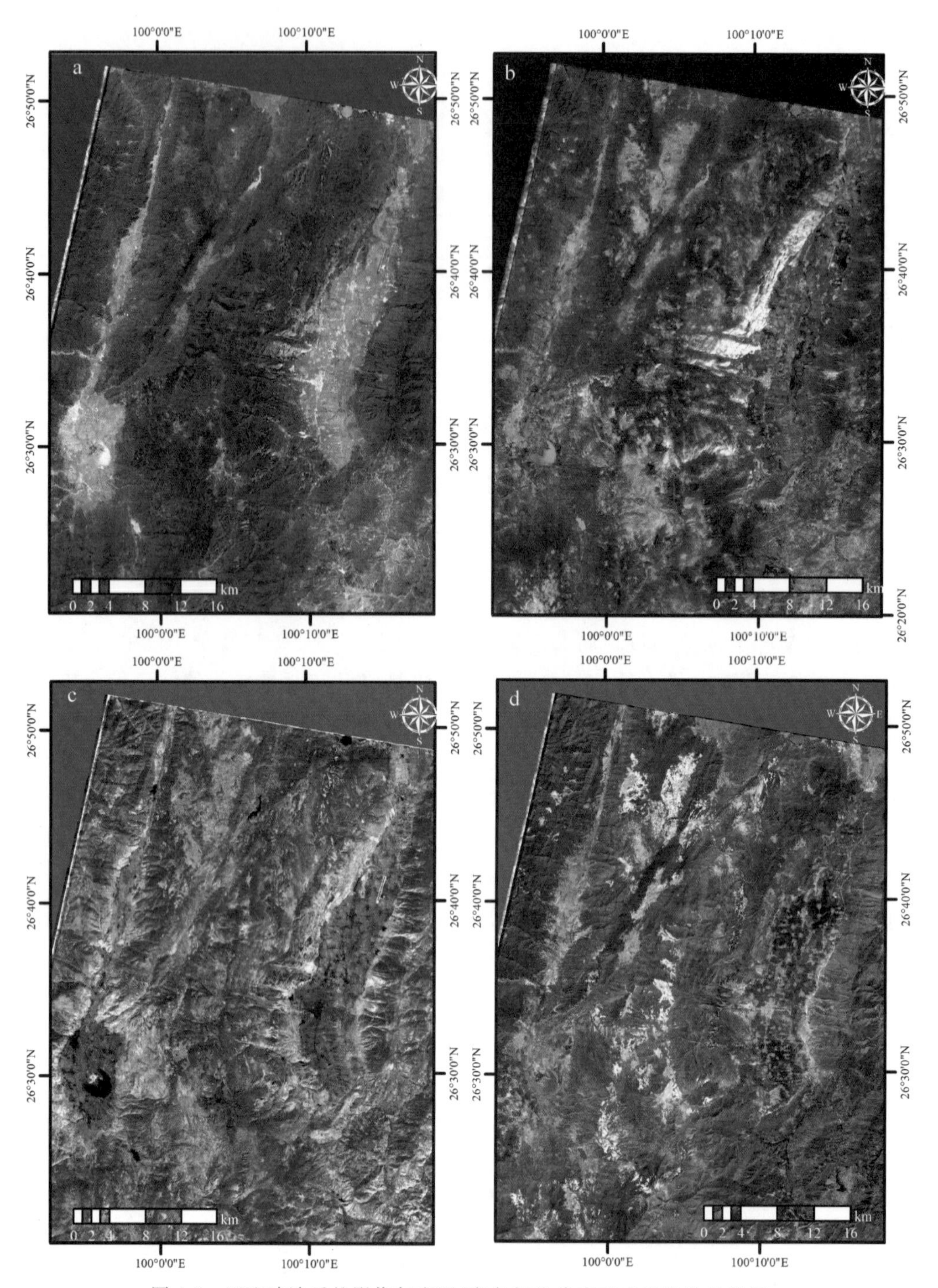

图 4-9　匹配滤波后的影像灰度图(亮色部位代表对应岩性的异常值)

似性,这为我们从小尺度认识大尺度、从低层次认识高层次的地质特征和演化规律提供了新的理论基础与实践方法。

分形定义就是组成部分与整体以某种方式相似的一种形体,它是用来描述不规则的、破碎的、碎屑的几何特征。分维数则是分形几何对象复杂性程度的度。经过对现代分形理论的深入研究与探索，人们还没有赋予分形以严格的数学定义来全面、精确地概括其丰富内涵。分形理论数学计算原理如下：

$$N(r)=Cr^{-D} \tag{4-1}$$

其中：$N(r)$为像素点尺度大于或等于 r 值的数目或和数；C 为比例系数，是一个大于 0 的常数；r 为特征尺度；D 为分维数（$D>0$）。

式(4-1)为指数函数，计算相对复杂，为了方便计算，将其简化成一元线性回归方程，简化公式如下：

$$\ln N(r)=-D\ln(r)+\ln C \tag{4-2}$$

在 $N(r)$-r 散点图的双对数坐标下，式(4-2)可以被拟合为多段直线，称无标度区，其斜率的绝对值即为分维数 $D_n(n=1,2,3,\cdots)$，D_n所对应的样本数记为 N_n，本书以百分比形式表示。D_1，D_2，D_3…具有不同的遥感意义或对应于不同的地物。用最小二乘法即可求出斜率的估计量，即分维数 D：

$$D=\left|\frac{\ln N(r)}{\ln\ln(r)}\right| \tag{4-3}$$

在 $N(r)$-r 散点图中，不同线段之间拟合方程的交点为异常值的下限，记为 T，拟合度 R^2 值越接近于 1，说明方程的拟合程度越好。目标地物信息与假异常对应不同的分形维数 D_n，不同的分形维数之间的拐点 T 可作为相应异常值的阈值。

图 4-10 显示了研究区主要岩性单元的分形模式，相关说明如下：①R_n^2表示拟合优度，每种岩性的每个线段的拟合优度均保持在 0.90 以上；②在进行分形之前，预先消除了原始图像中的负$N(r)$值，负 $N(r)$值不能参与分形对数计算；③N_1、N_2…为像素在线段 D_1、D_2内的比例…，分别由参与分形计算的总像素组成；④效果不好的 D_1参数未在此图中显示；⑤D_3 段的“振荡”

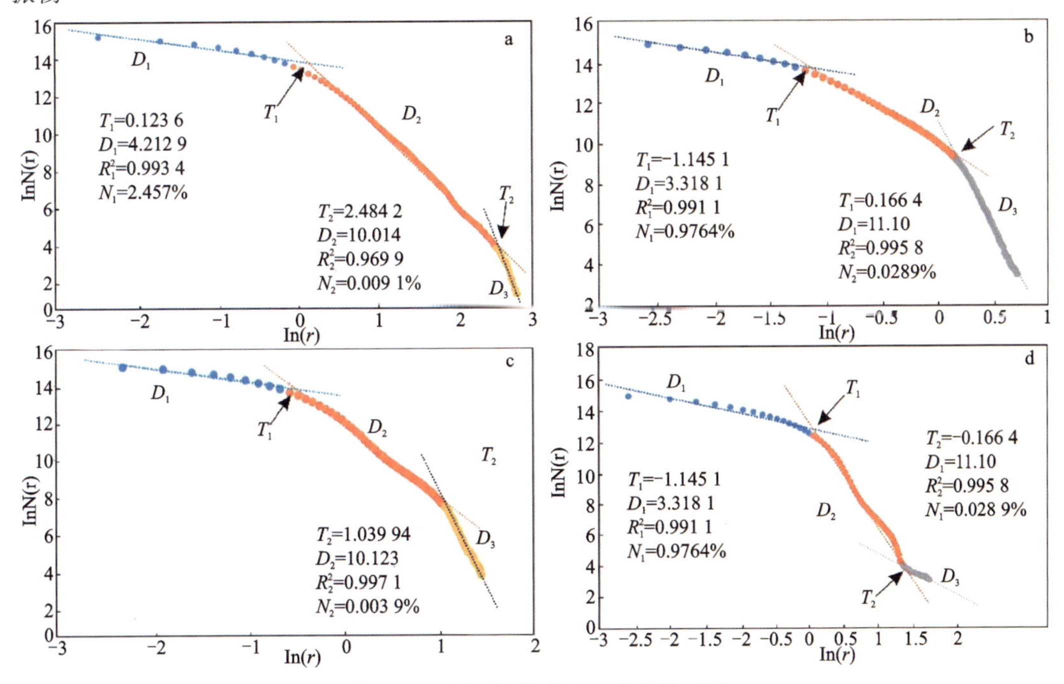

图 4-10　不同岩性单元的分形模式图

可能与混合像素或随机噪声有关。通过分形求和计算，第四系松散堆积物在影像中的阈值范围在1.556 2～1.703 1之间，碳酸盐岩的阈值范围在0.551 6～0.903 2之间，砂岩的阈值范围在1.113 7～1.329 4之间，岩浆岩的阈值范围在1.054 9～2.034 8之间。

3.假异常消除

1)植被异常

植被指数(vegetable index，VI)指的是通过对两个或多个波长范围内的反射率进行波段组合运算，达到增强植被某一特性的目的。所有的植被指数依赖于高精度的多光谱或者高光谱遥感数据。本书采用归一化植被指数(normalized difference vegetation index, NDVI)来消除植被的干扰，NDVI是近红外波段的反射值与红光波段的反射值之差比上两者之和，其值介于－1～1之间，表4-3为NDVI值与对应地物的关系。

表4-3 NDVI值与对应地物的关系

NDVI范围	对应的地物
$-1<NDVI<0$	反映地面覆盖层为云、水、雪等，这些物质对可见光高反射的特性
$NDVI=0$	反映地表有裸露的岩石或裸土等，其NIR和R近似相等
$0<NDVI<1$	反映地表有植被覆盖，且NDVI值随着植被覆盖度增大而增大，一般$0.2<NDVI<0.8$时，表明该植被为绿色植被区

归一化植被指数的数学计算公式如下：

$$NDVI=\frac{NIR-R}{NIR+R} \tag{4-4}$$

式中：NIR为近红外波段的反射值；R为红光波段的反射值。

在ASTER遥感数据中，NIR对应ASTER遥感数据的波段3，其波长范围为0.78～0.86μm；R对应ASTER遥感数据的波段2，其波长范围为0.63～0.69μm。根据NDVI值与对应地物的关系，将$NDVI<0$的区域作为水体和云层等进行掩膜，将$NDVI>0.2$的区域作为中高植被覆盖区进行掩膜，将$0.1<NDVI<0.2$的区域作为低植被覆盖区进行抑制，保留$0<NDVI<0.1$的区域作为岩石出露区(图4-11)。

2)水体异常

从卫星影像图中可以观察到，研究区内存在大小不等的湖泊和诸多用于农田灌溉的水库，以及交叉纵横的大小河流，因此，水体对岩性提取结果的影像是不可忽略的。本书通过提取归一化水体指数的方法来消除水体产生的假异常。

归一化水体指数(normalized difference water index, NDWI)是利用特定波段组合比值对遥感影像进行归一化处理，从而展现遥感图像中水体信息。Mcfeeters在1996年提出的归一化差分水体指数(NDWI)的表达式为：

$$NDWI=\frac{G-NIR}{G+NIR} \tag{4-5}$$

式中：NIR为近红外波段的反射值；G为绿光波段的反射值。

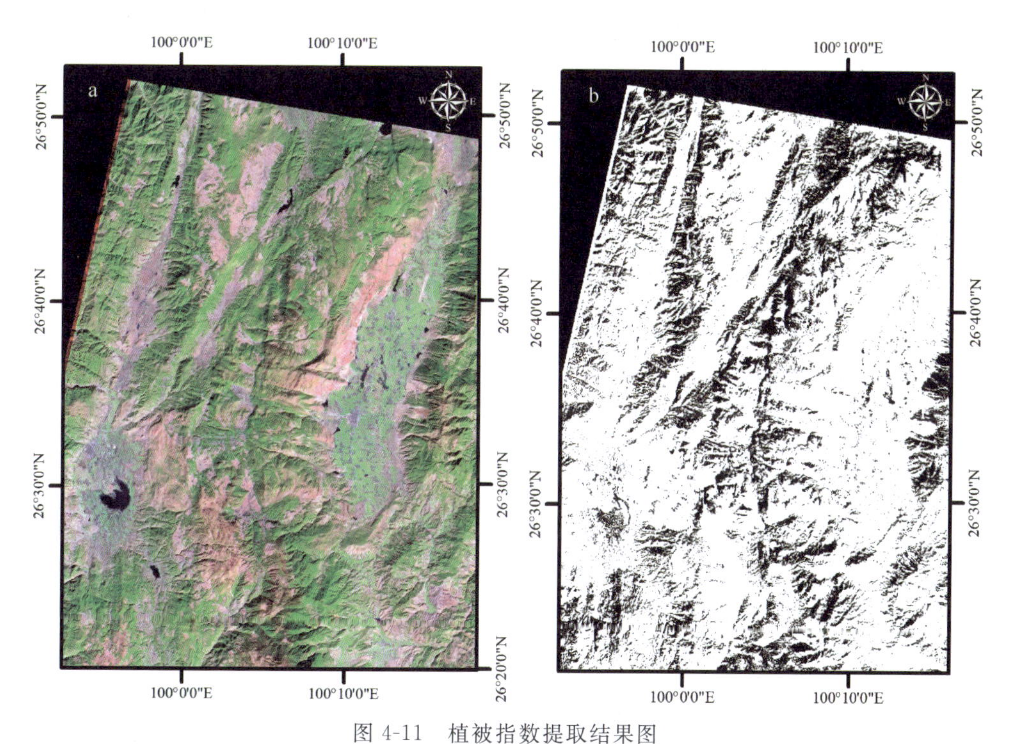

图 4-11　植被指数提取结果图

a. 为 ASTER 假彩色影像(4,3,2);b. 为植被提取结果图,图中暗色部分为植被覆盖导致的异常区域

该指标在提取水体信息反映比较好、水质较为纯净的遥感影像效果较好,但是对于城镇密集、具有较多建筑物背景的水体来说,提取效果相对较差。

针对该方法存在的缺陷,徐涵秋(2005)对归一化差异水体指数(NDWI)进行了改进,提出了归一化差异水体指数(modified ndwi,MNDWI)。该计算方法主要是对构成该指数的波长组合进行了修改,其数学公式表达如下:

$$\mathrm{MNDWI}=\frac{\mathrm{G}-\mathrm{MIR}}{\mathrm{G}+\mathrm{MIR}} \tag{4-6}$$

式中:MIR 为中红外波段的反射值;G 为绿光波段的反射值。

通过在不同水体类型的遥感影像验证该指数的适用性,获得了精度较高的提取结果,特别是在城镇密集、建筑物密集区域内的水体提取效果较为明显。同时,实验结果表明,MNDWI 提取出来的水体微细特征更为细节,如水质的变化、悬浮沉积物的分布等。

考虑到 MNDWI 诸多优势及广泛的适用性,本次研究采用 MNDWI 来消减水体对解译结果的干扰,计算得到 MNDWI 均值为 1.244 476,标准差为 11.713 156。根据阈值 S 选取的“MNDWI 均值+1.5 倍标准差”的原则,由此求取水体异常的阈值 $S_{\mathrm{MNDWI}}=1.244\ 476+1.5\times 11.713\ 156=18.814\ 21$,将大于 S_{MNDWI} 的区域作为异常区进行掩膜,水体导致的异常干扰提取结果如图 4-12 所示。

3)人工建筑异常

滇西北地区的盆地地区是主要的人口居住地,城市建筑、道路、水库堤坝(多为不透水面)等如果不经过消除的话,在解译的过程中会被错误地解译成岩石露头。同时,这些人工建筑物建设所用的材料包含有砂石、水泥等,对真实的野外情况解释造成干扰,因此需要将建筑

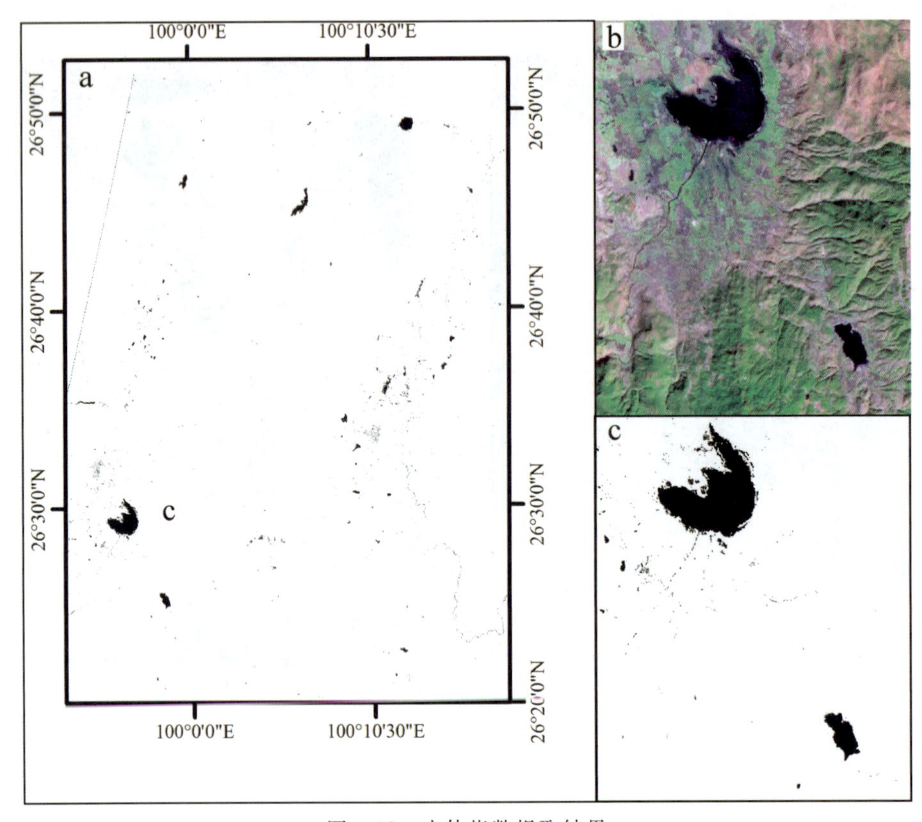

图 4-12　水体指数提取结果

(a)为研究区水体指数提取结果，其中暗色部位代表了异常区域；(b)为 c 区域的 ASTER 遥感影像(4,3,2)；(c)为西南地区的剑湖和玉华水库水体指数提取

物、道路等地物对解译带来的干扰进行消除。本次研究中，采用提取归一化建筑指数(Normalized Difference Build-up Index, NDBI)的方法消除建筑的假异常。

归一化建筑指数(NDBI)是由查勇等(2003)在杨山提出的仿归一化植被指数的基础之上改进发展而来的。它可以较为准确地反映建筑用地信息，NDBI 数值越大，表明建筑用地所在比例越高，建筑物密度越大。因此本次研究选取 NDBI 作为消除建筑物干扰的指数标准，其数学公式如下：

$$NDBI=\frac{MIR-NIR}{MIR+NIR} \tag{4-7}$$

式中：MIR 为中红外波段的反射值；NIR 为近红外波段的反射值。

MIR 和 NIR 分别选择 ASTER 数据的波段 4 和波段 2。计算得到 NDBI 均值为 0.511 013，标准差为 7.949 556，同样采取的“NDBI 均值＋1.5 倍标准差”的原则，由此计算城市道路异常的阈值 $S_{NDBI}=0.511\ 013+1.5\times7.949\ 556=12.435\ 347$，将大于 S_{NDBI} 的区域作为异常区进行掩膜。人工建筑物导致的异常干扰提取结果如图 4-13 所示。

4)山体阴影异常

由于研究区地形起伏较大，受地形和太阳辐射角的影响，在 ASTER 遥感影像中，一些由流水冲刷出来的沟谷以及山体的阴面缺少足够的阳光照射，造成山体阴影部分的真实地物信

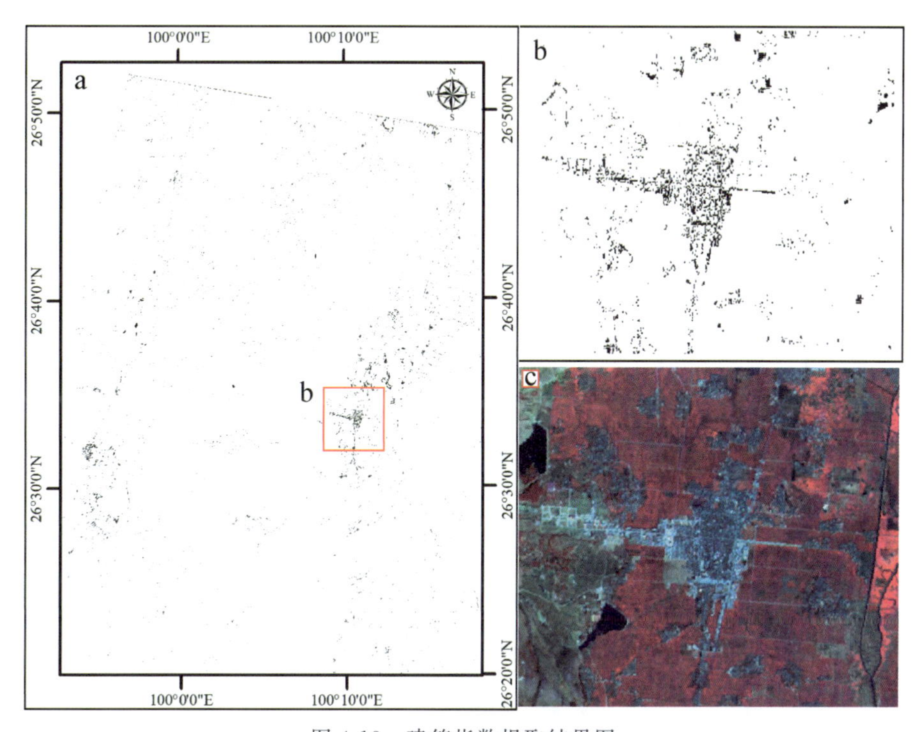

图4-13　建筑指数提取结果图

a.为研究区建筑指数提取结果，其中暗色部位代表了异常区域；b.为c区域建筑指数提取结果；c.为位于东部鹤庆盆地的鹤庆县建筑物提取示意图

息被减弱、减少甚至是完全缺失，对解译结果造成干扰。通过分析ASTER遥感数据，我们结合波段比值的方法消除山体阴影(Hillshade)，计算得到山体阴影指数均值为3.183 017，标准差为4.737 921，同样采取的"山体阴影指数均值+1.5倍标准差"的原则，由此计算山体阴影指数的阈值为$S_{Hillshade}=3.183\ 017+1.5\times4.737\ 921=10.289\ 898\ 5$，将大于$S_{Hillshade}$的区域作为异常区进行掩膜。山体阴影异常提取结果如图4-14所示。

5)地形分析

第四系堆积物主要为原岩在风化作用或经流水搬运作用下，搬运物在一些地势相对低洼的地区堆积而成，其组成物质比单一的岩性更加复杂，包括有黏土、亚砂土、亚黏土、砂砾、石层、红土等，物质来源可能为碳酸盐岩区、砂岩区以及岩浆岩区，这使得第四系覆盖物的光谱特征与其他三类岩性具有一定的相似性，加上ASTER数据本身的空间分辨率的限制、反射模式的形状和相对强度的相似性导致匹配滤波分析可能不可避免地要引入许多错误分类的假异常，包括随机噪声和混合像素等。因此为了提高解译的精度，需要对根据研究区的实际地形特征进行空间分析。

结合研究区实际情况，第四系覆盖物主要集中在盆地、阶地、河谷等地势较低的地区，其地形较为平坦。当坡度小于3°时，主要为平坦的平原、盆地中央部位、宽浅阶地、夷平面等；当坡度在3°～5°之间时，主要为山前地带、山前倾斜平原、冲积扇、洪积扇、浅丘、山间小盆地、小型斜坡等。本次研究选取小于5°的坡度作为第四系的分布区进行地形分析，其结果如图4-15所示。

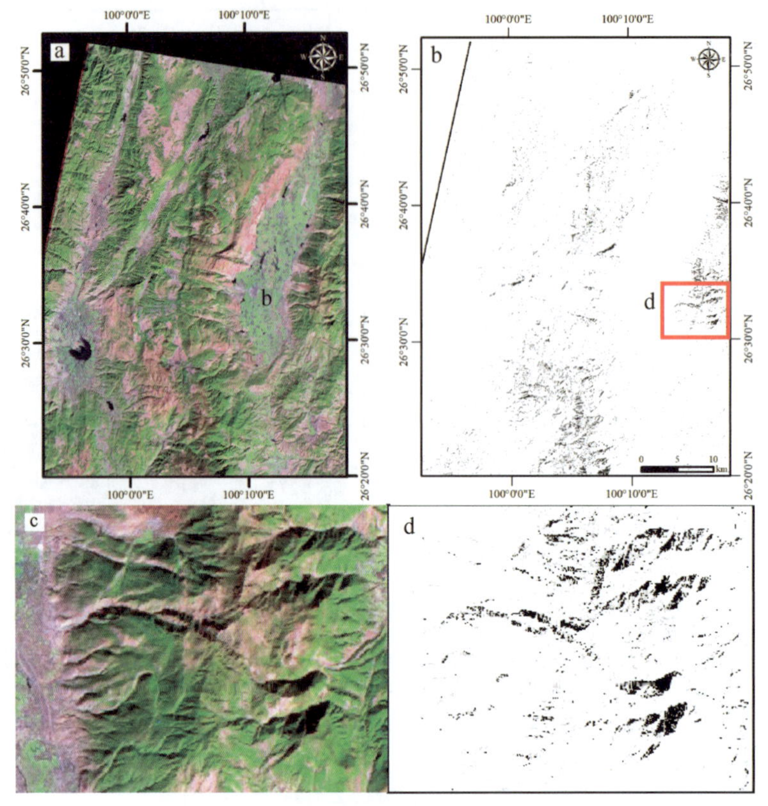

图 4-14 山体阴影提取成果图

a. 为研究区的假彩色影像(4,3,2);b. 为山体阴影提取成果，暗色部分为山体阴影区域；
c. 为东部盆山结合处的遥感影像，从图中能够明显的看出山体影响产生的阴影；d. 为 c 区域的山体阴影提取成果图

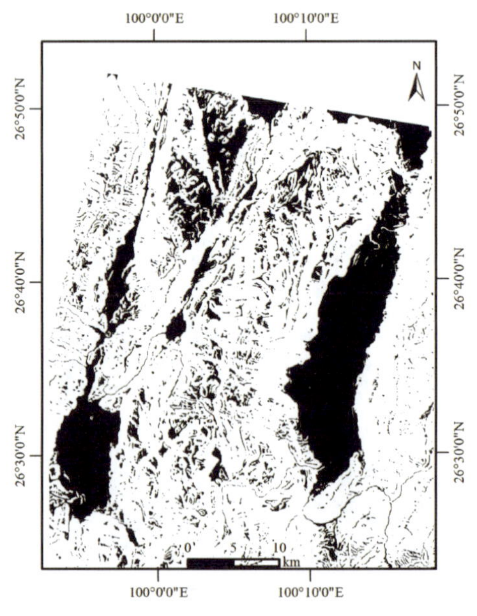

图 4-15 基于 DEM 数据的第四系地形分析结果

注：暗色部分为坡度小于 5°的区域，主要集中在盆地以及河谷地带。

4.2　可控源音频大地电磁法(CSAMT)剖面研究

4.2.1　工作原理

CSAMT 法基于电磁波传播理论和麦克斯韦方程导出电场(Ex)、磁场(Hy)与视电阻率(ρ_s)的关系如下：

$$\rho_s = (1/5f)\ (Ex/Hy)^2 \tag{4-8}$$

式中：f 代表频率。

由式(4-8)可见，只要地面上观测到两个正交的水平电磁场(Ex，Hy)就可获得地下的视电阻率 ρ_s(也称卡尼尔电阻率)。根据电磁波的趋肤效应理论，导出趋肤深度公式：

$$H \approx 356 \times (\rho/f)^{0.5} \tag{4-9}$$

式中：H 为探测深度；ρ 为地表电阻率；f 为频率。

从式(4-9)可见，当视电阻率固定时，电磁波的传播深度(或探测深度)与频率成反比，高频时，探测深度浅；低频时，探测深度深。因此我们可以根据改变发射频率来改变探测深度，从而达到变频测深的目的。

4.2.2　测线布设

为达到活动断裂勘探目的，我们在研究区内设计了两条测线，它们基本上都横穿 3 条断裂。剖面总长度约 74.5km，测量点 750 个，具体的测线布置如图 4-16 所示。剖面线主要出露下泥盆统冉家湾组、中泥盆统穷错组、二叠系玄武岩、中二叠统黑泥哨组、中三叠统、北衙组、上三叠统中窝组和松桂组以及燕山期不连续分布的侵入岩、古近系、新近系及第四系等地层。其中，白汉场槽谷(龙蟠-乔后断裂)以西多为变质岩及浅变质的片岩、板岩夹灰岩，汝寒坪、汝南河一带以二叠系玄武岩喷出岩为主，鹤庆西山沙子坪至格局、北衙一带灰岩集中分布(图 4-16)。

在野外测量工作过程中，我们采用标量的 CSAMT 数据采集方式，利用 1 个场源测量电场分量(Ex)与磁场分量(Hy)，其中 x 和 y 分别为测线方向和垂直测线方向。图 4-17 标示的就是野外测量的布设示意图，测区范围在发射点 A 和 B 两端 60°夹角范围内，距离发射机垂向距离 2～4km。本次野外施工采集系统使用的是加拿大凤凰公司生产的 V8 多功能接收机和 RXU-3ER 辅助接收机，辅助采集系统还包括 AMTC-30 磁探头、不极化电极罐。发射系统包括 TXU-30 大功率发射机，最大输出功率为 20kW，最大输出电压为 1000V。

4.2.3　野外工作参数

为了采集到高质量的数据，野外采集数据时必须要选择适合 CSAMT 法的野外工作参数，如发射电流大小、发射频率范围、发射偶极长度、收发距等。通过野外踏勘和理论计算，初步确定了这些参数值，使用最低频率 1Hz，最高频率 7680Hz，同时考虑到横向分辨率的要求，接收点距为 100m。由于收发距较大，场强会逐渐减弱，为了保持场源强度，有效压制干扰信号，提高观测数据质量，供电的电流设置最高达 12A。并且在数据采集过程中，采用多次叠加和重复观测技术，至少每个测点保持 2～3 次叠加。设置的全频率范围采集周期从 45min 到 1h，以提高信噪比

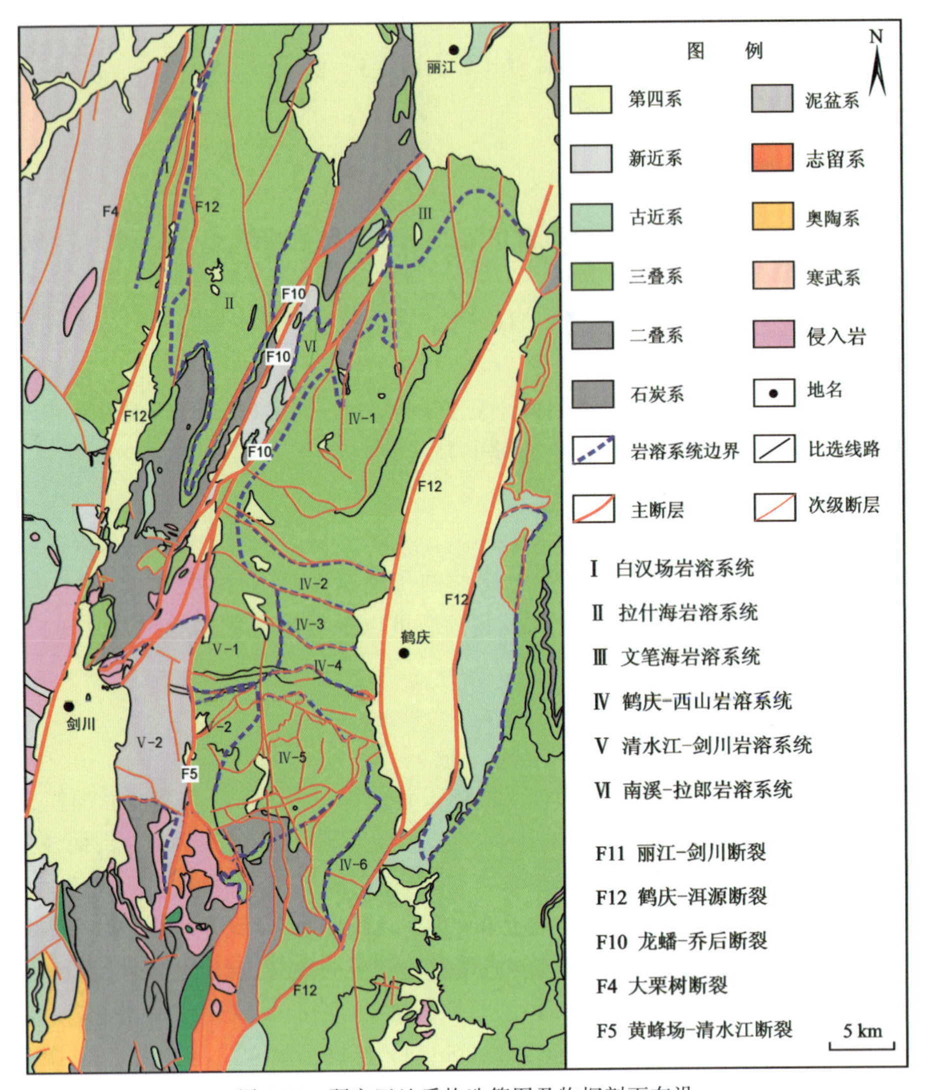

图 4-16　研究区地质构造简图及物探剖面布设

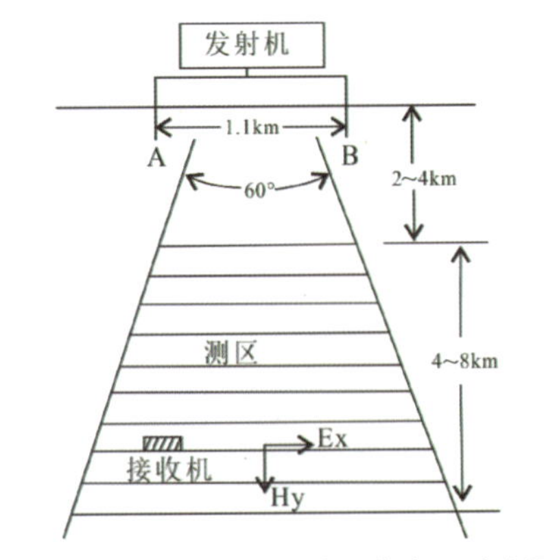

图 4-17　CSAMT 法野外工作布置示意图

压制干扰。

4.2.4　岩石物性参数

地层的电性差异是地球物理方法中电法类勘探必要的物理前提，只有当勘探对象与周围地层存在一定的差异时，才具备应用地球物理方法进行勘探的物理条件。根据探测目的要求及工作区内地层的电性差异，地球物理参数电阻率值(ρ)与岩性具有如表 4-4 所示的对应关系。

表 4-4　研究区岩石标本视电阻率测定表

岩石岩性	视电阻率(ρ_s)/Ω·m
灰白色中厚-厚层状大理岩	＞3500
灰岩、白云质灰岩及白云岩	＞3500
泥岩、泥质灰岩、页岩、粉砂岩	250～750
板岩	10～100
砂岩	10～1000
页岩	60～1000
泥岩	10～100
灰岩	1300～2400
玄武岩	1600～6000
残坡积、崩坡积、黏土夹碎石	100～500
第四系覆盖层、泥石流堆积	30～150

香炉山隧道沿物探测线主要岩性以砂岩、灰岩为主，夹黏土岩或粉砂质黏土岩，完整砂岩和灰岩的电阻率较高，但当其因破碎、岩溶或裂隙发育充水时，其导电性会显著增强，视电阻率明显降低。

4.2.5　数据处理流程

CSAMT 原始测量数据资料存在近场效应、阴影效应及静态位移效应等，因此在数据资料解释之前必须要对原始数据进行处理，使得测量资料较好地反映客观地质情况。为此我们要使用可视化软件进行跳点剔除，然后利用空间滤波器法以消除近地表电性不均匀引起的静态效应，进而再对电阻率进行一维和带地形的二维反演，以获得勘探深度范围内特别是经过 3 条主活动断层的电阻率结构分布剖面图。CSAMT 数据采用的 CSAMT-SWV2.0 软件进行处理，具体的数据处理如图 4-18 所示。

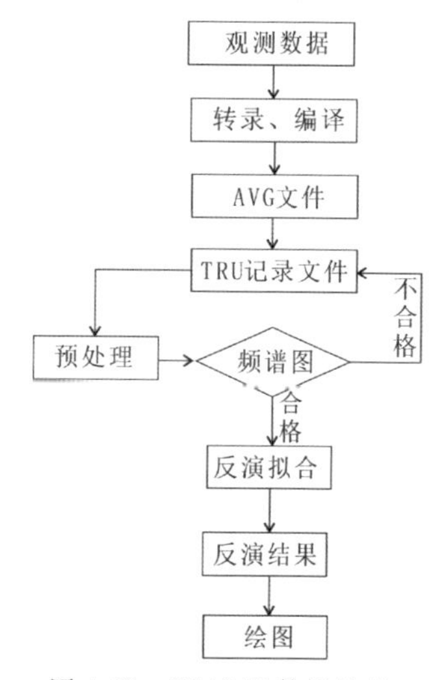

图 4-18　CSAMT 数据处理流程示意图

4.2.6 数据解释

对电磁法物探剖面进行解译时，我们既要考虑到视电阻率指示的地球物理意义，还要结合构造地质构造背景。

1. A—A′剖面

该剖面长度55.95km。根据二维反演图显示(图4-19)，在0～300m处电阻率较低显示为隧道口附近岩石较为破碎。在400m处视电阻率等值线发生错断现象，推测存在小的断裂构造，倾角约87°，底部延伸深度约200m。在3.7km处电阻率左高右低，为岩性分界线。在4.8km处，电阻率等值线发生错断，推测为断裂构造(F1)，倾角约70°，倾向南东。根据视电阻率等值线显示为逆断层系统，断层深部延伸超过2km。在5.7km处电阻率等值线发生错断现象，根据等值线值显示为正断层系统(F2)，倾角77°，倾向为北西。5.8km～6.5km，电阻率等值线平稳，表明围岩较为稳定。在6.5km处，深部存在一低阻异常体，可能由于F3断层滑动引起。在7.9km处推测存在F4断层，倾角77°，倾向北西，深部延伸300m。F5、F6和F7处所在区域由于高压电的影响显示为低阻异常，不是断层引起的。在12.7km处存在一低阻异常体，可能由于F8断层的深部滑动引起，该断层倾角53°，倾向北西，为正断层系统。F9断层倾角77°，倾向南东，为正断层系统，深部延伸超过2km。F10断层左侧为低阻异常带，右侧为高阻异常带，倾角为75°，正断层系统，深部延伸超过2km。F11断层处在高阻体内部，为高角度正断层系统，由于断层滑动，流体沿断层面进入到深部，造成深部低阻异常，呈条带状展布，受到断层滑动的影响，断层周围电阻明显偏低于围岩。F12推测为岩性分界面，不是由断层滑动造成的，电阻率等值线连续分布没有错断现象。F13存在电阻率等值线错断，为断层引起，倾角82°。F14和F15为汝南河断裂带的边界断层，电阻率明显中间低，两侧高，正断层性质，倾角70°。F16处整体电阻率呈低阻特征，等值线横向不连续，有错断，为明显断裂构造特征，倾角为72°，倾向南西。F17处地表为低阻特征，左侧电阻明显低于右侧，呈线性构造分布。断层倾向南西，倾角75°，深部2km处有低阻体，可能受岩溶系统中地下水的影响。F18处根据野外地质发现岩性为白云质灰岩，根据电阻率等值线分布图显示低阻异常紊乱，横向不连续，有错断现象，可能由于断层活动引起的岩溶系统贯穿。F19处根据电阻率等值线显示，左侧高阻，右侧低阻，并且底部还有低阻体，可能与岩溶系统中地下水有关。综合分析该处为岩性分界线，推测底部含有碳质层导致低阻。F20为岩性分界线，F21与F22等值线不连续，显示出断层的性质，倾角为80°，正断层性质，受到断裂构造带的影响，在深部存在3处低阻异常体，可能由岩体破碎或者岩溶系统发育所致。F23左侧低阻异常，右侧高阻，等值线连续平稳分布，无明显低阻异常，推测为岩性分界线。F24和F25等值线分布连续平稳，无明显错断现象，推测为岩性分界线。F26等值线横向不连续，有错断现象，明显的由断层导致，正断层性质，倾向北西，倾角78°，受到断裂构造的影响，低阻异常往深部延伸。F27为正断层性质，倾角80°，倾向北西，断裂带宽约30m，深部延伸超2km。F28和F29的视电阻率等值线横向不连续，有错断现象，为断层所致，正断层性质，倾向南东，深部延伸超1km，受到断裂构造影响，深部有低阻异常现象。

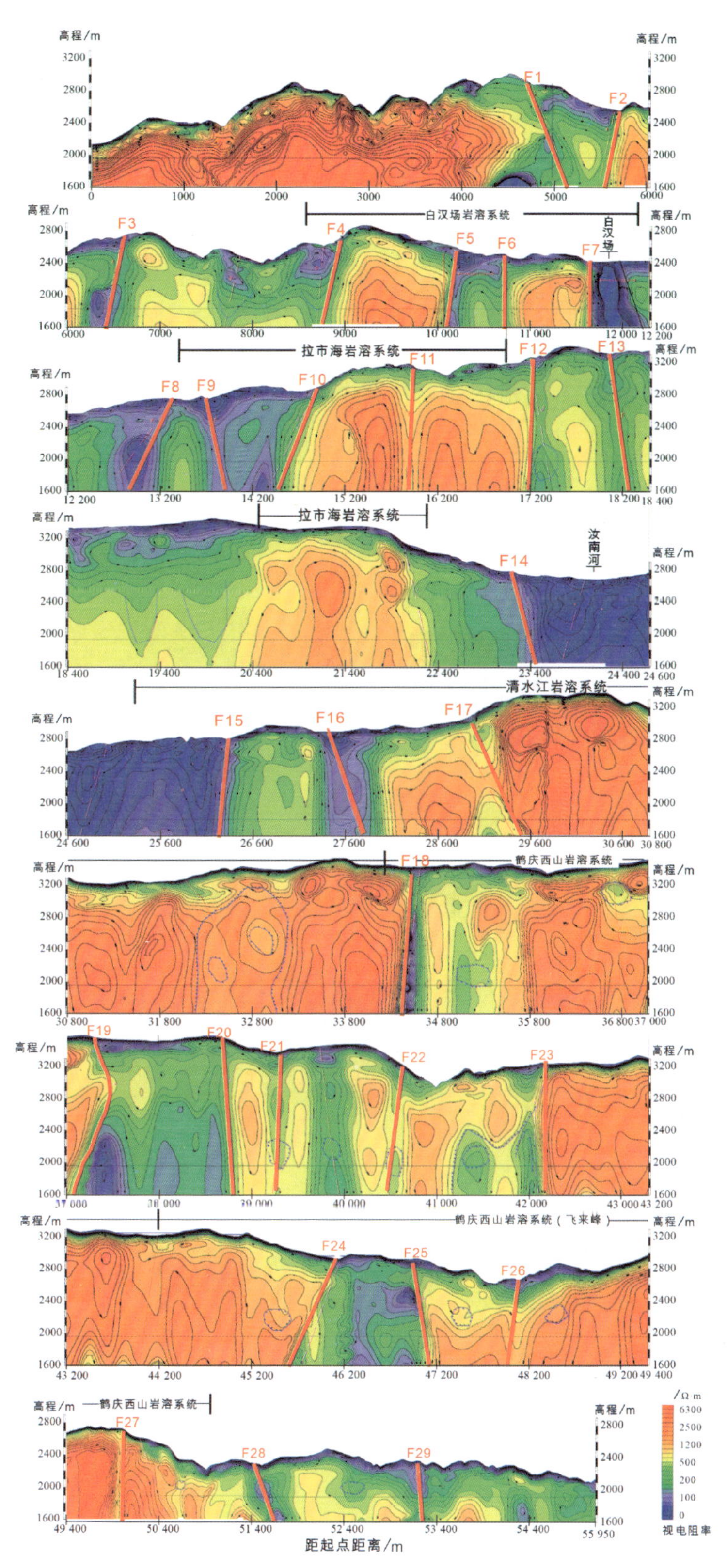

图 4-19 物探剖面二维反演资料解释图(1∶1000)

2. B—B′剖面

该剖面线长度 28.5km，根据二维 CSAMT 反演剖面所示（图 4-20），F1 处电阻率左高右低，等值线不连续，有错断现象，为高角度正断层，倾角 80°，倾向南东。F2 左侧低阻，右侧高阻，等值线不连续，错断现象，是断层的影响，倾角 75°，倾向北西。F3 和 F4 处等值线连续，为地层分界线，电阻率较低可能受溶洞的影响。F5 视电阻率等值线不连续，受到断裂的影响，深部延伸超过 2km，正断层性质，倾向北西，倾角 80°。F6 处视电阻率等值线连续，推测为岩性地层界线。F7 左侧高阻，右侧低阻，正断层性质，倾向南东，倾角 80°。F8 为岩性分界线，呈椭圆形分布，通过野外地质分析本区含有碳质页岩层，造成低阻现象。F9 和 F10 为岩性分界线，电阻率等值线连续分布，中间为低阻，两侧高阻，低阻现象是受岩溶系统发育、地下水等影响。F11 为典型的断层，倾向南东，倾角 80°，正断层性质，电阻率等值线不连续，错断现象，右侧由于断层影响，岩石破碎导致电阻率较低。

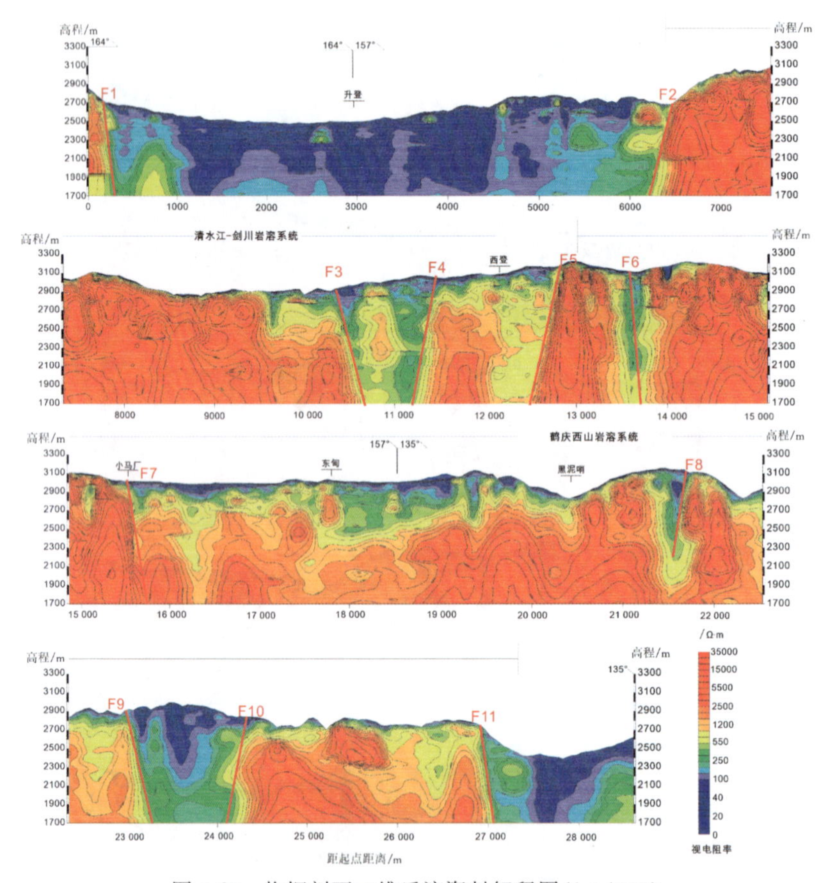

图 4-20 物探剖面二维反演资料解释图（1：1000）

4.2.7 典型断面物性分析

沿香炉山隧洞轴线在过龙蟠-乔后断裂带及丽江-剑川断裂带部位布置了高频大地电磁物探剖面。

过龙蟠-乔后断裂带部位物探剖面线长约 2.5km，测点间距 50m，与地质构造测绘揭示的构造剖面对应性较好(图 4-21)，解译后可见主要有 2 条断层，在白汉场槽谷两侧及中间部位均可见明显断层迹象。

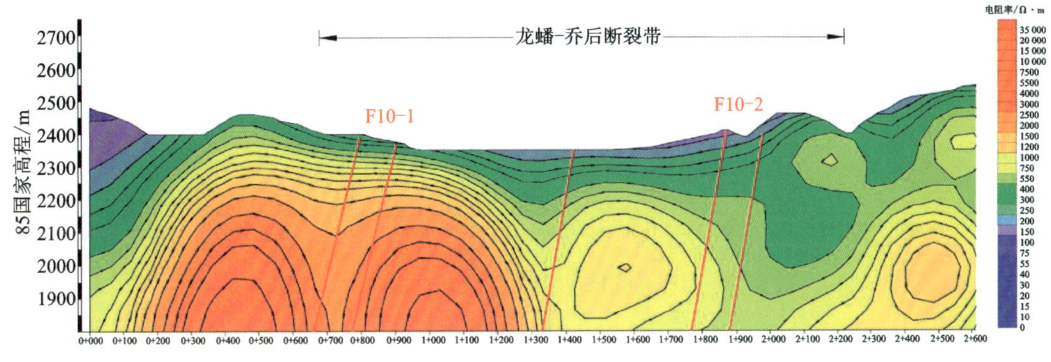

图 4-21　龙蟠-乔后断裂带高频大地电磁(EH-4)剖面

西支断层(F10-1)上盘为 T_2a 片岩、板岩夹少量灰岩，岩质坚硬-较坚硬，电阻率值 2500～3000Ω·m。在桩号 700～800 附近可见发育一陡倾向西的相对低阻带，电阻率值 1200～1500Ω·m。桩号(1＋200)～(1＋300)部位白汉场槽地中间为一低阻带，电阻率值 400～750Ω·m，钻孔及地表构造测绘显示该断层西侧上盘为片岩、板岩夹少量灰岩，东侧下盘为灰岩构造角砾岩带，溶蚀强烈，有直径 0.5～2.0m 充填有泥质的溶洞发育；靠近断层部位受断裂影响，岩体中劈理及次级断面发育。桩号(1＋800)～(1＋900)部位白汉场槽地东侧为一低阻带，电阻率值 400～550Ω·m，低阻带宽约 150m，断层东侧为上三叠统弱变质的泥岩、粉砂岩，属软岩—较软岩，受断层运动影响强烈，连续揉皱褶曲发育，向斜、背斜核部岩体较为破碎，富水性较好，电阻率值 500～1000Ω·m。

过丽江-剑川断裂带部位物探剖面线长约 4.0km，测点间距 50m，与地质构造测绘揭示的构造剖面对应性好(图 4-22)，宽大的低阻带显示为富水的断层破碎带，主要有 3 条大的断层破碎带。丽江-剑川断裂带断层 F11-2 上盘(北西盘)为二叠系玄武，靠近断层部位为劈理强烈发育呈碎裂状的玄武岩，电阻率值 200～300Ω·m。桩号 700～(1＋000)为 F11-2 主断层，断裂带内为角砾岩、碎粒岩、碎粉岩，富水，电阻率值仅 30～100Ω·m。桩号(1＋300)～(1＋600)为 F11-3 断层，断裂带内为灰岩、玄武岩角砾岩带夹碎粒岩及碎粉岩，富水，电阻率值仅 45～100Ω·m。桩号(2＋900)～(3＋000)为 F11-4 断层，断裂带宽约 80m，与断层 F11-3 之间为受断层运动影响的北衙组灰岩、白云质灰岩，电阻率值 250～400Ω·m，F11-4 断裂带内为喜马拉雅期苦橄玄武岩质碎粒岩、碎粉岩，富水，电阻率值 100～150Ω·m。

总体来看，高频大地电磁物探剖面能较好地反映断层破碎带的宽度、规模及分支断裂带，在地面详细地质构造测绘的基础上，利用大地电磁物探成果可有效向隧洞埋深部位科学、合理地划定断裂带宽度，复核地表地质构造测绘成果。断层附近受断层影响，碎裂岩带电阻率值比远离断层的完整岩体的电阻率低，主断裂带角砾岩、碎粒岩、碎粉岩带电阻率值一般 50～750Ω·m，低于 1000Ω·m。其中角砾岩带电阻率一般 750～1000Ω·m，碎粒岩带电阻率一般 400～600Ω·m，碎粉岩及断层泥电阻率一般小于 200Ω·m，地下水丰富时其电阻率值 30～100Ω·m。

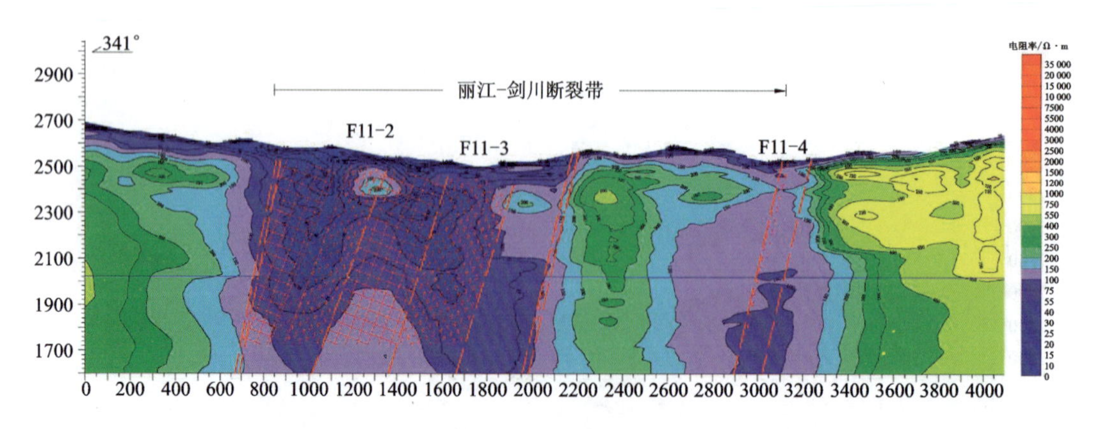

图 4-22 丽江-剑川断裂带高频大地电磁(EH-4)剖面

4.2.8 小结

CSAMT 法在本区活动断层探测中显示出优越性,是研究新构造的新技术和新方法,尤其是对山体大、地形陡的山区和探测目标较深、电磁干扰严重的地区效果显著。

本次工作对其进行二维反演后成图效果好,与野外地质相结合进行综合分析解释,识别出多条正断层系统,对其断层形态进行初步物性描述,并且对地层进行电性分层,为下一步钻探工程和隧道施工提供了直接证据。

4.3 白汉场槽谷、汝南河槽谷地震勘探剖面研究

4.3.1 工作原理及技术方法

地震反射波法是利用地震反射波进行人工地震勘探的方法。该方法基本原理是从地面激发的弹性波通过介质传播,当遇到介质分界面时会发生反射,从每一个反射界面上反射回的地震波称为地震反射子波。一个地震记录道就是由无数多个地震反射子波组成的复合振动,其中具有较强反射系数的反射波构成记录上的强振动我们称之为优势波,而反射系数较小的反射面上的反射弱振动称之为劣势波,这些优势波和劣势波的相互组合就构成地震记录上各波组的振动背景。决定反射波信号强弱及是否产生反射波的反射系数是与界面上、下地层密度 ρ 和波速 v 有关的量,一般地,$\rho_1 v_1 \neq \rho_2 v_2$ 时,将产生反射波,而 $\rho_1 v_1$ 与 $\rho_2 v_2$ 差异越大,则反射系数越大,产生的反射波能量越强。利用记录下来的资料,可以推断地下地质构造的特点。

本次工作采用单边放炮多次覆盖观测系统。其中白汉场槽谷由于紧邻公路、居民区干扰大,且覆盖层较厚,道间距为 5m,排列长度 175m,为保证数据质量,每次炮点移动道数为 1,覆盖次数 18 次。汝南河槽谷覆盖层较薄,为方便相位追踪,道间距选择 2m,排列长度 70m,每次炮点移动道数为 2,覆盖次数 9 次。

4.3.2　测线布置

根据工作任务要求，本阶段在白汉场槽谷完成 2 条剖面的地震反射波法勘探，剖面信息如表 4-5 所示。

表 4-5　白汉场槽谷、汝南河槽谷地震反射波法工作量表

工作方法	工作部位	测线编号	起始坐标		终点坐标		剖面长度/m	检波炮点
			X	Y	X	Y		
地震反射波法	白汉场槽谷	1—1′	2 960 964.18	598 094.55	2 960 777.89	598 747.81	679.5	4608
		2—2′	2 959 301.09	597 795.68	2 959 080.20	598 474.15	713.5	3744
		小计					1393	8352
	汝南河槽谷	1—1′	2 949 397.77	601 796.95	2 948 378.42	603 454.62	1951	17 388
		2—2′	2 948 754.52	601 492.37	2 947 828.55	602 963.17	1743	15 552
		小计					3694	32 940
合计							5087	41 292

4.3.3　地质概况及地球物理特征

香炉山隧洞沿线主要出露下泥盆统冉家湾组、中泥盆统穷错组和苍纳组、二叠系玄武岩组、中二叠统黑泥哨组、中三叠统北衙组、上三叠统中窝组和松桂组，以及燕山期不连续分布的侵入岩、古近系和新近系及第四系等地层。其中，白汉场槽谷以西多为变质及浅变质的片岩、板岩夹灰岩，白汉场槽谷以东至汝南河段及中登至上窝段以二叠系玄武岩系喷出岩为主，鹤庆西山沙子坪至中登一带灰岩集中分布，上窝段以下多为中窝组灰岩和松桂组砂泥岩及页岩。

变质岩主要分布于白汉场槽谷（龙蟠-乔后断裂带）以西，地层为下泥盆统冉家湾组、中泥盆统穷错组和苍纳组及中三叠统，岩性多为片岩、板岩及浅变质的灰岩等。

岩浆岩为二叠系玄武岩、新近系玄武岩及少量燕山期不连续分布的侵入岩，主要分布于香炉山隧洞的汝寒坪、汝南河、黑泥哨至长木箐北山。

沿线第四系覆盖层主要分布于线路两侧冲沟内及较为平坦的低山丘陵地带，冲沟内覆盖层多冲洪积层，岩性为卵石、块石夹黏性土，厚度一般 10～40m，局部厚者可达 100m 左右；山体斜坡上多为残坡积层，一般为粉质黏土夹碎石，厚度 3～35m。同时沿线局部出露有少量崩坡积物、滑坡堆积物及人工堆积物。香炉山隧洞穿越的覆盖层主要分布于香炉山出口地段，岩性主要为碎砾石土。

本次研究部位白汉场槽谷段穿过龙蟠-乔后断裂带，汝南河槽谷段穿过丽江-剑川断裂带。龙蟠-乔后断裂带走向北北东，倾向北西，倾角 50°～82°；丽江-剑川断裂带走向北东，倾向北西，倾角 60°～80°。

地层的密度及弹性波波速差异是地震反射波法勘探必要的物理前提，只有当勘探对象与周围地层存在一定的波阻抗差异时，才具备应用该方法进行勘探的物理条件。测区第四系覆盖层主要为卵石、块石夹黏性土，白汉场槽谷基岩主要为片岩、板岩、灰岩，汝南河槽谷基岩主要为玄武岩，各介质间波阻抗存在一定差异。由于工作区域穿过断裂带，存在断层、层间剪切、挤压等地质构造的影响，岩体的完整性受到破坏，反映岩体性状的地震弹性波速度亦存在明显差异,因此,本区满足地震勘探的地球物理条件。

4.3.4 资料处理及解释方法

地震反射波法资料的处理分两步进行:第一步为采集数据的回放与存储;第二步为资料的数据处理。地震反射波法数据处理流程为:①野外炮点记录输入计算机→定义排列参数→数据预处理(废炮道、预滤波、反褶积)→野外静校正→速度分析→动校正→剩余静校正→叠加→偏移→显示;②识别并确定时间剖面图上的各层同相轴,转换成同相轴时间数据文件;③时深转换,将时间数据文件转换成深度数据文件,形成图形文件,绘成地质解释剖面图。具体处理流程如图 4-23 所示。

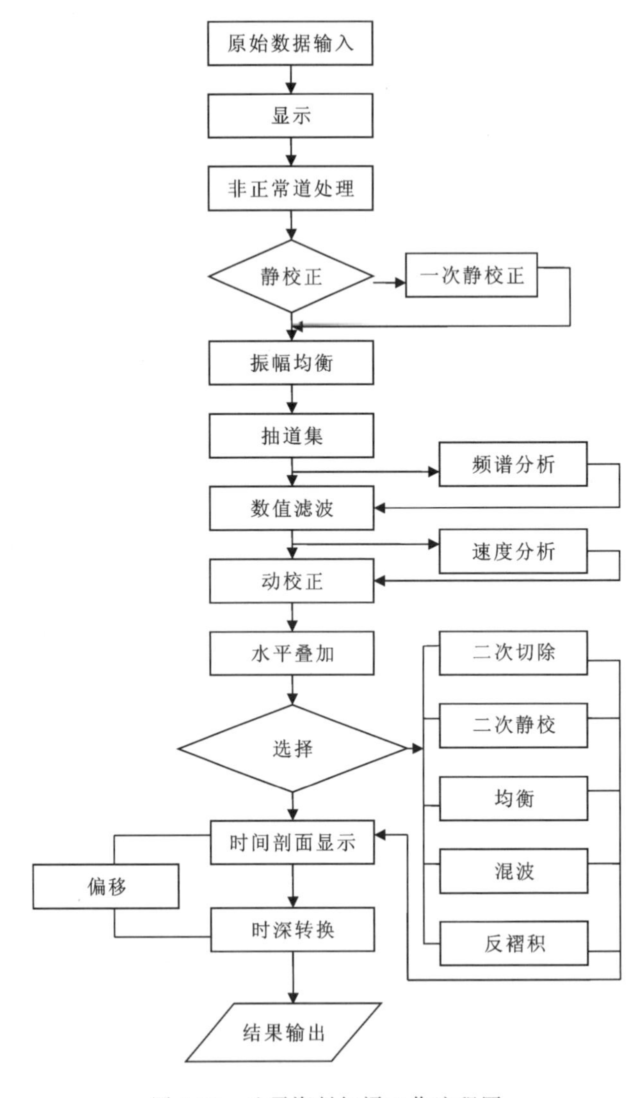

图 4-23　地震资料解译工作流程图

地震反射法成果解释工作以反射波时间剖面图为基础,图 4-23 中各反射波的时序分布关系与形态特征是地层地质现象的客观反映,物探-地质剖面图是解释人员对客观反映的认识。本次工作勘探深度能够满足查明测区覆盖层厚度，并根据基岩面反射同相轴是否连续，判断测线是否发育断层及其存在位置。

4.3.5 剖面解译分析

本次工作共完成5057m/4条剖面的地震反射法勘探，工作部位为白汉场槽谷及汝南河槽谷，工作目的为进一步查明龙蟠-乔后断裂(F10)、丽江-剑川断裂(F11)两个断裂带覆盖层厚度及内部地质构造情况。

1. 白汉场槽谷

1) 1—1′剖面成果分析解释

1—1′剖面位于白汉场槽谷子明罗村南侧，横穿214国道、大丽高速，测线位于隧洞轴线东北侧，起点距轴线垂直距离154.88m，终点距轴线垂直距离698.7m，测线方位106°，剖面起点坐标：X=2 960 964.18，Y=598 094.55；终点坐标：X=2 960 777.89，Y=598 747.81。剖面长度679.5m，道间距5m，炮间距5m，固定偏移距20m，共激发128炮。

本剖面覆盖层厚度范围10～32m时间剖面见图4-24，其中剖面桩号(0－010)～(0＋187)m段覆盖层较厚，厚度26.5～32m；剖面桩号(0＋187)～(0＋630)m段覆盖层厚度变小，厚度16～26m；剖面桩号(0＋630)～(0＋669.5)m为上坡地形，覆盖层较薄，厚度10～18m。整条测线未见明显基岩出露部位。覆盖层纵波速度范围500～1100m/s，冲沟内覆盖层组成物质多为冲洪积层卵石、块石夹黏性土，山体斜坡上多为残坡积层，一般为粉质黏土夹碎石。基岩顶板高程2339～2385m，基岩埋深10～32m，基岩纵波速度范围1900～3300m/s。基岩主要为砂岩、泥岩、页岩夹薄层灰岩，局部片岩。

地表桩号(0＋120)m、(0＋198)m、(0＋303)m附近反射波同相轴发生不同程度的错断，推测在该位置发育断层，需结合地质资料综合分析。

2)2—2′剖面成果分析解释

2—2′剖面位于白汉场槽谷关上村，地形呈“U”形宽缓槽谷，局部位置坡度较大，测线穿过山林、耕地、陡坡、水沟、214国道、民房、大丽高速。测线穿过高速公路后开始上坡，进入山间沟谷，坡度中等，未见基岩出露。测线位于隧洞轴线西南侧，起点距轴线垂直距离688.43m，终点距轴线垂直距离132.345m，测线方位108°，剖面起点坐标：X=2 959 301.09，Y=597 795.68；终点坐标：X=2 959 080.20，Y=598 474.15。剖面长度713.5m，剖面桩号(0＋000)～(0＋480)m道间距4m，炮间距8m，固定偏移距20m，剖面桩号(0＋480)～(0＋703.5)m道间距3m，炮间距6m，固定偏移距18m，本测线共激发104炮。

本剖面覆盖层厚度范围12～45m时间剖面见图4-25，其中剖面桩号(0－010)～(0＋250)m段覆盖层较厚，厚度32～45m；剖面桩号(0＋250)～(0＋421)m段覆盖层厚度较小，厚度16～28m；剖面桩号(0＋421)～(0＋703.5)m位于国道东南侧并逐渐上坡，覆盖层厚度12～30m。覆盖层纵波速度范围600～1100m/s，冲沟内覆盖层组成物质多为冲洪积层卵石、块石夹黏性土，山体斜坡上多为残坡积层，一般为粉质黏土夹碎石。基岩顶板高程2301～2361m，基岩埋深12～45m，基岩纵波速度范围1900～3300m/s。基岩主要为砂岩、泥岩、页岩夹薄层灰岩，局部片岩。

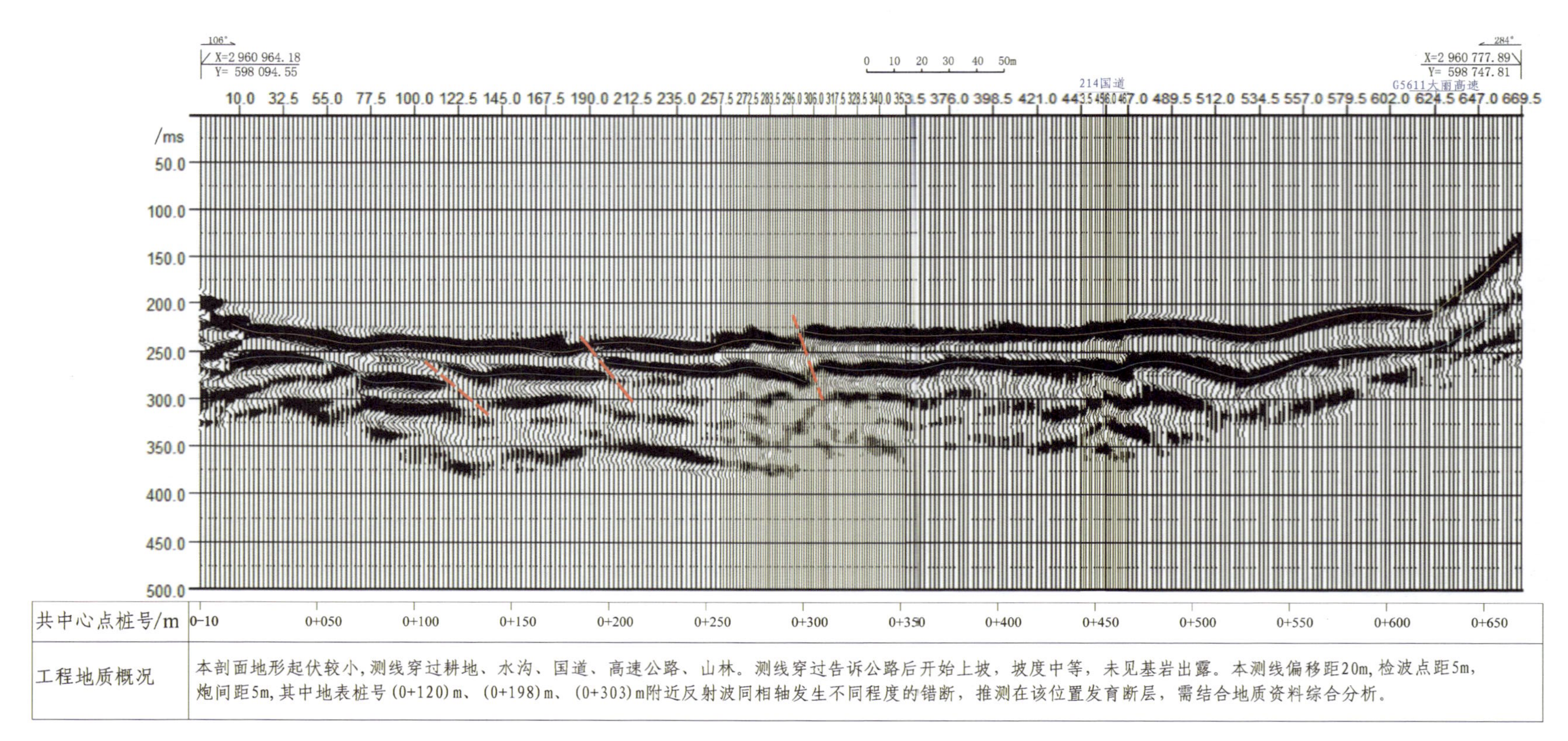

图4-24　白汉场槽谷1—1′地震剖面成果分析解释

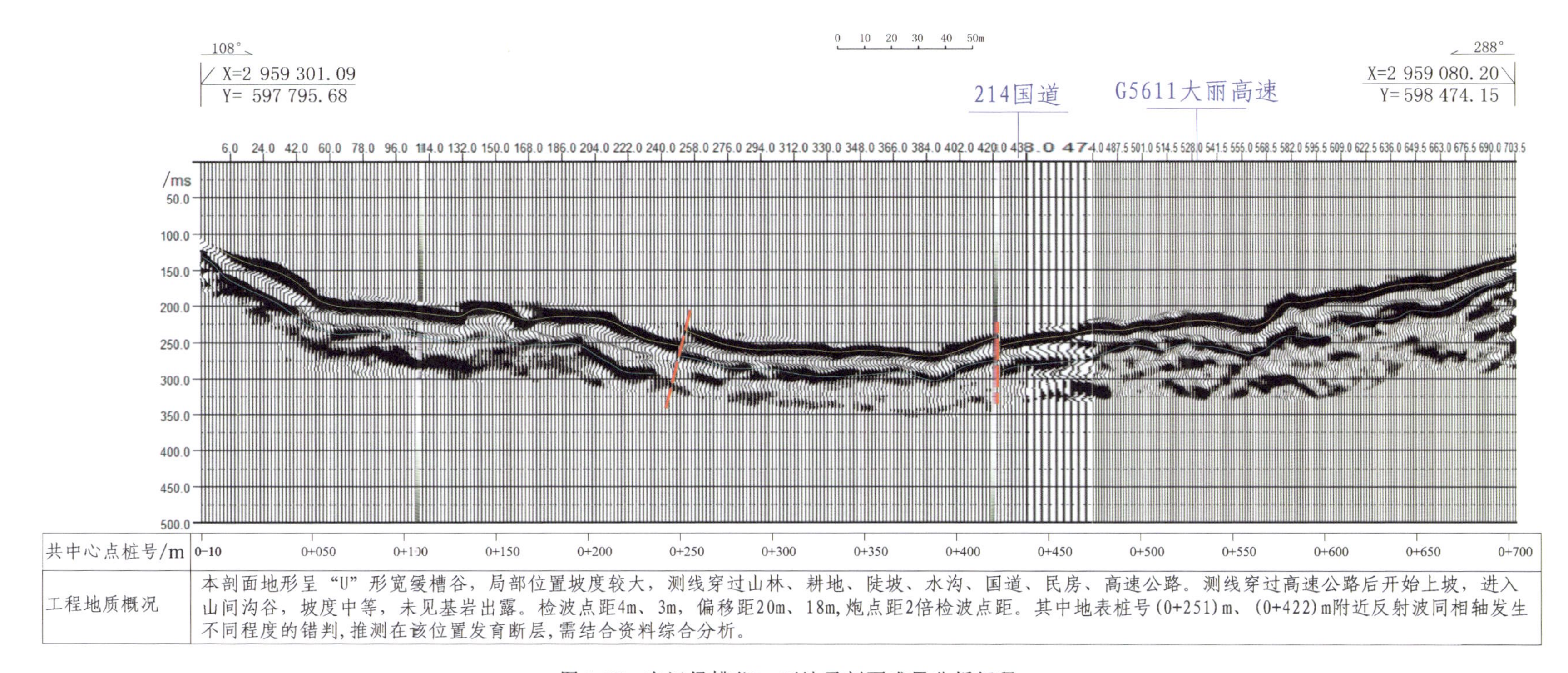

图4-25　白汉场槽谷2—2′地震剖面成果分析解释

地表桩号(0＋251)m、(0＋422)m附近反射波同相轴发生不同程度的错断，推测在该位置发育断层，需结合地质资料综合分析。

2.汝南河槽谷

1)1—1′剖面成果分析解释

1—1′剖面位于汝南村与红麦村之间，地形整体中间低两头高，其中剖面桩号(1＋300)～(1＋600)m为隆起山包，坡度大，基岩大面积出露，测线穿过山林、耕地、乡道、施工土路、汝南河，除隆起山包外测线其余部分未见基岩大量出露。测线与隧洞轴线相交，起点距轴线垂直距离259.3m，终点距轴线垂直距离940.4m，测线方位122°，剖面起点坐标：X＝2 949 397.77，Y＝601 796.95；终点坐标：X＝2 948 378.42，Y＝603 454.62。剖面长度1951m，道间距2m，炮间距4m，固定偏移距10m，共激发483炮。

结合测线现场情况及前期地质资料可知，本测线覆盖层较薄(图4-26)，部分位置可见基岩出露，因此本剖面推测覆盖层厚度时以全风化基岩底界为准，全风化基岩底界埋深深度范围2～45m，其中剖面桩号(0－005)～(0＋208)m段全风化底界埋深12～30m；剖面桩号(0＋208)～(0＋517)m段全风化底界埋深20～45m；剖面桩号(0＋517)～(0＋605)m段全风化底界埋深12～18m；剖面桩号(0＋605)～(0＋880)m段全风化底界埋深14～37m；剖面桩号(0＋880)～(0＋930)m段全风化底界埋深4～14m；剖面桩号(0＋930)～(1＋503)m段全风化底界埋深2～22m；剖面桩号(1＋503)～(1＋946)m段全风化底界埋深21～41m。覆盖层及全风化层纵波速度范围400～950m/s，冲沟内覆盖层组成物质多为冲洪积层卵石、块石夹黏性土，山体斜坡上多为残坡积层，一般为粉质黏土夹碎石。基岩顶板高程2484～2665m，基岩埋深2～45m，基岩纵波速度范围2100～3600m/s。基岩主要为玄武岩，局部为灰岩、白云岩。

地表桩号(0＋215)m、(0＋280)m、(0＋635)m、(0＋854)m、(1＋715)m、(1＋880)m附近反射波同相轴发生不同程度的错断，推测在该位置发育断层，需结合地质资料综合分析。

2)2—2′剖面成果分析解释

2—2′剖面位于汝南村与红麦村之间，地形为“U”形宽缓槽谷，除汝南河两侧公路开挖形成陡坡外，其余位置坡度较缓，测线穿过山林、耕地、乡道、汝南河、施工道路。本测线西侧小桩号端山林地表局部可见块石堆积，整条测线未见明显基岩出露。测线与隧洞轴线相交，起点距轴线垂直距离779.5m，终点距轴线垂直距离292.1m，测线方位122°，剖面起点坐标：X＝2 948 754.52，Y＝601 492.37；终点坐标：X＝2 944 828.55，Y＝602 963.17。剖面长度1743m，道间距2m，炮间距4m，固定偏移距10m，共激发432炮。

结合测线现场情况及前期地质资料可知(图4-27)，本测线覆盖层较薄，部分位置可见基岩出露，因此本剖面推测覆盖层厚度时以全风化基岩底界为准，全风化基岩底界埋深深度范围5～55m，其中剖面桩号(0－005)～(1＋081)m段全风化底界埋深10～39m；剖面桩号(1＋081)～(1＋500)m段全风化底界埋深5～22m；剖面桩号(1＋500)～(1＋738)m段全风化底界埋深17～55m。覆盖层及全风化层纵波速度范围400～950m/s，冲沟内覆盖层组成物质多为冲洪积层卵石、块石夹黏性土，山体斜坡上多为残坡积层，一般为粉质黏土夹碎石。基岩顶板高程2475～2660m，基岩埋深5～55m，基岩纵波速度范围2100～3600m/s。基岩主要为玄武岩，局部为灰岩、白云岩。

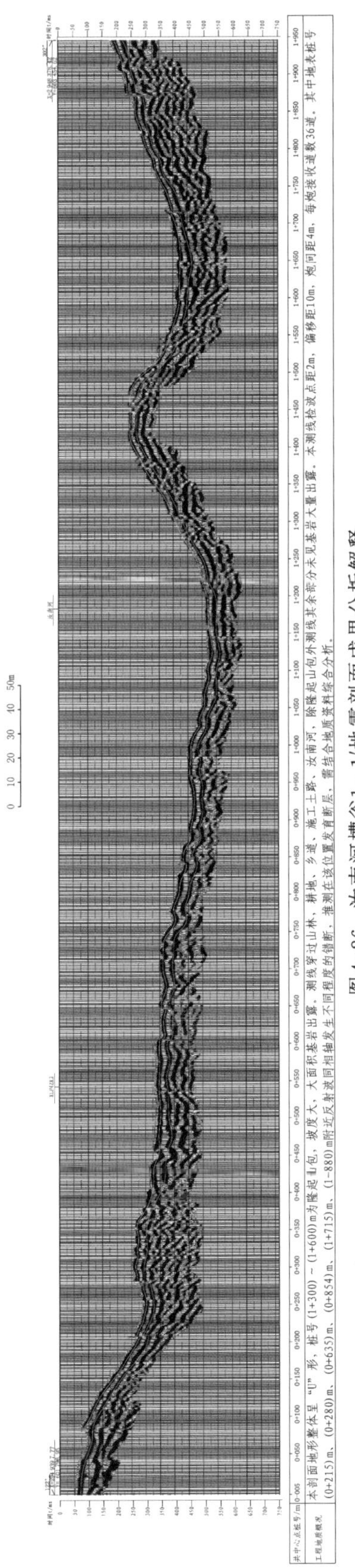

图4-26　汝南河槽谷1—1'地震剖面成果分析解释

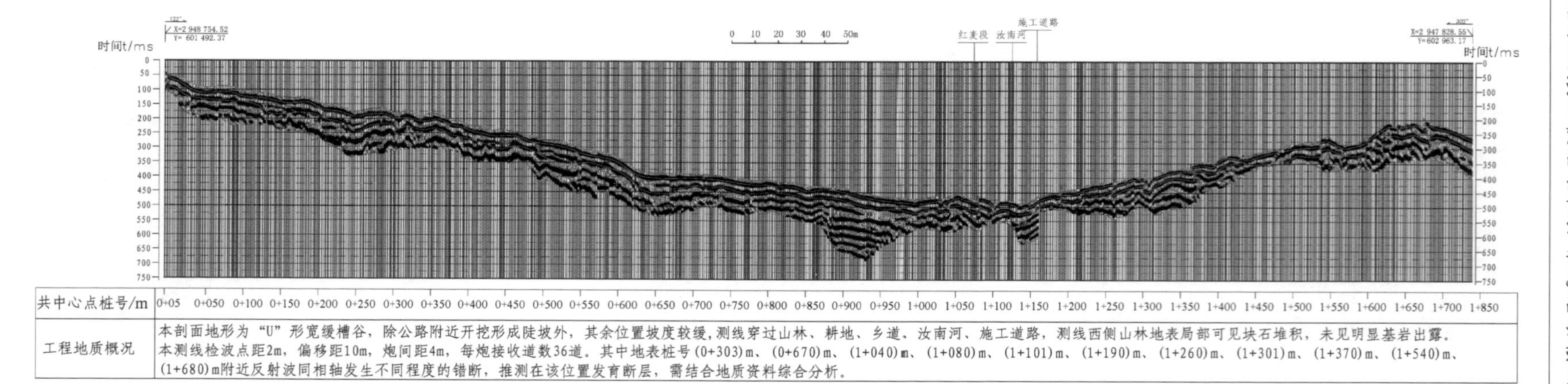

图4-27 汝南河槽谷2—2′地震剖面成果分析解释

剖面桩号(0＋303)m、(0＋670)m、(1＋040)m、(1＋080)m、(1＋101)m、(1＋190)m、(1＋260)m、(1＋301)m、(1＋370)m、(1＋540)m、(1＋680)m 附近反射波同相轴发生不同程度的错断，推测在该位置发育断层，需结合地质资料综合分析。

4.3.6　小结

本次物探工作在白汉场槽谷与汝南河槽谷两个部位开展了地震反射波勘探，通过对所取得的成果结合地质资料进行综合分析，针对本次勘探的任务和要求得出如下结论。

白汉场槽谷 1—1′剖面推测覆盖层厚度 10～32m，推测发育断层位置为地表桩号(0＋120)m、(0＋198)m、(0＋303)m；2—2′剖面推测覆盖层厚度 12～45m，推测发育断层位置为地表桩号(0＋251)m、(0＋422)m。汝南河槽谷 1—1′剖面推测全风化底界埋深 2～45m，推测发育断层位置(0＋215)m、(0＋280)m、(0＋635)m、(0＋854)m、(1＋715)m、(1＋880)m；2—2′剖面推测全风化底界埋深 5～55m，推测发育断层位置(0＋303)m、(0＋670)m、(1＋040)m、(1＋080)m、(1＋101)m、(1＋190)m、(1＋260)m、(1＋301)m、(1＋370)m、(1＋540)m、(1＋680)m。

4.4　白汉场槽谷、汝南河槽谷放射性氡测试剖面研究

土壤或岩体中的氡气是研究断裂活动性和确定断裂分布位置的一个有效手段，特别是对隐伏活动断裂或活动断裂破碎带上方盖层的断裂，可以通过氡浓度变化大致确定断裂带的位置、范围和产状等。一般而言，断裂带上方呈现氡含量峰值异常高值，远离断裂带逐渐衰减至正常水平；断裂活动性越强或断裂活动时代越新，氡含量峰值异常越高。

在活动断裂研究过程中，通过地表地质构造测绘、大地电磁剖面及地震反射法物探剖面成果，在初步确定断裂带各分支断层的宽度、规模后，采用放射性氡测试方法对活动断裂穿过部位有覆盖层的地段进行放射性氡含量测试。一般情况下断层活动性越强，浅地表放射性氡实测值越高。氡测试受测试部位土体含水量、孔隙度影响，测试结果波动，但总体能有效反映断层位置及最新活动部位。

跨龙蟠-乔后断裂带布置了氡测试剖面，剖面方向近垂直于断裂的走向，测试剖面长约 1km，测点间距 15～50m，采用 GPS 放点进行详细的测试，测试成果如图 4-28 所示，实测时环境大气中背景值为 3～5Bq /m^3。根据测试成果可知，沿剖面各实测点的测试值一般在 3～25Bq /m^3之间，在断层穿过部位放射性氡含量明显升高，实测值一般为 52～104Bq /m^3，最高可达 161Bq /m^3，测点位于断层 F10-1 部位，断层 F10-2 实测点最大值为 154Bq/m^3，初步分析认为断层 F10-1、F10-2 断裂破碎带中间部位活动性较强，实测值高的部位多为碎粉岩、碎粒岩带。

跨丽江-剑川断裂带布置了氡测试剖面，剖面方向近垂直于断裂的走向，测试剖面长约 1.2km，测点间距 15～50m，采用 GPS 放点，进行详细的测试，测试成果如图 4-29 所示，实测时环境背景值 3～5Bq /m^3。根据测试实验成果可知，实测值一般为 12～39Bq /m^3；断层通过部位实测值明显升高，测试氡含量一般 63～95Bq /m^3，最高可达 168Bq /m^3，位于 F11-2 断裂带内，F11-3 断裂带内实测值最大为 138Bq /m^3，初步分析认为断层 F11-2、F11-3 断裂破碎带中间靠西侧部位活动性较强，实测值高的部位应为基岩区断裂破碎带内的碎粉岩、碎粒岩带。

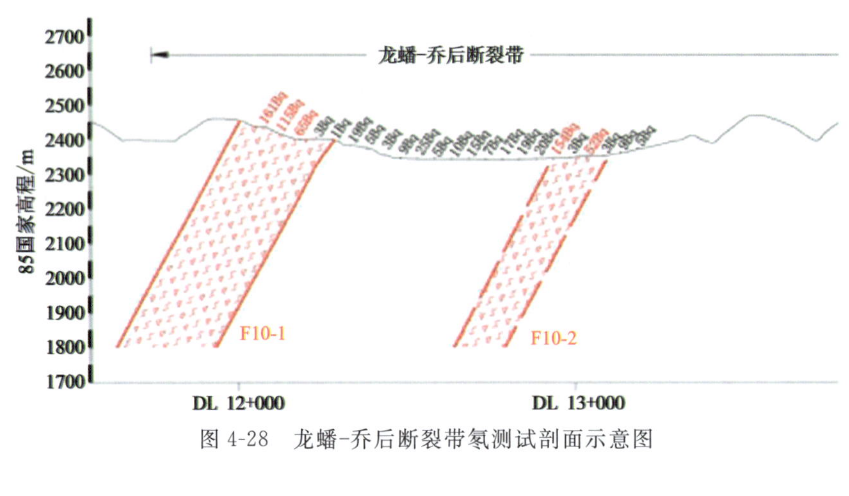

图 4-28　龙蟠-乔后断裂带氡测试剖面示意图

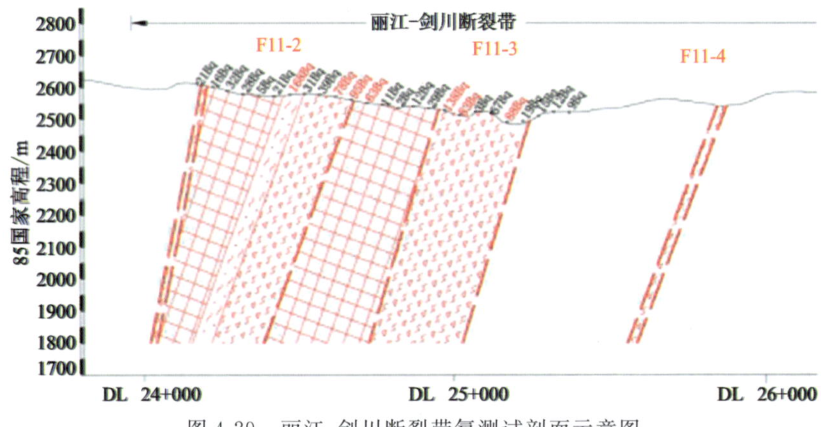

图 4-29　丽江-剑川断裂带氡测试剖面示意图

根据放射性氡测试成果，丽江-剑川断裂带内实测值整体比龙蟠-乔后断裂带高，断裂带内实测值明显高于断裂带两侧的岩土体，说明丽江-剑川断裂带活动性较龙蟠-乔后断裂带强，断层破碎带内放射性氡实测值高的部位对应基岩断层破碎带内为碎粒岩、碎粉岩带，放射性氡测试值高的地方，构造岩胶结弱。放射性氡测试剖面对有覆盖层的隐伏活动断裂，可有效探测活动断裂带分布、分支断层的分布及各分支断层的活动强弱。

第 5 章　活动断层工程活动性分带的矿物学与显微构造研究

5.1　典型断裂剖面岩石矿物的岩相学和 XRD 分析

断层泥是在构造活动中断层两盘岩石相互摩擦形成的，通过研究断层泥的特征来获取断层活动性的相关信息已成为一种被普遍接受的方法。20 世纪 70 年代，科学家对断层泥就有了较详细的研究，主要研究断层泥的矿物成分、化学成分、结构构造、物理力学性质等。这些研究对探讨构造活动机制（如地震发震机制、工程地质性质等）有了进一步的认识。

断层泥的发育特征主要是指断层泥发育的野外地质特征和显微镜下的地质特征。断层泥发育的野外地质特征主要研究断层泥发育的地质环境、地质产状、识别断层泥的颜色、岩性，鉴定岩石类型以及变质变形情况。显微镜下的地质特征研究主要是将岩石样品进行磨片，使用偏光显微镜进行镜下观察，观察断层泥和围岩的矿物成分、组构以及岩石变形变质特征。

5.1.1　断层泥的野外地质特征

为了进行对比分析研究，本次主要的研究对象为断层泥（图 5-1），采集点位 A、B 和 C 为红河断裂带南段采样点，点位 D、E 和 F 为红河断裂带北段（丽江-剑川断裂带和龙蟠-乔后断裂带）采样点。D 和 E 为钻孔取到的断层泥（丽江-剑川断裂带 XLP4ZK2）。本次采集共计样品 16 个，包括 9 个围岩样品、7 个断层泥样品。详见表 5-1 和图 5-2～图 5-5。

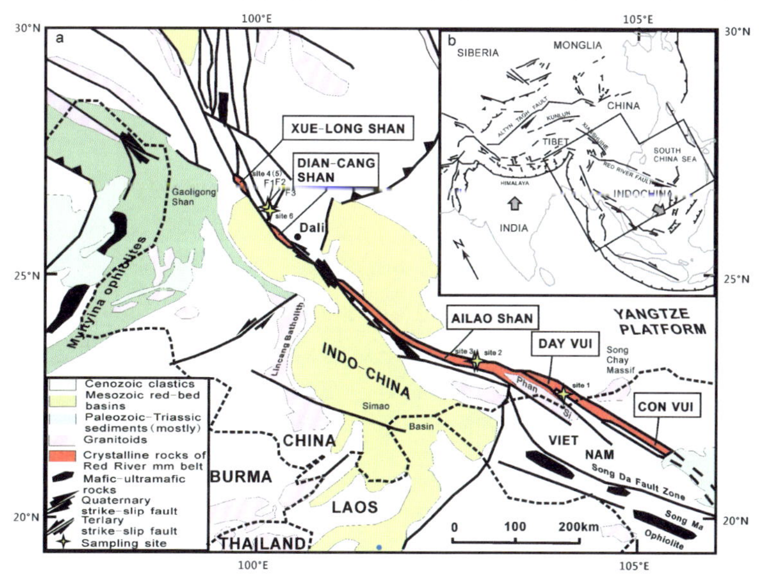

图 5-1　样品采集区域地质简图

表 5-1　研究样品描述及采样位置

样品位置	采样位置	样品编号	样品类型
红河断裂南段	A	D06	片麻岩
		D07	浅黄白色断层泥
		D08	深灰色断层泥
		D09	片麻岩
		D10	片麻岩
	B	D39	片麻岩
		D40	断层泥
		D41	片麻岩
	C	D42	片麻岩
		D43	断层泥
		D44	片麻岩
		D45	片麻岩
红河断裂北段	D	X90	断层泥(钻孔),孔深 129.65～132.15 m
	E	X137	断层泥(钻孔),孔深 226.95～228.75 m
	F	J01	断层泥
		J01B	花岗岩

点位 A 位于红河断裂带南段河口瑶族自治县,坐标为 22°36′6″,103°57′49″,断层产状为 220°∠85°。从野外剖面图可看出,岩石在早期经历了多期构造运动,岩体破碎,断层破碎带宽大,断裂带内主要为灰白色的断层角砾岩带夹碎粒岩、碎粉岩,局部为透镜体状断层泥,后期又经历了强烈的风化作用。断层上盘岩性颜色较深,原岩为深灰色的灰岩;下盘岩性的颜色较浅。中间断层泥混合发育深灰色和浅黄白色两种。在图 5-2 所示位置分别提取了断层泥和围岩样品。

点位 B 位于红河断裂带南段红河州元阳县,坐标为 N23°13′7″,E102°49′22″,断层产状为 0°∠80°。从野外剖面图可看出,岩石经历了一定的风化作用。断层泥左边的围岩岩性颜色较浅,右边围岩可看到暗色条纹状结构的矿物。断层核心部分的颗粒较碎,并且含有些暗色的矿物。在图 5-3 所示位置分别提取了断层泥和围岩样品。

点位 C 位于红河断裂带南段红河州元阳县,坐标为 N23°13′22″,E102°49′14″,断层产状为 30°∠75°。从野外剖面图可看出,岩石经历了一定的风化作用。断层两边岩性颜色较深,可明显看到暗色条纹状结构的矿物。断层核心部分的颗粒较碎,呈绿黄色,并且含有些暗色的矿物,在断层右边还有白色的断层泥。在图 5-4 所示位置分别提取了断层泥和围岩样品。

点位 D 和 E 位于红河断裂带北段剑川县的分支丽江-小金河断裂,坐标为 N26°38′43″,E100°01′45″。其中点位 D 的断层泥钻孔深度为 129.65～132.15 m,点位 E 的断层泥钻孔深度为 226.95～ 228.75 m。由于 D 和 E 为钻孔采样,因此无野外剖面图。

图 5-2　点位 A 中采集的断层泥野外剖面图

图 5-3　点位 B 中采集的断层泥野外剖面图

图 5-4　点位 C 中采集的断层泥野外剖面图

图 5-5　点位 F 中采集的断层泥野外剖面图

点位 F 位于红河断裂带北段剑川县的龙蟠-乔后断裂(图 5-1),坐标为 N26°34′55″,E99°55′07″。从野外剖面图可看出(图 5-5),断层两边围岩为肉红色花岗岩,断层核心部分(断层泥)颗粒相对较小,颜色较白。

5.1.2　断层泥显微镜下的地质特征

将样品采集回实验室后,按照采样点及样品类型进行分类,对岩石样品的手标本进行观察,鉴定岩石类型以及变质变形情况。将岩石样品进行磨片,使用偏光显微镜进行镜下观察,观察断层泥和围岩的矿物成分、组构以及岩石变形变质特征(图 5-6)。

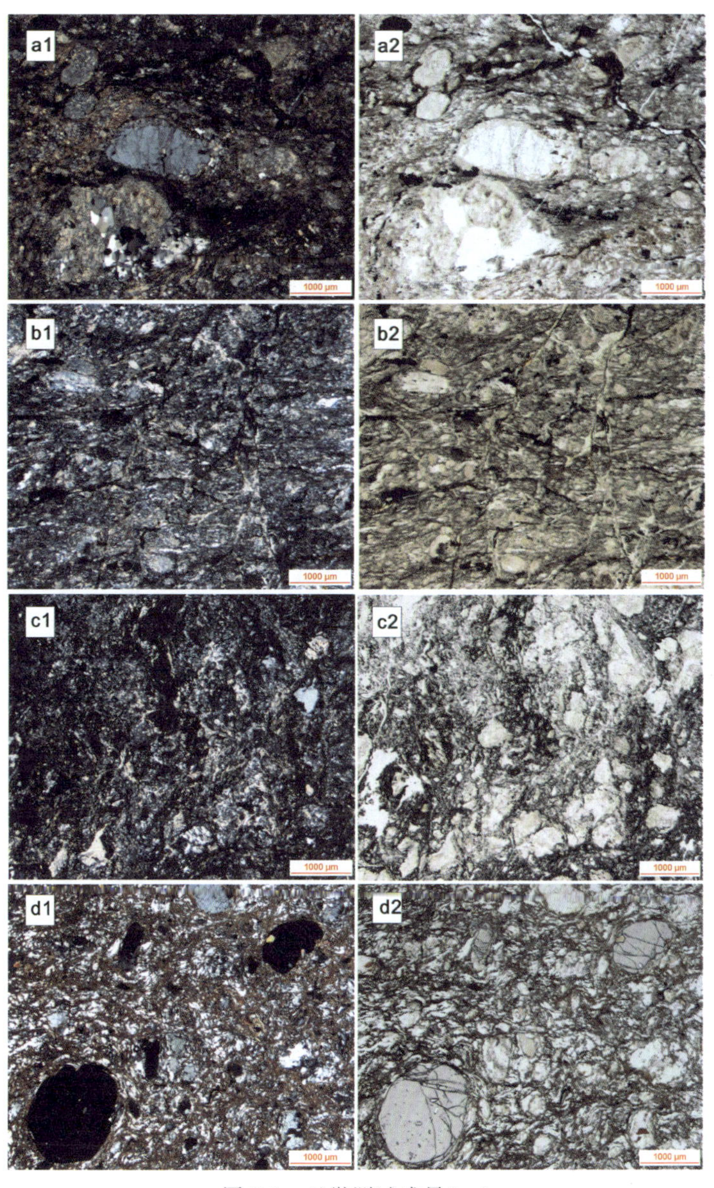

图 5-6　显微测试成果(一)

a1 和 a2 分别为样品 D06 单偏光和正交偏光的结果;b1 和 b2 分别为样品 D07 单偏光和正交偏光的结果;c1 和 c2 分别为样品 D08 单偏光和正交偏光的结果;d1 和 d2 分别为样品 D10 单偏光和正交偏光的结果

显微镜下观察表明，在点位A剖面中，断层左边的围岩(样品D06)含有石英、长石等残斑矿物。长石残斑颗粒大小不等，最大可达1000 μm。大多数长石由于化学性质不稳定，发生次生变化，表面产生蚀变现象。基质矿物主要为动态重结晶的石英、细小的黏土矿物，基质小于50%。断层泥(D07)的颗粒碎裂程度较高，可看到长石和石英碎斑。长石颗粒相对较小，但蚀变程度比围岩严重。石英主要为重结晶的石英，有波状消光等显微构造现象。右边围岩(D10)主要矿物有长石和石英，含少量的石榴石和矽线石。长石的变形行为以显微破裂和碎裂流动为主，发育眼球体，边部为石英集合体。石英具有波状消光等显微构造现象，出现单晶丝带状构造。亚颗粒晶粒呈轻微压扁拉长状，具有定向性。

在点位B剖面中，显微镜下观察表明，断层左边的围岩(样品D39)为花岗岩，主要含石英、长石等矿物，以及少量的黏土矿物。长石颗粒比较大，一般大于1000 μm。在长石颗粒边缘出现细颗粒化现象。石英有波状消光等显微构造现象。断层核心部位的断层泥(D40)的颗粒碎裂程度较高，可看到长石和石英碎斑，以及暗色细小的角闪石充填空隙，石英颗粒相对较小。右边围岩(D41)主要矿物为长石、角闪石和石英，角闪石主要呈短条柱状，正交偏光下呈浅黄色、浅橙色、浅绿色(图5-7)。

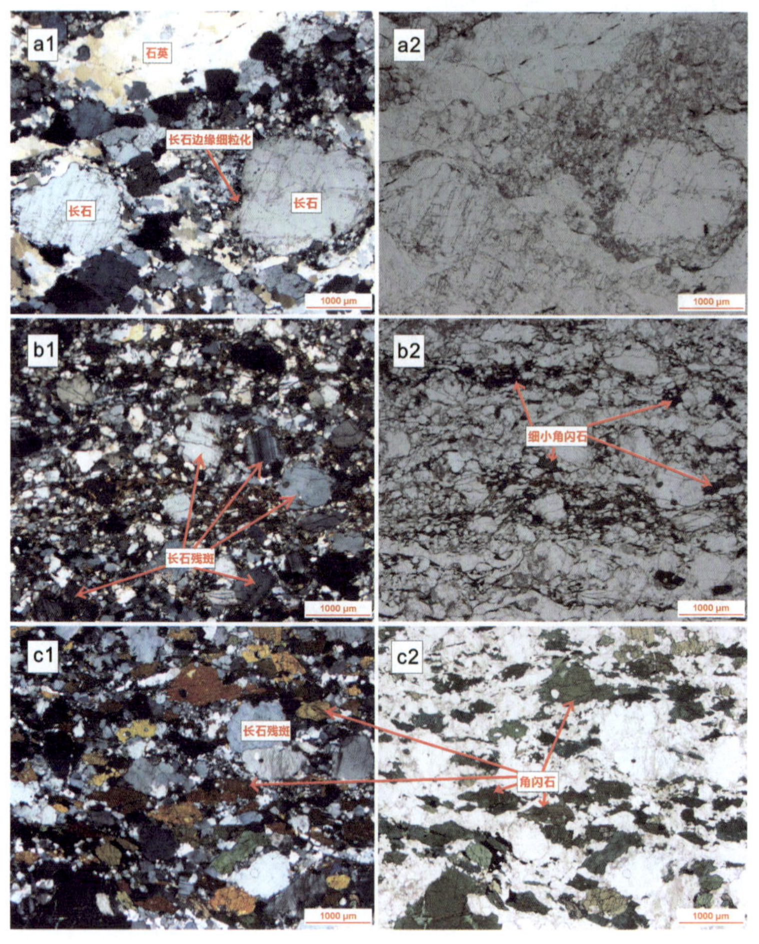

图5-7 显微测试成果(二)

a1和a2分别为样品D39单偏光和正交偏光的结果；b1和b2分别为样品D40单偏光和正交偏光的结果；c1和c2分别为样品D41单偏光和正交偏光的结果

在点位 C 剖面中，岩石主要含有角闪石、长石和石英矿物。断层核心(D43)颗粒碎裂程度较高，暗色矿物较少，颗粒较小。断层围岩角闪石颗粒较大，可明显看到短柱状的角闪石(图 5-8)。

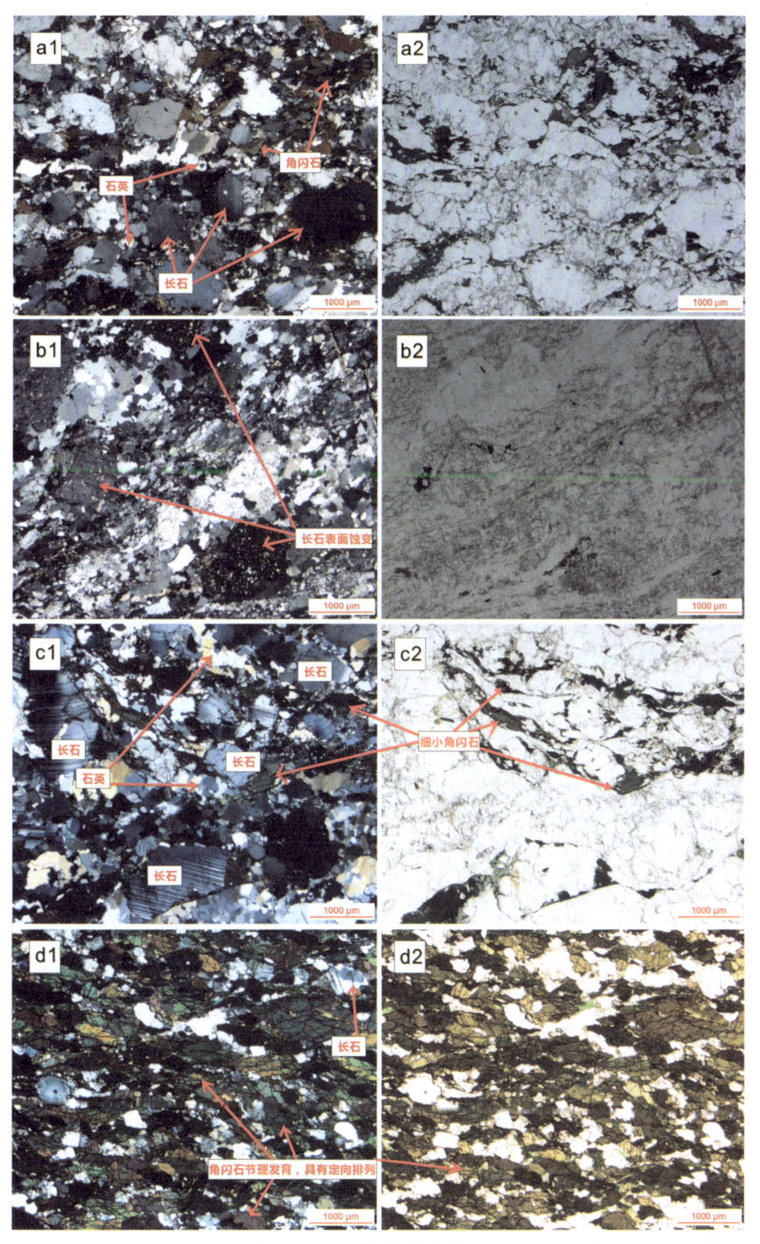

图 5-8　显微测试成果(三)

a1 和 a2 分别为样品 D42 单偏光和正交偏光的结果；b1 和 b2 分别为样品 D43 单偏光和正交偏光的结果；c1 和 c2 分别为样品 D44 单偏光和正交偏光的结果；d1 和 d2 分别为样品 D45 单偏光和正交偏光的结果

在钻孔 D、E 断层泥中，a1 和 a2 为样品 X90，b1 和 b2 为样品 X137。样品 X90 中，可看到一些矿物碎屑，比较多的是一些碎小的杂基，还可看到微裂缝。样品 X137 中，颗粒很小，分选比较好，可看到细小的岩石碎屑(图 5-9)。

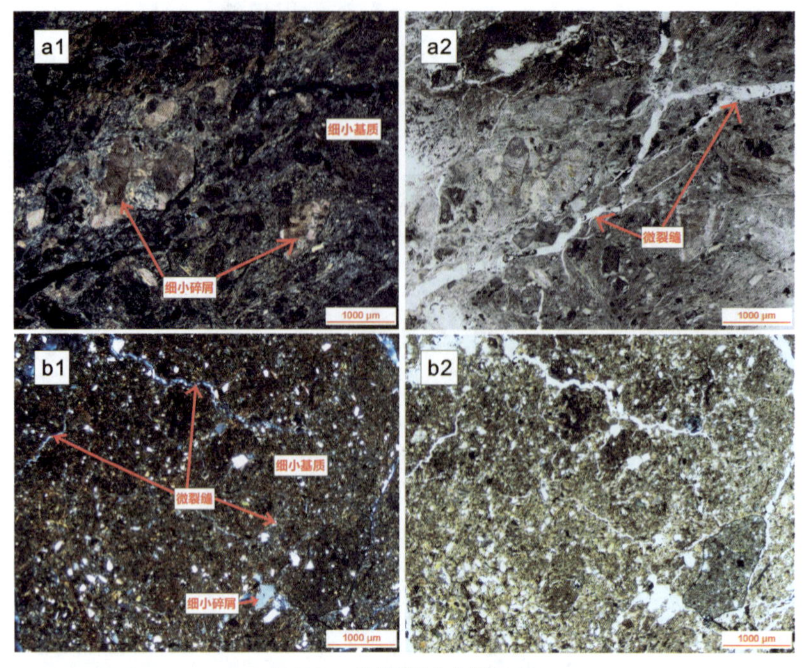

图 5-9　显微测试成果(四)

a1 和 a2 分别为样品 X90 单偏光和正交偏光的结果;b1 和 b2 分别为样品 X137 单偏光和正交偏光的结果

显微镜下观察表明,点位 F 剖面中的围岩(X02)为花岗岩,含有板状长石,没有明显的定向性。长石晶体较完整。断层泥(X01)颗粒较小,主要为残斑的石英和长石矿物,以及细小的黏土矿物(图 5-10)。

图 5-10　显微测试成果(五)

a1 和 a2 分别为样品 X01 单偏光和正交偏光的结果;b1 和 b2 分别为样品 X02 单偏光和正交偏光的结果

5.1.3　断层泥的 XRD 矿物组成

将野外采集回来的样品进行干燥，按照采样点和样品类型对样品进行分类，选择未风化的适量样品，使用玛瑙研钵把样品研磨，使样品的粒径小于 2μm。使用 X 射线微区衍射仪对粉末样品进行分析测试，仪器型号为 Rigaku D/MAX RAPID Ⅱ。根据 X 射线衍射实验数据，使用 Xpowder 软件对红河断裂系南段和北段几个剖面的断层泥与围岩进行全岩矿物的定性定量分析。

总体来说，在所有样品中，样品围岩主要含有石英和长石等矿物，有些围岩含角闪石、石榴石等。南段断层泥主要有伊利石、绿泥石等黏土矿物，而北段断层泥主要有蒙脱石等黏土矿物。不同样品含有的矿物不同，矿物含量也不同。

根据 X 射线衍射实验数据，使用 Xpowder 软件对断层泥和围岩进行全岩矿物的定性半定量。从分析结果看，在点位 A 剖面中(图 5-11)，断层围岩 D06 石英的含量为 40.1%，斜长石的含量为 20.5%，伊利石的含量为 25%，绿泥石的含量为 14.3%。

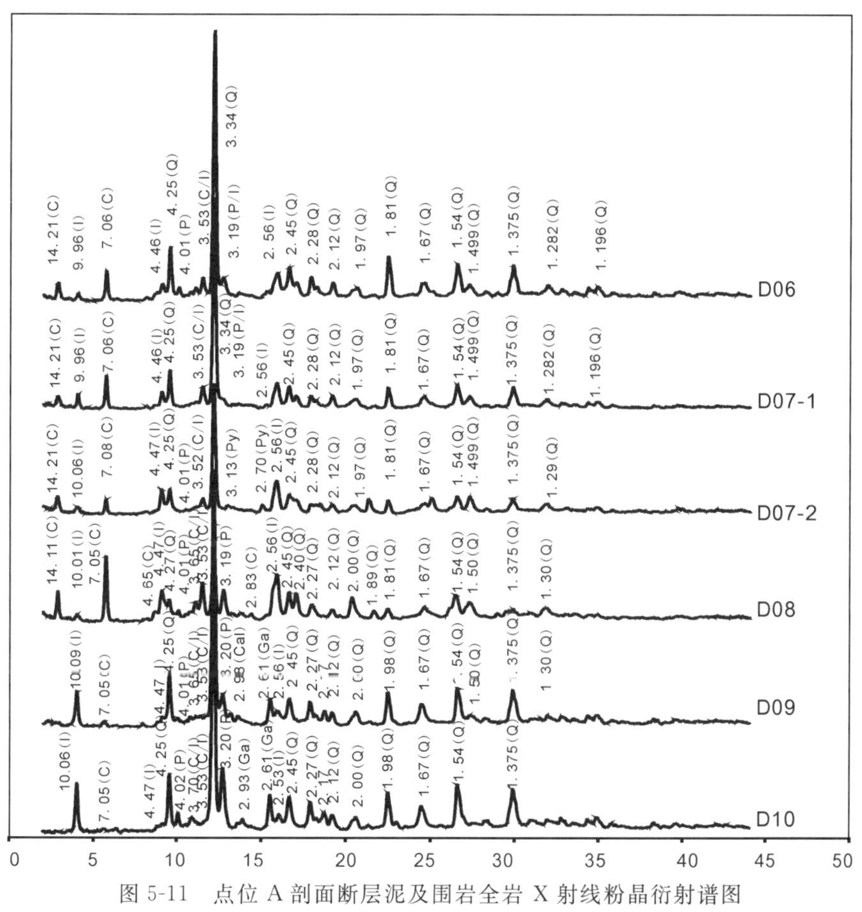

图 5-11　点位 A 剖面断层泥及围岩全岩 X 射线粉晶衍射谱图

Q. 石英；P. 斜长石；Cal. 方解石；I. 伊利石；C. 绿泥石；Ga. 石榴石；Py. 黄铁矿

断层泥 D07-1 的主要矿物为黏土矿物(54.4%)和石英(40.8%)，其中伊利石的含量为 33.9%，绿泥石的含量为 20.5%，含少量斜长石(4.8%)。断层泥 D07-2 的主要矿物为黏土矿物(56.5%)和石英(28.6%)，其中伊利石的含量为45.5%，绿泥石的含量为11.0%，含少量斜长石(9.6%)和黄铁矿(5.3%)。断层泥D08的主要矿物为黏土矿物(65.5%)、石英(14.4%)和斜长石(20.0%)，其中伊利石的含量为25.6%，绿泥石的含量为39.9%。断层围岩D09的主要矿物为石英(30.9%)和斜长石(21.4%)，黏土矿物中伊利石的含量为13.9%，绿泥石的含量为7.0%。此外，还含石榴石(13.6%)、矽线石(8.4%)和少量方解石(4.8%)。断层围岩D10的主要矿物为石英(32.1%)和斜长石(35%)，石榴石含量为15.2%，矽线石的含量为8.9%，黏土矿物中伊利石的含量为6.4%，绿泥石的含量为3.4%。

从分析结果看，在点位B剖面中(图5-12)，断层左边围岩D39石英的含量为32.1%，斜长石的含量为18.0%，钾长石的含量为49.9%，断层核心D40石英的含量为21.9%，斜长石的含量为55.4%，方解石的含量为10.8%，蒙脱石的含量为9.0%，角闪石的含量为2.0%。断层右边围岩D41石英的含量为18.5%，斜长石的含量为59.4%，角闪石的含量为22.0%。

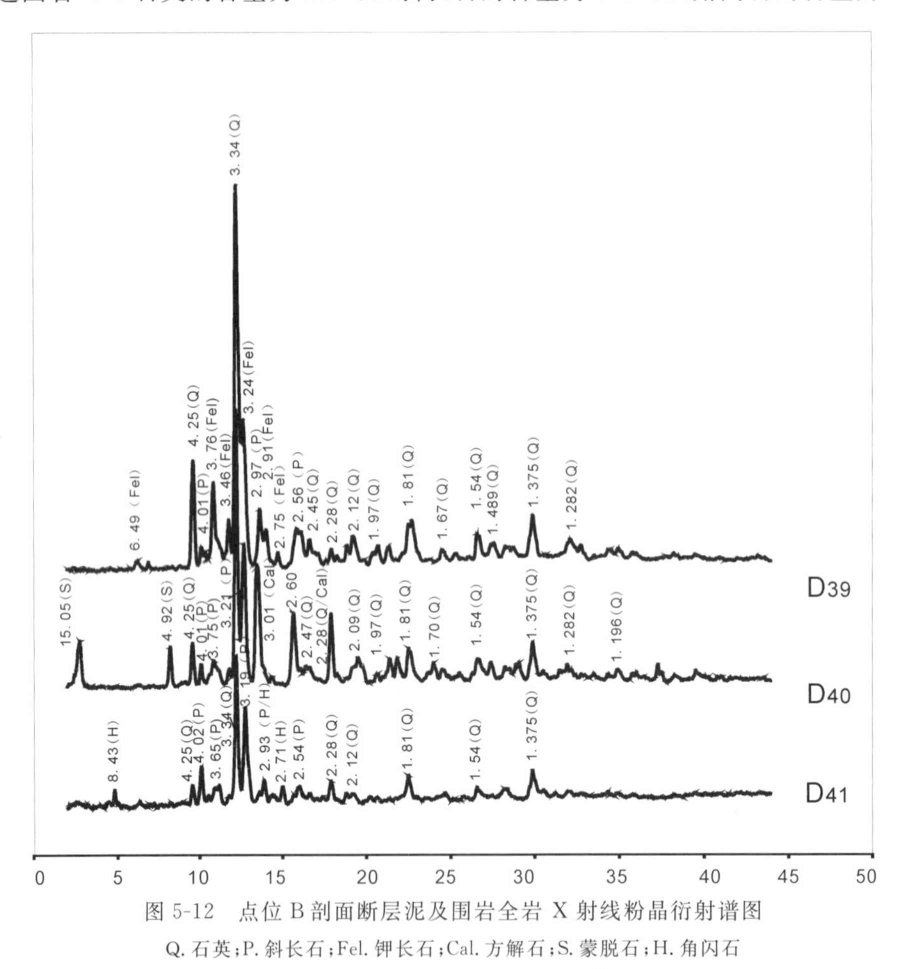

图5-12　点位B剖面断层泥及围岩全岩X射线粉晶衍射谱图

Q.石英；P.斜长石；Fel.钾长石；Cal.方解石；S.蒙脱石；H.角闪石

从分析结果看，在点位C剖面中(图5-13)，断层围岩D42石英的含量为25.3%，斜长石的含量为60.2%，角闪石的含量为8.0%，绿泥石的含量为6.4%。断层围岩D44石英的含量为10.2%，斜长石的含量为40.7%，角闪石的含量为43.6%，绿泥石的含量为1.3%，黑云母的含量为4.2%。断层核心D43石英的含量为23.8%，斜长石的含量为47.7%，角闪石的含

量为 17.5%,蒙脱石的含量为 10.9%。

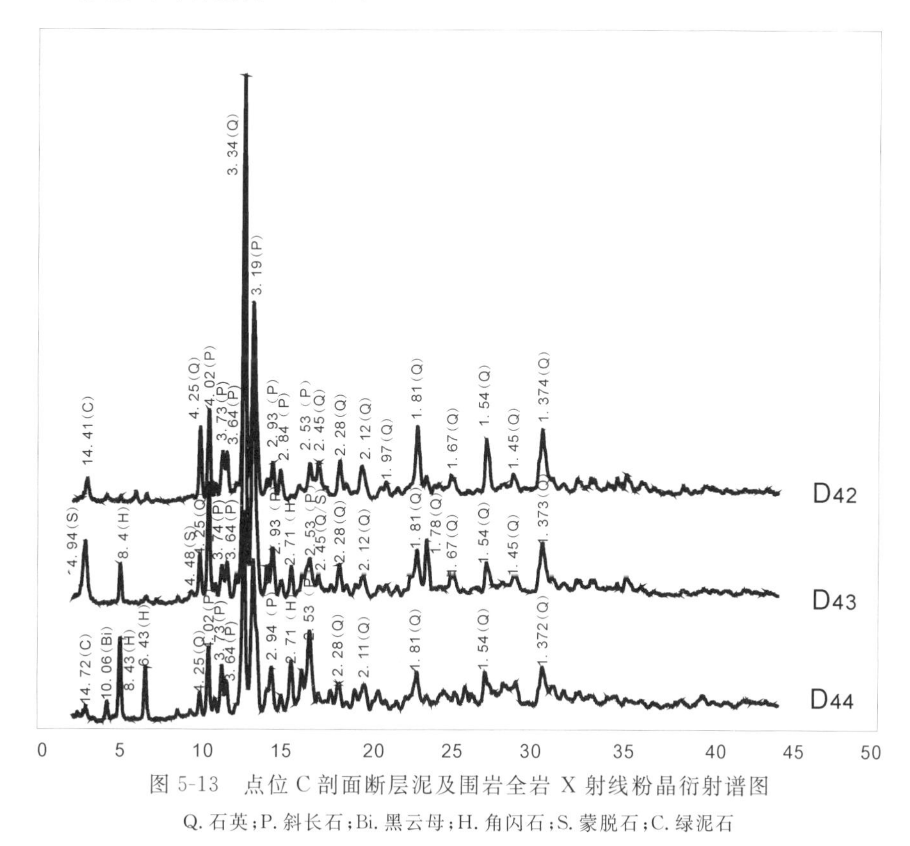

图 5-13　点位 C 剖面断层泥及围岩全岩 X 射线粉晶衍射谱图

Q. 石英;P. 斜长石;Bi. 黑云母;H. 角闪石;S. 蒙脱石;C. 绿泥石

从分析结果看,在点位 D 和点位 E 剖面中(图 5-14),断层泥样品 X90 和样品 X137 都含有较高的黏土矿物和长石。断层泥样品 X90 主要矿物为黏土矿物(65%)和长石(21.1%),主要黏土矿物为蒙脱石(44.1%)、伊利石(11.7%)和绿泥石(9.2%),含少量石英(8.4%)和黄铁矿(5.5%)。断层泥样品 X137 的主要矿物为黏土矿物(62.6%)和长石(32.9%),主要黏土矿物为蒙脱石(50.4%)和伊利石(12.2%),含少量的石英(4.5%)。

从分析结果看,在点位 F 剖面中(图 5-15),岩石原岩长石含量高,最高为 87.9%,断层泥长石含量较围岩高,但黏土矿物相对围岩高,黏土矿物主要是蒙脱石。其中断层围岩 J02B 长石的含量为 87.9%,石英的含量为 8.2%,蒙脱石的含量为 3.9%。断层泥蒙脱石的含量较高,J01 长石的含量为 66.5%,石英的含量为 10.9%,蒙脱石的含量为 22.5%;J02 长石的含量为 83.9%,石英的含量为 5.0%,蒙脱石的含量为 11.2%。

综上所述,红河断裂系断层泥和围岩的矿物组成主要是石英、长石和黏土矿物。此外,南段围岩还含石榴石、矽线石、角闪石、方解石、黑云母等矿物。断层泥中黏土矿物的含量比围岩高。从图 5-16 来看,在点位 A 剖面中,断层泥石英、长石、石榴石、矽线石的含量比围岩低,石英和长石的含量曲线呈“V”形,中间断层泥值低两端围岩高,石榴石和矽线石表现为右端高。而黄铁矿和方解石的曲线表现为倒“V”形,黄铁矿只存在断层泥(D07-2)中,方解石只存在于围岩(D09)中。对于点位 B 剖面,断层泥长石含量比围岩低,含量曲线呈“V”形,中间断层泥值低两端围岩高。石英的含量曲线表现为左高右低,方解石的含量曲线与长石相反,表

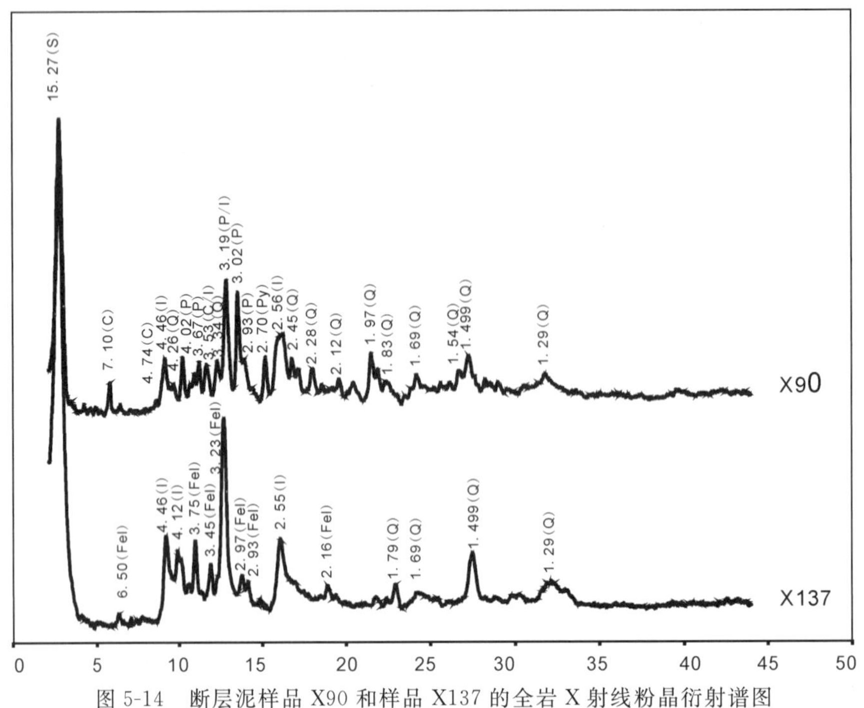

图 5-14 断层泥样品 X90 和样品 X137 的全岩 X 射线粉晶衍射谱图

C. 绿泥石;S. 蒙脱石;I. 伊利石;P. 斜长石;Fel. 钾钠长石;Q. 石英;Py. 黄铁矿

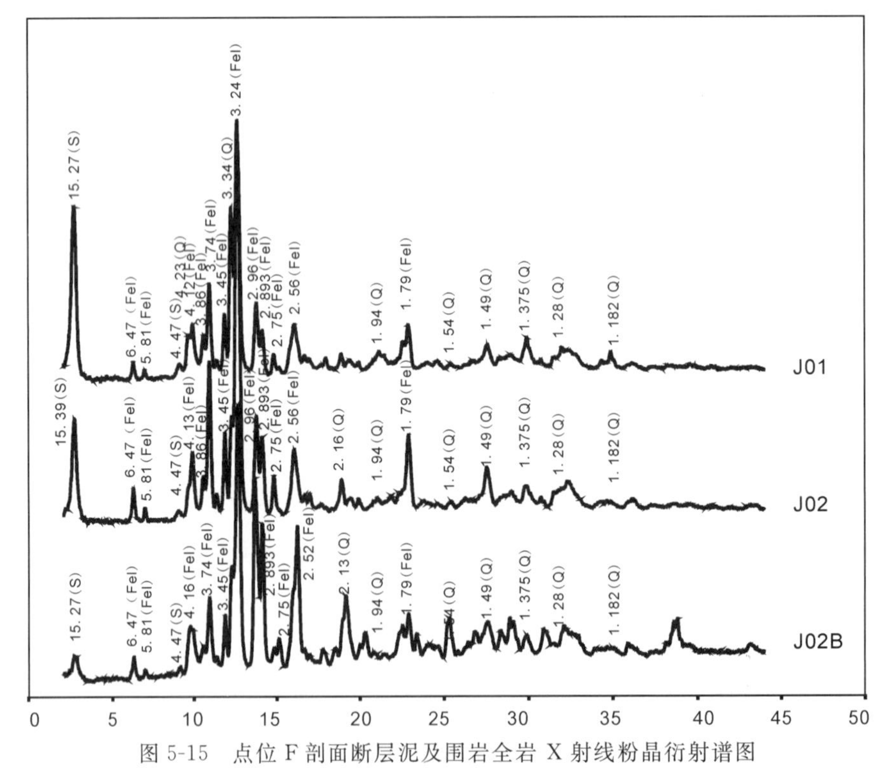

图 5-15 点位 F 剖面断层泥及围岩全岩 X 射线粉晶衍射谱图

Q. 石英;Fel. 长石;S. 蒙脱石

现为倒“V”形，只存在断层泥(D40)中。角闪石的含量曲线表现为左低右高的形态。在点位C剖面中，长石和石英的含量曲线类似，表现为左高右低，角闪石的含量曲线相反，表现为左低右高的形态。点位D和点位E为断层泥，长石的含量曲线表现为左低右高的形态，石英和黄铁矿的含量较低。在点位F剖面长石的含量曲线表现为左高右低的形态，断层泥(J01和J02)值低，围岩(J02B)高，而石英的含量曲线呈“V”形，断层泥J02的石英含量低，而断层泥(J01)和围岩的石英含量较高。

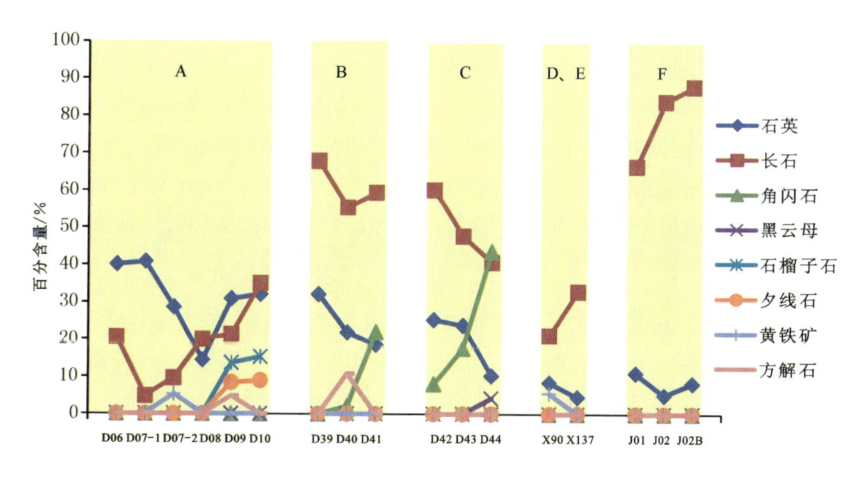

图 5-16 红河断裂系南段和北段断层泥与围岩各剖面非黏土矿物含量对比图

南段断层泥主要有伊利石、绿泥石等黏土矿物，含少量蒙脱石，而北段断层泥的黏土矿物主要是蒙脱石，少量绿泥石，无伊利石。通过南段和北段断层泥的黏土矿物含量对比分析(图5-17)，以红色虚线为界，伊利石和绿泥石的含量曲线左高右低，南段的伊利石和绿泥石较高，北段的绿泥石少；而蒙脱石含量曲线左低右高，北段最高的可达到50%以上。

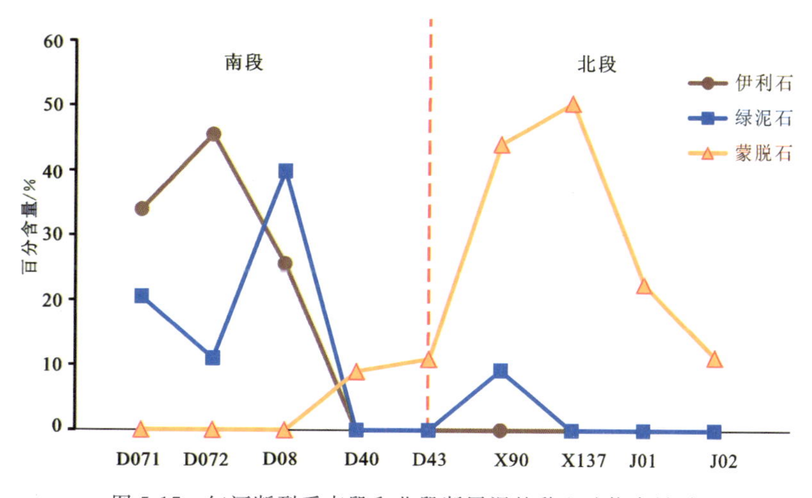

图 5-17 红河断裂系南段和北段断层泥的黏土矿物含量对比

红河断裂系南段和北段断层泥与围岩的矿物组成主要是石英、长石和黏土矿物。此外，南段围岩还含石榴石、矽线石、角闪石、方解石、黑云母等矿物。断层泥中含有的黏土矿物比围岩高。南段断层泥主要有伊利石、绿泥石等黏土矿物，含少量蒙脱石；而北段断层泥的黏土矿物主要是蒙脱石，少量绿泥石，无伊利石。

5.2 典型断裂剖面岩石矿物的微-纳米尺度构造分析

在漫长的地质历史时期，岩石圈中的岩石一直处在动态摩擦和静态摩擦运动状态中，经历反复的构造运动，广泛分布的断裂带、剪切带和层滑带也都是多次活动，在一定的剪应力作用下都显示微观-超微观的结构和构造。因此，可以认为，一些变形的地质体（如断裂剪切带、变质岩带、层滑构造带和成矿-成藏-成震构造带等）是由微观-超微观颗粒构建的形态世界。这些微观颗粒的结构和构造特征对宏观的断裂构造活动具有重要的指示意义。

本书对丽江-剑川断裂断层面上的方解石进行了采样，在扫描电镜（SEM）下对其进行观察分析，扫描电镜观察在华南师范大学实验中心完成。实验观察之前，首先将新鲜样品碎成5mm×5mm大小的薄片状，用导电胶缠绕样品且裸露表面并固定在样品台上，然后用型号为Q150TES的喷金仪器对样品观测面进行喷金，时间为140s，电流为20mA，得到的金膜金粒小于1nm，这样可以增强样品观测面的导电性，提高电镜观测效果。实验观察的扫描电镜型号为ZEISS Ultra 55，探头（det）型号为TLD，加速电压（HV）一般设置为15.00kV。

通过扫描电镜对断层面的观察发现，在微观下，可清晰看到由方解石组成的擦痕和阶步（图5-18），这些都是断层活动的形迹。有些样品在扫描电镜观察下发现，同时发育两组不同方向的擦痕（图5-18b、c），这表明断层在活动过程中，活动方向至少发生过一次变化。由于我们采集的是定向标本，所以微观下发育的阶步同时也指明了丽江-剑川断裂活动方向为南东向。

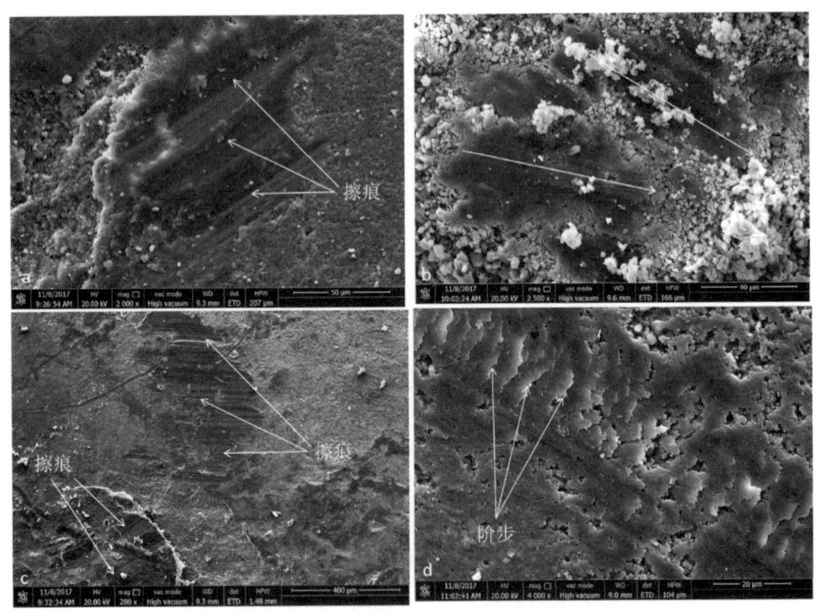

图5-18　丽江-剑川断裂扫描电镜下的擦痕和阶步

b和c显示各有两组不同方向的擦痕；d中阶步指示了对盘的活动方向（向图中的右下角方向）

扫描电镜下另一个观察内容是微观-超微观颗粒的发育情况。断层活动过程中，由于强大的应力和应变作用，断层面上的岩石会发生研磨而形成微米级或纳米级的颗粒。这些颗粒对断层的性质判断有重要的意义。扫描镜下观察发现，断层面上的方解石发育定向性排列(线性)的纳米颗粒，这些纳米颗粒为脆性球粒状，周围岩石小部分可见已被细粒化(图 5-19a)。岩石细粒化是在剪切应力作用下，岩石内部的变形主要由晶体的粒间滑动和粒内滑动造成的。粒间变形首先从矿物的细粒化开始，使岩石的粒度普遍减小，在岩石细粒化的过程中，岩石的矿物颗粒产生粒间滑动，不仅使岩石的结构改变，产生新的岩石结构，而且还使岩石物质成分改变，形成新矿物，在韧性剪切带中组成条带状、条纹状或条痕状构造，在应力作用下，岩石中的矿物也发生粒内滑动，发育变形双晶、扭折、变形纹、位错壁、位错墙等显微-超显微构造。在方解石中能观察到的纳米颗粒毕竟比较少，大部分颗粒被研磨至微米级颗粒，粒径大小较均一，呈脆性分散堆积，广泛覆盖于岩石表面(图 5-19b、d)。大量微米级颗粒出现说明，岩石所受应力有限，还不足以形成纳米级颗粒。另外，个别方解石在扫描电镜下发育有清晰的解理面(图 5-19c)，这可能与方解石发生的重结晶作用有关。

图 5-19　丽江-剑川断裂扫描电镜下微米级和纳米级颗粒发育特征

此外，纳米颗粒在主断层滑动面上具有线状排列特征，呈纳米槽和纳米脊相间分布(图 5-20)，这是断层黏滑运动特征的表现，揭示该断层具有一定程度的不稳定性。

通过以上扫描电镜的观察，定向标本的擦痕、阶步指示了丽江-剑川断裂的活动方向为南东向，并且在活动过程中发生过方向的改变。微米级和纳米级颗粒观察表明，断层面发育大量微米颗粒和少量纳米颗粒，说明丽江-剑川断裂活动过程中，断层面上应力作用较小，不足以使岩石形成纳米颗粒，揭示丽江-剑川断裂的性质为张扭性，断层具有黏滑运动特征和不稳定性。以上的分析结果与地震观测结果相同，即红河断裂北段地震的强度和频率明显高于南段，但同时会受采样位置的影响也会出现不确定性。

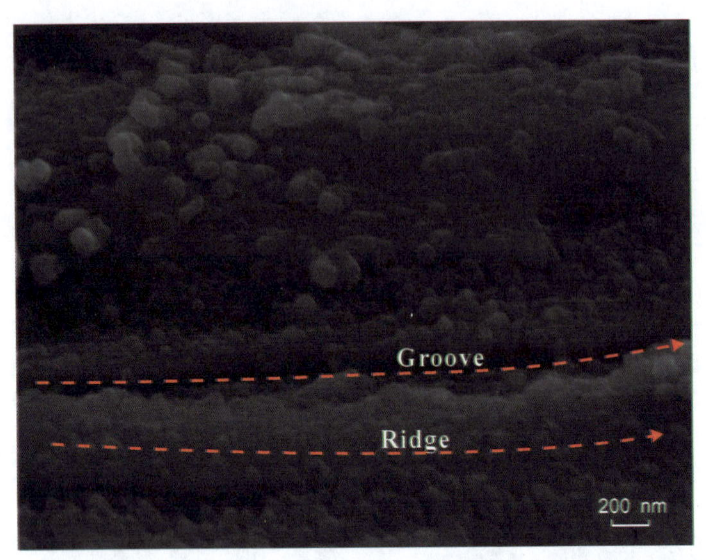

图 5-20　丽江-剑川断裂扫描电镜下纳米级颗粒排列特征

第 6 章　活动断层工程活动性分带的同位素年代学及示踪研究

对于活动断层的活动年龄的测定，可以分为间接测年法和直接测年法。间接测年法是根据研究区内的岩石与断裂的切割关系，确定其上限和下限，因此往往获得较宽的范围，不确定性较大，某种程度上参考意义不大。直接定年法，是通过对断裂活动期的产物进行直接定年，以确定其较为准确的活动年龄。直接定年法的难度一方面在于寻找合适的定年样品，另一方面在于测年技术方法上往往无法获得准确的年龄。活动断层与地震息息相关，地震事件导致地壳浅层甚至地表发育一系列张性断裂，而几乎与此同期活动的热液系统，导致方解石填充到张性断裂中，形成方解石脉。对于方解石的定年，U 系不平衡法已在国内国外有不少成功的案例。方解石的 U 系不平衡法的优点在于直接测定断层活动年龄，精度较高，缺点在于碳酸盐矿物往往低 U，测年成功率较低，同时受同位素 U-Th 同位素半衰期影响，往往较老（>500ka）的活动断裂无法通过方解石的 U-Th 法给出较为准确的年龄（图 6-1）。

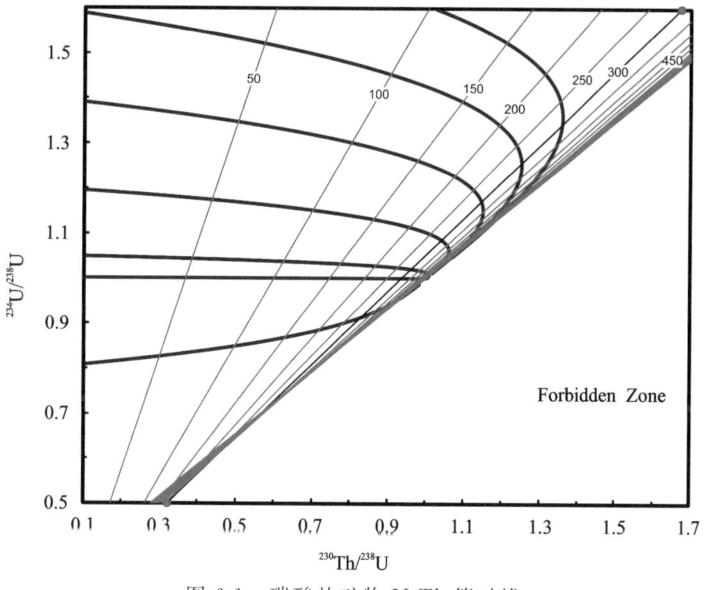

图 6-1　碳酸盐矿物 U-Th 等时线

此外，对于活动断裂的活动时期，热液物质来源至关重要。填充在断裂带内部的方解石的碳氧同位素分析是研究活动断裂带内的流体来源及后期改造重要的方法手段，对其流体来源及演化有重要的指示意义。龙蟠-乔后断裂带、丽江-剑川断裂带、鹤庆-洱源断裂带是香炉山地区极为重要的 3 条具有走滑性质的断裂带，其活动时间跨度长，活动周期频繁，断裂演化复杂，因此对于这 3 条断裂带内不同位置方解石的 U-Th 测年，是揭开其构造演化的重要窗口。3 条断裂带内的野外样品采集如图 6-2 所示，方解石的 U-Th 测年及碳氧同位素的分析结果如表 6-1所示。

图 6-2　3 条断裂带野外样品采集情况及年代学

表 6-1　香炉山地区主要断裂带方解石 U-Th 测年及碳氧同位素分析结果

断裂带	活动年龄/ka	$\delta^{13}C/‰$	$\delta^{18}O/‰$
龙蟠-乔后断裂带	147～707	−3.61～2.61	−16.91～−3.48
丽江-剑川断裂带	1.25～714	−9.49～1.26	−18.99～−3.49
鹤庆-洱源断裂带	47.9～641	−11.62～0.40	−18.37～−2.15

6.1　龙蟠-乔后断裂带方解石同位素年代学和碳氧同位素示踪

龙蟠-乔后断裂带为北北东走向，断裂带形成于古生代，中生代强烈活动，新生代早期以挤压-逆冲运动为特征，晚期以拉张-走滑运动为主，沿带有玄武岩和苦橄岩溢出。断裂带内发育一系列张性断裂，热液活动频繁，区内发育多条方解石脉体，且方解石较为纯净，是进行

U 系不平衡测年的理想材料。测年结果显示，除部分样品低 U 或 U 丢失外，断裂带内方解石的年龄介于 147～707ka 之间(图 6-3a)，部分样品集中在 400～500ka，形成 447ka、485ka 和 522ka 的 3 个主峰值，说明龙蟠-乔后断裂带主要在中更新世活动，其中 447～550ka 可能存在至少 3 期较为强烈的断层活动事件。碳氧同位素结果表明，$\delta^{13}C$ 介于－3.61‰～2.61‰之间，极个别样品为负值，而 $\delta^{18}O$ 介于－16.91‰～－3.48‰之间。碳氧同位素特征显示，龙蟠-乔后断裂带的方解石碳氧同位素偏离大气降水，也远远偏离地幔碳酸岩区域，说明流体并非来自于大气降水，通过普遍负的氧同位素特征推测其流体来源可能来源于深部物质。因此龙蟠-乔后断裂带内的碳酸盐物质的来源可能是以深部热液为主，其中大气降水的贡献较小，同时可能受到了深部气体的影响和改造(图 6-3b)。

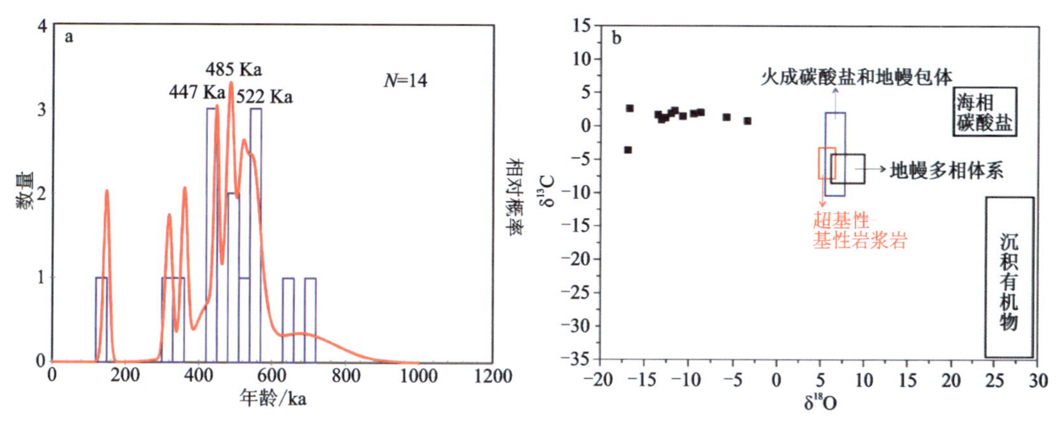

图 6-3　龙蟠-乔后断裂带方解石年龄频谱图(a)和碳氧同位素图解(b)

6.2　丽江-剑川断裂带方解石同位素年代学和碳氧同位素示踪

丽江-剑川断裂是滇西北高原上的一条北东向活动构造带，它西南始于剑川，向东北经丽江、宁蒗西北的宝地、天生桥、盐源木里后，在石棉一带与安宁河断裂相交。断裂总体走向北东东，全长约 360km 。方解石 U 系不平衡测年结果显示，该断层的活动时间跨度较长，在 1.25～714ka 之间(图 6-3a)。该断裂带内，在剑鹤公路上可见产状近直立的断层，走向近南北向，断层内充填了后期灌入的红土，在断面上，发育有大量具有生长纹层的白色方解石脉，其中主要有两期，早期为 173.9～141.7ka，晚期为 131.9～112.9ka，都是在更新统晚期。剑川东的方解石 U 系不平衡测年结果显示，该区主要有五期断层活动，第一期 600～300ka，第二期 180～120ka，第三期 76ka，第四期 50ka，第五期 1.25ka。总体而言，丽江-剑川断裂带的主要活动时间介于 200～30ka 之间，在此期间断裂活动较为强烈，在约 80～70ka 之间达到活动高峰期(图 6-4a)。碳氧同位素结果显示，丽江-剑川断裂带内的方解石脉的碳氧同位素基本都为负值，且变化较小。氧同位素低至－19‰，推测该区的热液物质主要来自于深部的热液，可能受到后期流体(如大气降水)交换改造(图 6-4b)。

6.3 鹤庆-洱源断裂带方解石同位素年代学和碳氧同位素示踪

前人研究表明,鹤庆-洱源断裂带形成于早古生代,其后经历多次活动,沿线发育一系列自西北向东南的推覆构造和褶皱带,宽几十米至几百米。新构造期以来,断裂活动性质既表现为左旋走滑,又有张性正断层特征。左旋走滑表现在沿断裂发育的水系、山脊、冲沟、洪积扇等被左旋扭错,张性活动表现在断裂带上的盆地附近第四纪正断层发育。鹤庆盆地南端文明村水库大坝附近见第四系中发育有正断层。方解石 U 系不平衡测年结果显示,鹤庆-洱源断裂带南段断裂活动年龄介于 641~47.9ka 之间(图 6-5a),大量样品集中在 80~70ka 之间,表明鹤庆-洱源断裂带南段活动时间长达至少 60~50ka,其中 80~70ka 可能是一期较为强烈的断裂活动。碳氧同位素测试结果显示,鹤庆-洱源断裂带南段发育的方解石脉碳氧同位素变化较大,但大多为负值,极个别的样品为正值,但也接近 0,值得注意的是碳同位素低至 −11.3‰,氧同位素低至 −18‰,由此推测其热液系统的物质来源可能是大气降水和深部物质的混合,而具有较低的碳氧同位素的样品,很有可能受到深部释放的 CO_2 的影响(图 6-5b)。

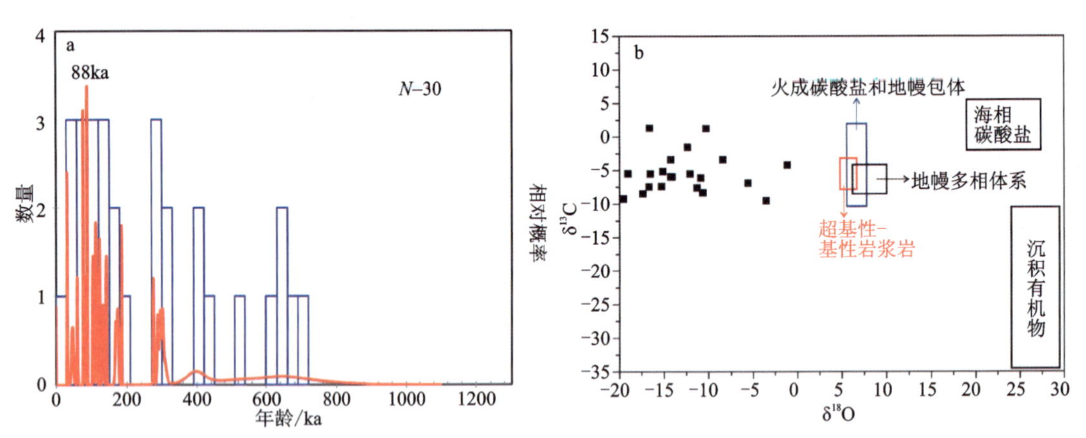

图 6-4 丽江-剑川断裂带方解石年龄频谱图(a)和碳氧同位素图解(b)

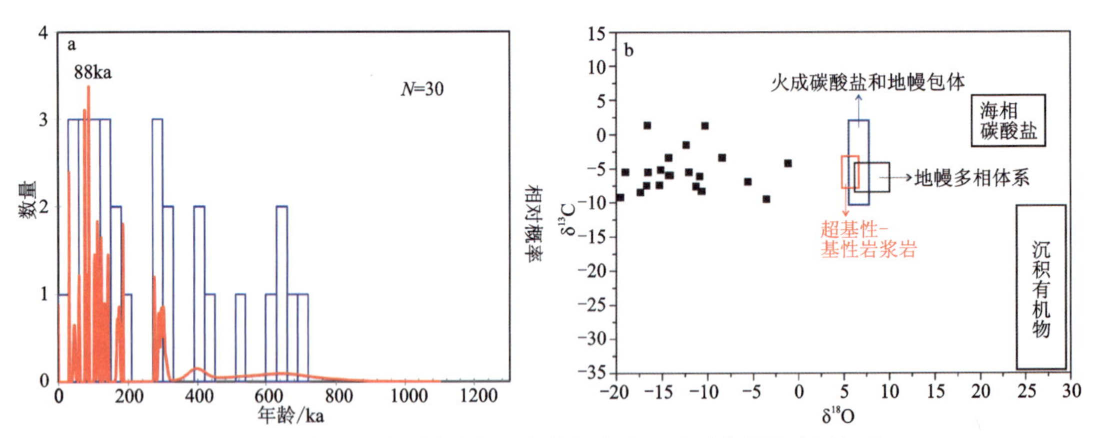

图 6-5 鹤庆-洱源断裂带方解石年龄频谱图(a)和碳氧同位素图解(b)

第 7 章　断层活动速率研究

断裂滑动速率是断裂活动强度的重要标志。一般而言，断裂滑动速率越大断裂活动性就越强烈，发生地震的震级也就会越大。同时，速率值也是计算未来预定时间内断裂可能发生的位错量大小的主要依据。所以，对断裂滑动速率的研究是地震地质工作中最重要的一环。一条活动断裂现今保留的位移总量包含着间歇式突出性位错(同震黏滑)和震间断层缓慢运动位错(蠕滑)两种运动成分，即一个时期内的断层地质位移量大体上等于此阶段内的地震位错量和断层蠕动量。

7.1　龙蟠-乔后断裂(F10)

前人对龙蟠-乔后断裂带进行过综合研究，滑动速率的计算主要依据断错地貌(山脊、水系、阶地、洪积扇等)位移量及其相关年代数据获得(虢顺民，2001)。野外调查获得的水平位错资料较为丰富，计算的水平滑动速率数据精度较高，应是说明断裂活动度的主要依据；获得的垂直位错资料因保存不好而较少，计算的滑动速率精度也稍差，但也可作为断裂活动度标量的重要参考。在多数情况下，本研究区可用断裂较小的侧伏角(20°左右)通过水平位错速率计算出其相应的垂直滑动速率。前人在该断裂带所做的工作研究表明，该断裂带垂直运动速率 0.05～0.41mm/a，变化范围较大；水平运动速率从 2.7～6.45mm/a，不同分段区速率各不相同(表 7-1)。中国地震局在前期工作基础上对该断裂带进行详细的分段研究，主要分为 5 段(表 7-2)，从北到南依次分为中甸段、小中甸段、中和-白汉场段、剑川段和塘上村段，水平位错速率南、北段高于中间段，垂直位错速率南、北段明显高于中间段，在地貌特征上具有较明显的表现。由于前人所使用的测年方法以及测量位错距离都是使用常规的方法，因此在速率计算至少存在较大误差，应综合考虑合理确定，从保障工程安全的角度合理取值。

表 7-1　龙蟠-乔后断裂带前人研究资料统计表

断裂名称	数据来源	走滑速率(水平运动)/(mm·a^{-1})	垂直运动速率/(mm·a^{-1})	活动时间	研究方法
龙蟠-乔后断裂	向宏发等(2002)	3.10～6.45	0.05～0.13	中更新世中期以来	用阶地位错及定年来研究断裂的滑动速率
			0.13～0.24	中更新世末期以来	
			0.20～0.45	晚更新世以来	
	汤勇(2014)	2.7	0.41	第四纪以来	根据阶地野外实测地形数据和断层样品放射性碳年龄测定的数据

表 7-2 中甸-龙蟠-乔后断裂带晚更新世以来断裂位错速率一览表

断裂段（二级分段）		位错体编号	位置	位错体	位错量/m		位错时代/a	位错速率/(mm·a⁻¹)		断裂段平均位错速率/(mm·a⁻¹)		备注
					水平	垂直		水平	垂直	水平	垂直	
益司-大马场段(Ⅰ)	中甸段(F5-1)	1	从古龙	冲沟 1	64		13 300±1000	4.47	0.75			断错 Q_3^1 砂土，年龄为 10 万年(位错体4)断错 T_3 阶地，年龄为 5 万年(位错体 5)
		2	从古龙	冲沟 2	61		13 300±1000	4.26				
		3	达拉	山脊	51	9	14 200±1100	3.3		3.32	0.75	
		4	乃日南	河流	215		100 000	2.15				
		5	中甸中学	山脊	96		50 000	1.92				
	小中甸段(F5-2)	6	明租	T_1T_2阶地	25		15 500±1200	1.6	0.32	1.21	0.32	
		7	明居	山脊	210	6	235 100±18 600	0.83				年龄据地震局地质所(1997)
		8	下宗	冲沟 1	46		15 500±1200	2.9				
		9	塘安平	冲沟 2	70		25 800±2000	2.7				
三家村-白汉场(Ⅲ)	中和-白汉场段(F5-5)	10	齐平渡口	冲沟	60		55 000	1.09				断错 T_3 阶地
		11	鸿文北	冲沟	100		117 500	0.85				
		12	新文	冲沟	21		50 600±4000	0.41				
		13	中南村	冲沟	26		50 600±4000	0.50	0.13	0.45	0.13	
		14	子米罗	冲沟	18.5		50 600±4000	0.36	0.12			断错 T_3 阶地
		15	杜吾	冲沟	14	7	25 800±2000	0.54				断错次生红土(Q_3^1)
		16	北高塞	冲沟	92	6	100 000	0.92				
		17	九河东	冲沟	75		50 600±4000	1.48				国家地震局地质所(1990)
		18	九河	夷平面			2 400 000		0.31			
		19	新海邑北	山脊	130		100 000	1.3		1.17	0.31	断错黄土(Q_3^1)
		20	河东村	山脊	98	750	100 000	0.98				断错黄土(Q_3^1)
		21	河东村	河流	105		100 000	1.05				断错黄土(Q_3^1)
		22	甸心东	山脊	310		235 100±18 600	1.31				断错黄土(Q_3^1)
白汉场-乔后段(Ⅳ)	剑川段(F5-6)	23	剑川	夷平面			2 400 000		0.44			国家地震局地质所(1990)
		24	后箐	阶地			70 000		0.38			
		25	后箐	山脊	310	1050	140 000	2.28				
		26	后箐	冲沟	12	25	3570±100	3.36		2.7	0.41	
		27	桃园	河流	960		350 000	2.7				
		28	江长门	河流	131		50 600±4000	2.58				
		29	江长门	山脊	132		50 600±4000	2.60				断错 T_3 阶地
	塘上村段(F5-7)	30	江尾	山脊	85	15	25 800±2000	3.29	0.58			
		31	江尾	河流	220		66 200±5500	3.33		3.03	0.43	
		32	塔坪	山脊	185	18	66 200±5500	2.79	0.27			
		33	塔坪	冲沟	180		66 200±5500	2.71				

综合研究分析认为，龙蟠-乔后断裂具长期的活动历史，在不同时期均具有一定的蠕滑活动性质，断裂控制中甸、小中甸、剑川等一系列第四纪盆地的发育，沿断裂湖泊、沼泽呈线性分布。沿断裂带断层地貌清楚，断层陡崖、断层谷、断错水系、断错山脊等多处可见。结合中国地震局地质所研究成果认为，香炉山隧洞穿过龙蟠-乔后断裂中和-白汉场段的右旋走滑运动速率为 1.0～3.3mm/a，中值 2.2mm/a，垂直运动速率 0.13～1.31mm/a，以左旋走滑运动为主。该活动断裂是一条中强地震活动带，历史上发生多次 5 级以上地震，其中在剑川曾发生两次 6.25 级地震。

7.2 丽江-剑川断裂(F11)

丽江-剑川断裂是小金河-丽江断裂带的西南段。自西南向东北可分为剑川-文治断裂段、丽江-老白渣断裂段、栗楚卫断裂段、大坪子-金棉断裂段、卧罗河断裂段、小金河断裂段。各断裂段以左旋剪切挤压逆冲运动为主，总体表现为一左旋挤压剪切活动断裂带（向宏发，2002）。过水段为剑川-文治断裂段，长 48km，以左旋剪切运动为主，沿断裂发育有断层陡坎、断层槽谷及水系和盆地的左旋位错；丽江-老白渣断裂段有明显的挤压逆冲及水系、冲洪积扇的左旋位错；大坪子-金棉断裂段可见断层槽谷、断层陡崖及水系左旋位错现象。

在沿断裂分布的第四系中发育有一系列第四纪新断层，切穿了晚更新统。如南溪盆地担渎村东北，断裂左旋断错小冲沟，位错量分别为 8m 和 20m，且断层错断了 I 级阶地堆积物。区内阶地测年资料表明，I 级阶地（T_1）的年龄为 6.32×10^3a，表明此点断裂 20m 水平错距应发生在 6.32ka BP 以后，可以计算该断裂左旋水平位错的下限值为 3.10mm/a。在金沙江树底北 1km 金沙江边，断层错断了金沙江Ⅱ级阶地（T_2）砾石层堆积物，根据区域阶地测年资料，该阶地沉积发生于晚更新世，说明断层在晚更新世有过最新活动。据丽江盆地的左旋位移量及其形成时代，求得距今 200 万年以来断裂的位移速率为 3.7mm/a。据新近纪沉积的吉子盆地和南溪盆地被断裂左旋位错 7600m，求得第四纪以来断裂位错速率为 3.8mm/a。据长坪—母猪达之间水系、山脊和小型盆地左旋位移量及其发育年代，求得晚更新世以来断裂平均水平位移速率为 2.6～4.0mm/a，平均 3.3mm/a(表 7-3)；全新世以来断裂的左旋位移速率为 2.0～5.0mm/a，平均 3.5mm/a；断层中更新世以来的垂直位错速率为 1.0～1.3mm/a。

丽江西南的南溪担读一带全新世左旋位错全新世洪冲扇及发育在洪冲扇上的冲沟有可靠的测年数据支撑，考虑到资料的准确度且与专题研究段很靠近，我们把这一地点断裂平均位错速率 3.2mm/a 作为专题研究段的水平位错速率。这一数值与其他地段及第四纪以来的断裂水平位错速率(3.7～3.8mm/a)也具有较好的一致性，表明该断裂段的左旋位错在量值上具有长期的相对稳定性。本项研究的丽江-剑川断裂活动段，全新世以来断层的左旋位移速率为 2.0～5.0mm/a，平均 3.5mm/a。由表 7-3 可知，不同的地方采用不同的方法计算的结果有一定的差别，而造成该断裂带计算出不同的走滑和垂直运动速率的原因有较多方面，一是研究方法不同、测试方法不同，导致误差的存在；二是对于位错距离的识别存在不同的研究方法，遥感影像、GPS 观测、盆地切割等，多方面造成了误差的存在；还有就是对于一条带上不同的点位采集的样品，所计算的数据也不同，应该进行详细的矿物学分段区分。

应综合考虑合理确定，从保障工程安全的角度合理取值，全新世以来断层的左旋位移速率为 2.0～5.0mm/a，平均 3.5mm/a。

表 7-3　丽江-剑川断裂带第四纪以来断裂位错速率一览表

断裂名称	数据来源	走滑速率(水平运动)/$(mm \cdot a^{-1})$	垂直运动速率/$(mm \cdot a^{-1})$	活动时间	研究方法
丽江-剑川断裂	国家地震局	1～2	1～2	第四纪以来	水系位错和冲沟扭动地点位错及^{14}C数据测年
	申重阳等(2002)	11.1	1.9		1999－2001 年 GPS 观测数据(最小二乘法)
	韩竹军(2004)	1.38	2.74	晚更新世以来	分析各处阶地位错
	向宏发等(2002)	3.7～3.8	1.0～1.3	中更新世以来	沿断裂带盆地相距距离和切错时代与盆地复位分析估算
		2.6～4.0		晚更新世以来	阶地错断、光释光和^{14}C定年
		2.5～5.0	1.0～1.5	全新世以来	
	徐锡伟等(2003)	3.1～4.5	0.5～0.7	全新世以来	根据全站仪野外实测地形数据和断层样品放射性碳年龄测定的数据
	Shen(2004)	3			199 年起 5 年间 GPS 观测数据
	王阎绍(2008)	4.2～6.6	0.5～4.1		根据近年来的 GPS 数据
	向宏发(2002)	3.7			第四纪以来的位错及碳年龄测定的数据

7.3　鹤庆-洱源断裂(F12)

研究区内的鹤庆-洱源断裂带位于川滇菱形块体西南缘，滇中次级地块西北隅的大理和丽江境内，呈北北东方向展布，自西南洱源盆地西缘起，向北东经老虎箐、后本阱、松村曲，进入鹤庆盆地后沿盆地西边界和东边界延伸。沿西边界经赵屯、辛屯、新民村、保吉村，然后与小金河-丽江断裂（区内称丽江-剑川断裂）相交，沿东边界经北西村、三义村，止于关坡附近。全长 108km，宽 3～7km（图 7-1）。

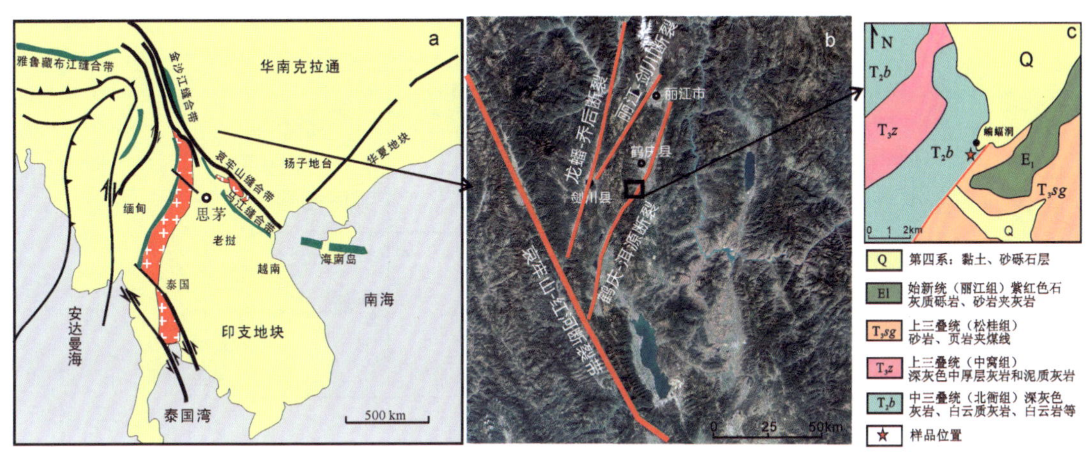

图 7-1　研究区区域地质构造简图

采用传统的被错断地层、水系的水平向及垂直向错距及被错断地层年龄等地质信息分析认为，鹤庆盆地西边界断裂（F3-1）晚更新世以来的左旋位移速率为 2.2～2.5mm/a，东边界断裂（F3-2）为 2.5～3.0mm/a，两条断裂的垂直位移速率约为 0.7～0.8mm/a。鹤庆-洱源断裂南段基岩段断层活动时代为全新世，其水平左旋走滑运动速率为 2.5～3.0mm/a，垂直滑动速率为 0.7～0.8mm/a。本书根据区域断裂地层特征，选用碳酸岩 U 系测年的方法对该断裂的活动速率进行了复合性研究。

研究区地层沉积特征具有地台型特征，区内出露地层较齐全，除寒武系外，其余地层均有出露。基底地层岩性为元古界变质岩。盖层地层岩性主要有下古生界下奥陶统砂页岩，主要分布于洱海以东以及剑川—洱源一带；上古生界泥盆系碳酸盐岩及石炭系碳酸盐岩，主要分布在剑川—洱源一带；二叠系碎屑岩及峨眉山玄武岩组，主要分布在剑川—牛街—大理一线及鹤庆东部地区；三叠系碳酸盐岩、碎屑岩主要分布在鹤庆东山及松桂、北衙一带，主要是北衙组，岩性以灰岩、白云质灰岩为主，部分夹泥灰岩，松桂组主要以石英砂岩、长石砂岩为主，夹黏土岩或粉砂质黏土岩，中窝组主要分布在研究区西北部，岩性为深灰色灰岩和泥质灰岩；新近系碎屑沉积岩，主要分布在鹤庆东山一带；第四系主要为残坡积、冲洪积堆积物，分布于洼地、缓坡、河谷和山间盆地。区内岩浆活动较强烈，从海西期—喜马拉雅期均有活动，酸性、基性、超基性和中性岩浆岩均有出露，多沿区域长大断裂分布。研究区内主要出露三叠纪碳酸盐岩地层（图 7-2），因此本次研究的对象为中三叠统北衙组（T_2b），样品位置见图 7-1c，岩性为灰岩溶洞中的鹅管（图 7-3a、b），鹅管长约 1.5cm，表面呈土黄色，新鲜面为乳白色，适合作为碳酸岩 U 系测年的理想对象。

样品处理及测试工作在澳大利亚昆士兰大学放射性同位素重点实验室完成。本次实验测试有两个结果，样品结果如表 6-1 所示，通过计算得出枯竭溶洞内的鹅管年龄为 87.61～87.10ka（图 7-4）。

鹤庆-洱源断裂带位于滇西北活动断裂系的中心部位，是该区域活动断裂系的重要组成

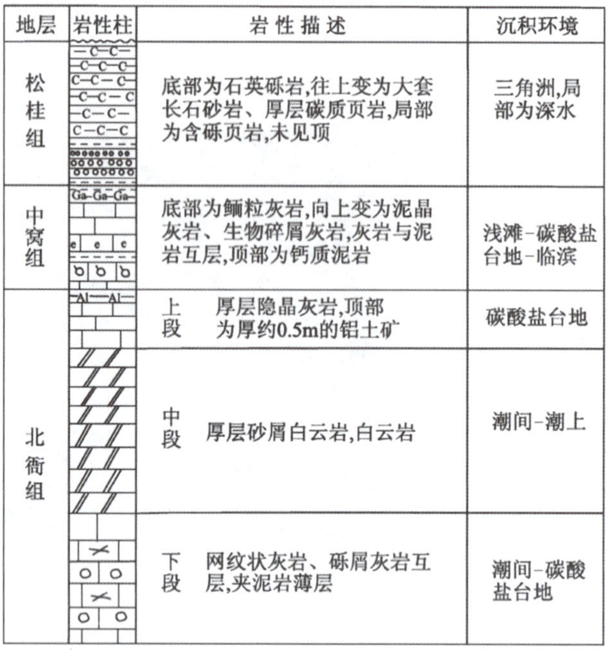

地层
岩性柱
岩性描述
沉积环境
松桂组
底部为石英砾岩,往上变为大套长石砂岩、厚层碳质页岩,局部为含砾页岩,未见顶
三角洲,局部为深水
中窝组
底部为鲕粒灰岩,向上变为泥晶灰岩、生物碎屑灰岩,灰岩与泥岩互层,顶部为钙质泥岩
浅滩-碳酸盐台地-临滨
北衙组
上段
厚层隐晶灰岩,顶部为厚约0.5m的铝土矿
碳酸盐台地
中段
厚层砂屑白云岩,白云岩
潮间-潮上
下段
网纹状灰岩、砾屑灰岩互层,夹泥岩薄层
潮间-碳酸盐台地

图 7-2　研究区三叠系地层序列

a
海拔高程 2450m
b
c
此处为蝙蝠洞地下河洞口
海拔：2240m

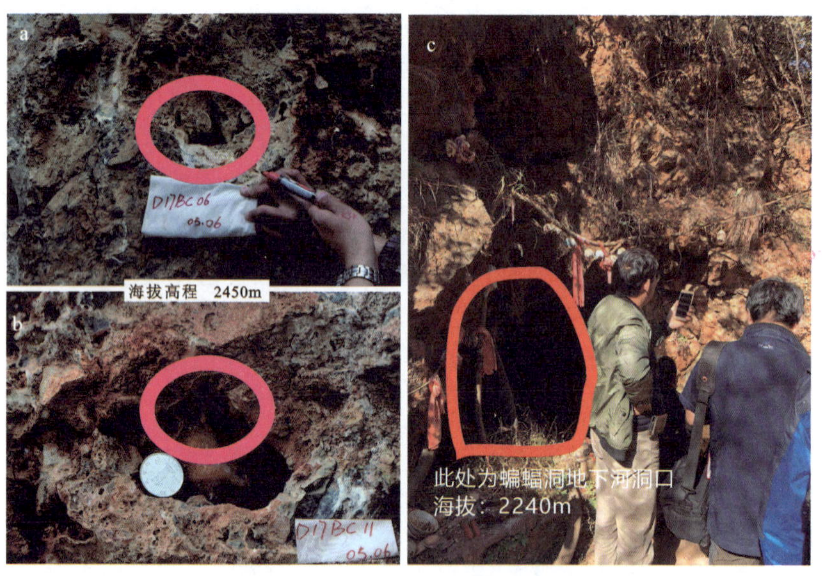

图 7-3　样品采集野外照片(a、b)和蝙蝠洞地下河洞口(c)

部分(Wang et al.，1998;沈晓明等,2016),因此对其构造性质、活动特征以及构造运动历史的认识可以为识别和理解该地区构造运动提供直接证据,还能够为研究该地区的构造变形、构造运动机制等提供重要资料。由于印度板块与欧亚板块碰撞引起青藏高原地壳增厚和强烈隆升,而在这一驱动力的作用下,滇西北地区经历了复杂的构造演化过程(杨尖絮等,2013),滇西北地区从晚更新世以来开始强烈构造隆升,主要分为块断式(玉龙雪山、点苍山为代表)、线带式(高黎贡山等代表)和阶梯式隆升(李峰和薛传东,1999)。强烈构造隆升同时,

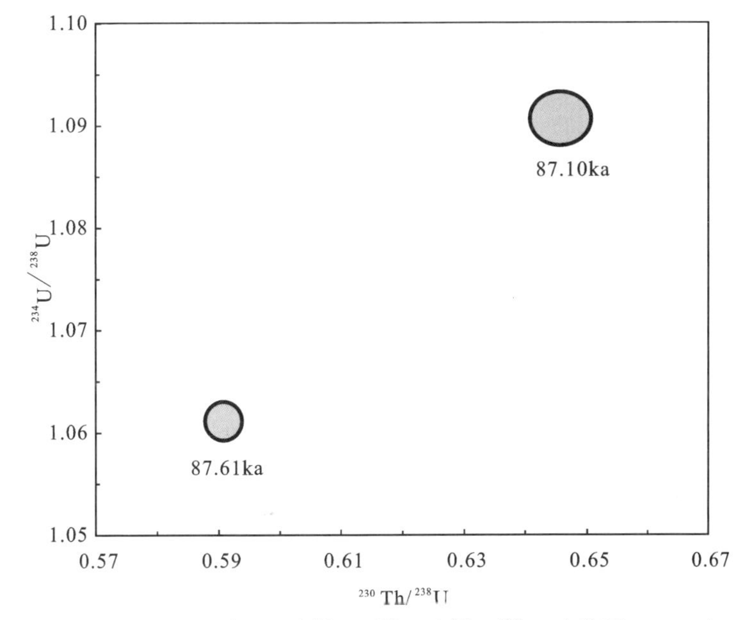

图 7-4　碳酸盐岩^{230}Th/^{238}U 和^{234}U/^{238}U 比值图

表现出构造差异性特点，北部隆升幅度大于南部地区，时间上从晚更新世以来隆升速度有明显加剧的趋势（冉康勇等，1991）。前人对剑川县南部进行研究表明，其构造隆升速率从0.83mm/a（晚更新世）变化到大于4mm/a（全新世），但是截至目前对鹤庆地区的构造隆升速率还未有报道。计算构造隆升速率，活动时间是关键问题，前人对于第四纪地层的年代学测试方法主要集中于^{14}C、光释光、热释光以及K-Ar方法，但是这些测试方法都有自己的局限性和弊端，而近年来发展起来的U系不平衡法，测年范围几百年到500～600ka，从而可以准确提供地球数十万年以来的各种信息演化历史，填补了^{14}C和K-Ar法之间年龄测试的空隙。20世纪90年代，Luo等（1997）首次将多接收电感耦合等离子质谱（Multi-collector Inductively Coupled Plasma Mass Spectrometry，MC-ICP-MS）用于U系测年，比之前的TIMS方法需要更少的样品，大大缩短了测试时间，测年上限超过0.6Ma（Hellstrom，2003；Goldstein，2003），有效提高了测试精度，可以进行微区测年（程海，2002）。前人对鹤庆-洱源断裂带做过部分调查和研究，取得了若干新资料、新认识，但是工作重点主要集中在断裂带以北的丽江盆地、鹤庆盆地以及洱源盆地（王晋南，1990；韩竹军等，1991，2005；林爱文，1997），而对断裂带中部连接鹤庆和洱源盆地的基岩山区，由于地形起伏较大，第四纪地层覆盖面积较小，整体研究程度较低。

但是，青藏高原作为目前地球科学工作的重点研究对象，自新生代以来，持续造山活动对周缘板块的伸展变形产生了重要的影响。例如，东北缘的远程效应可以越过祁连山-秦岭造山带达到华北地块南缘；同时向东扩张直接影响龙门山逆冲断裂带和四川盆地的构造格局，对盆地的构造演化和矿产资源分布产生了重要影响。滇西北地区紧邻青藏高原东南缘，不可避免地会受到青藏高原扩张的影响。前人在滇西北地区进行过多方面构造隆升速率计算和断层活动速率研究（表7-4），王凯元等（1983）计算得出玉龙雪山地区上更新世—更新世初期的构造隆升速率为0.3mm/a，晚更新世以来为1.7mm/a，现代大于4mm/a；冉康勇等（1991）

对剑川南部计算得出更新世以来为0.83mm/a;李峰和薛传东(1999)认为第四纪以来,滇西北地壳活动增强,山脉的构造隆升速率从全新世以前的0.3～1.7mm/a变为全新世以来的2～7.1mm/a,构造变形速度加快,地震活动强度加剧,与青藏高原构造隆升变化趋势相同,但是后者速率更快,这可能与其更靠近板块最后碰撞带有关(闵隆瑞,1995;张人权等,1998;李峰和薛传东,1999)。本书选取的北衙组地层中干涸溶洞内上层盖板产生的鹅管,其年代代表了地层构造隆升的初始年龄,也就是由于构造隆升所导致的地下水被错断而使得鹅管没有继续发育形成石笋。碳酸岩U系测年法确定其形成时代为87.61～87.10ka,并且现今溶洞地下水出口的海拔高程为2240m,取样的干涸溶洞海拔高程2450m,北衙组8万年时间内抬升高度约210m,因此得出其抬升速率约2.40～2.41mm/a。受下地壳流和剪切作用的双重影响,青藏高原向东扩张,但是在四川盆地刚性基底的阻挡下及华南板块的旋转作用,青藏高原开始向南东方向扩展,激发了点苍山及哀牢山-红河断裂带的活动。这一构造活动的转换对云南丽江地区的地形地貌及断裂分布起到重要控制作用。本次研究获得的约87ka的鹅管可以解释为对滇西地区乃至青藏高原东南缘现今持续活动的重要响应。综合区域第四纪地壳运动和现代地震活动发展趋势认为,未来该区内断裂活动、地壳隆升、变形、地应力积聚等会加快,导致地震频度和强度增加,区域稳定性因此越来越多,在这种情况下,对城市规划、国家重大工程建设等就必须要充分考虑这一地质背景因素。

表7-4 鹤庆-洱源断裂带前人研究资料统计表

断裂名称	数据来源	走滑速率(水平运动)/(mm·a^{-1})	垂直运动速率/(mm·a^{-1})	活动时间	研究方法
鹤庆-洱源断裂	沈晓明(2016)	6.5		中更新世以来	分析各处阶地位错,光释光和^{14}C定年
	李峰和薛佳东(1999)		2～7.1	全新世以来	
	Allen(1984)	2～5 4.5			第四纪以来的位错及碳年龄测定的数据
	魏永明(2017)	0.2～2.0	0.17～0.67	晚更新世以来	高精度DEM数据和GPS实测,阶地

根据碳酸岩U系测年,可以得到断层两侧的抬升速率差为2.40～2.41mm/a,与2～7.1mm/a的研究成果近似,综合考虑该区域的构造地质背景,断裂的现今活动表现为左旋走滑兼拉张正断的性质,且以走滑为主,确定该断裂全新世以来的垂直滑动速率为0.7～0.8mm/a。

第 8 章　活动断层工程活动性计算机数值模拟

8.1　数值模拟软件介绍

地壳和岩石圈的构造作用总是沿先存薄弱带发生，因为薄弱带的抗压、抗张和抗剪切强度最小，这就是为什么一条断裂带会发生多期构造活动的原因。我们以此为依据，以野外地质调查为基础，建立相应的地质模型，就可以利用计算机技术预测将来发生挤压、拉张或剪切作用之后，在地质模型中会在什么部位发生构造变形。

本研究采用在断裂构造、应力场等模拟方面都相对成熟的 FLAC 数值模拟软件。FLAC 软件是美国 Itasca Consulting Group Inc. 研发的一种岩石力学显式有限差分计算软件，它采用快速拉格朗日求解模式，除了满足一般性应力-应变分析外，本质上更适合于固体介质的大变形、或破坏行为(过程)研究。它包含一个强有力的内建程序语言 FISH，利用 FISH 可以写自己的函数来扩展 FLAC 的功能，如果需要还可以构建自己的结构模型，完成特定需要的分析计算。模拟的力学原理以弹-粘性流变学理论为基础，在低应力和低温度下，岩石发生弹性变形，对各向同性材料，应力和应变的关系有：

$$\sigma_{ij} = 2G\varepsilon_{ij} + (K - \frac{2}{3}G)\delta_{ij}\varepsilon_{kk} \tag{8-1}$$

式中：σ_{ij} 为应力；ε_{ij}、ε_{kk} 为相邻两点间的弹性应变；G 为剪切模量；K 为体积模量；δ_{ij} 为 Krorecker's delta。

塑性变形状态的屈服剪应力遵循莫尔—库仑(Molor-Coulomb)屈服准则：

$$|\tau_s| = C - \sigma_n \tan\varphi \tag{8-2}$$

式中：τ_s 为剪应力；σ_n 为正应力；C 为内聚力。

目前 FLAC 软件已广泛应用于地球科学中，如模拟岩石圈热减薄(Zhang et al.，1998；Evgene Burov et al.，2008)、板块俯冲、热点迁移以及洋脊跃迁(E. Burov et al.，2007；Eric Mittelstaedt et al.，2008)等壳幔作用方面，取得了良好的效果。

模拟可以分平面和剖面两种方式进行，我们以某地区活动断裂为例。首先需要进行野外调研，详细了解研究区活动断裂的平面分布特征，建立活动断裂的平面模型(图 8-1)。

模型的岩石力学参数需要根据研究区具体地质情况和岩石力学参数设置，如表 8-1 所示。

表 8-1　活动断裂平面模型岩石力学参数

	体积模量/Pa	剪切模量/Pa	密度/($kg \cdot m^{-3}$)	内聚力/Pa	内摩擦角/(°)	抗拉强度/Pa
上地壳	2.67×10^{10}	1.6×10^{10}	2700	2.0×10^{7}	25	0.9×10^{7}
断裂	4.672×10^{8}	4.348×10^{8}	2300	1.0×10^{6}	15	0.5×10^{6}

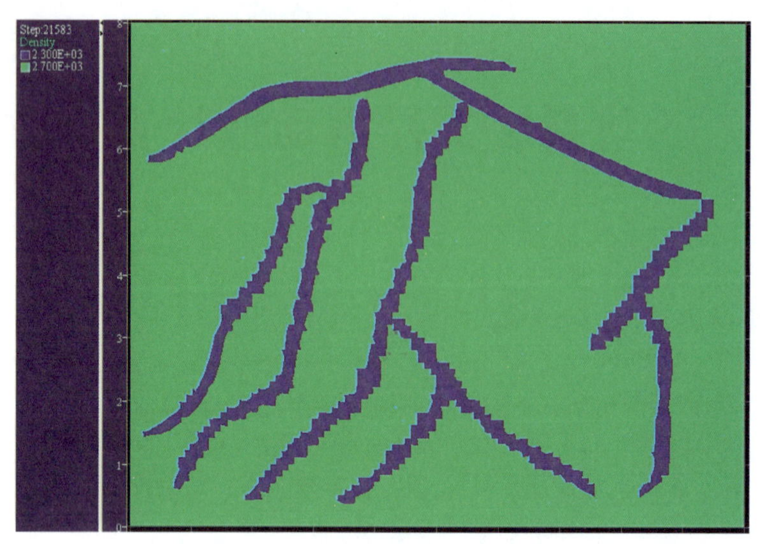

图 8-1　平面活动断裂模型图

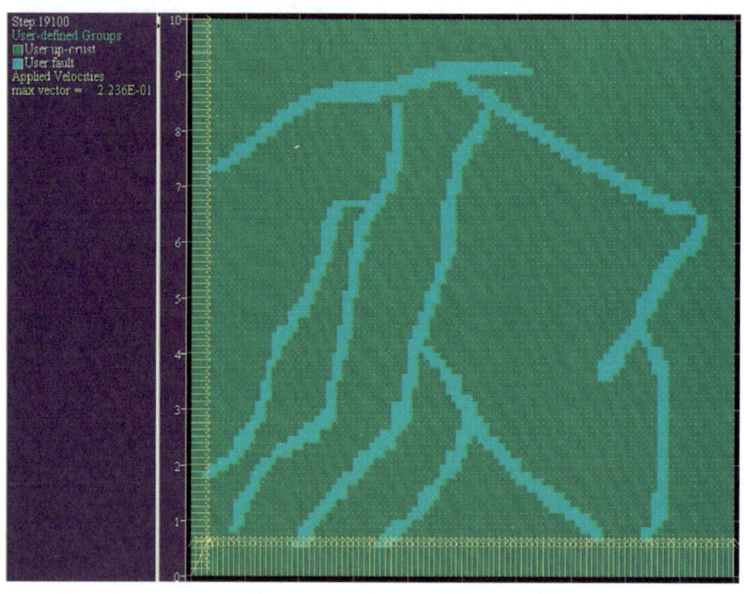

图 8-2　某地区活动断裂平面模型应力边界条件图

建立活动断裂的平面模型之后，首先根据研究区所受应力场特征设置模型的边界条件(图 8-2)，并施加应力，观察活动断裂及周围的应力、应变的变化过程(图 8-3、图 8-4)。

然后根据应力、应变特征分析活动断裂假如受到周围应力挤压、走滑或拉张条件下的变化情况，从而判断活动断裂的位移情况。

剖面模拟过程与平面模拟过程差不多，只不过建立的活动断裂模型为剖面，并且需要考虑重力的作用(图 8-5、图 8-6)。

平面模拟与剖面模拟相结合，可以从三维空间上更加详细地认识活动断裂的位移和破坏情况。

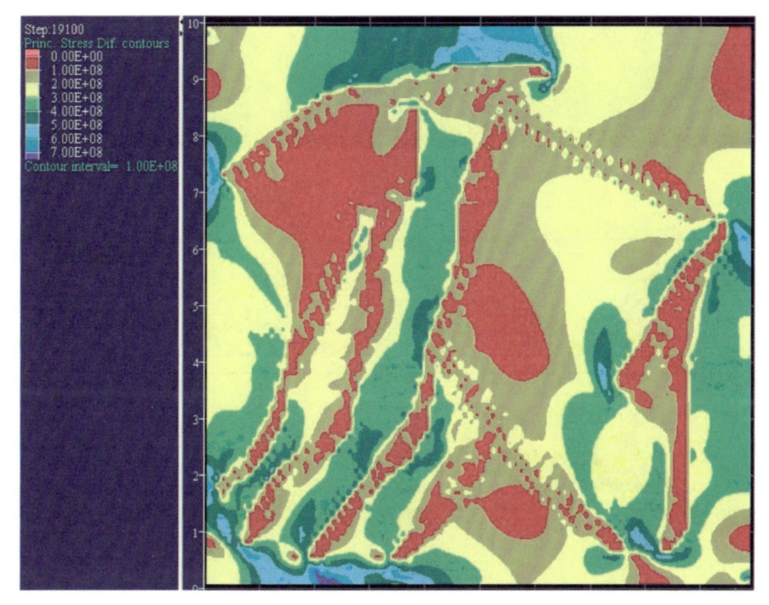

图 8-3　某地区平面模型应力差等值线图

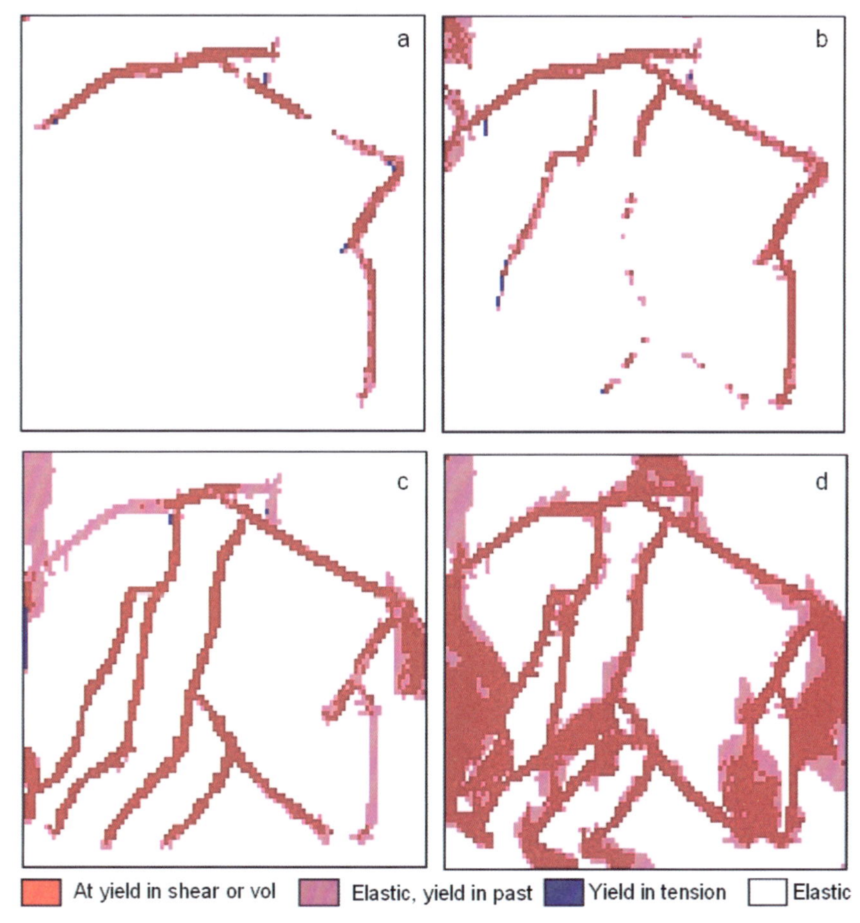

图 8-4　某地区活动断裂平面模型应力状态图

a. 200step；b. 500step；c. 1000step；d. 6000step

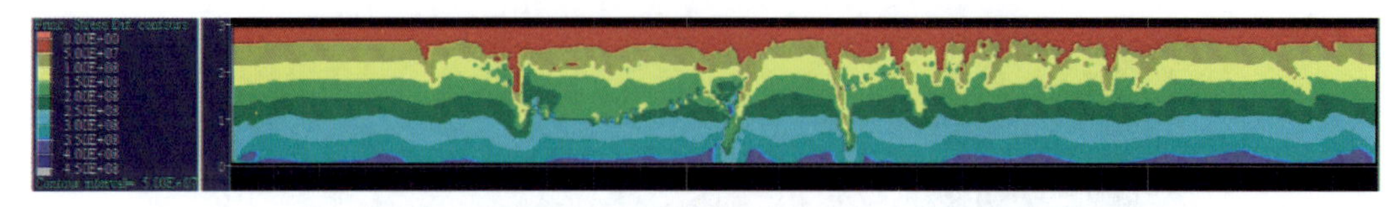

图 8-5　某地区活动断裂剖面模拟应力差等值线图

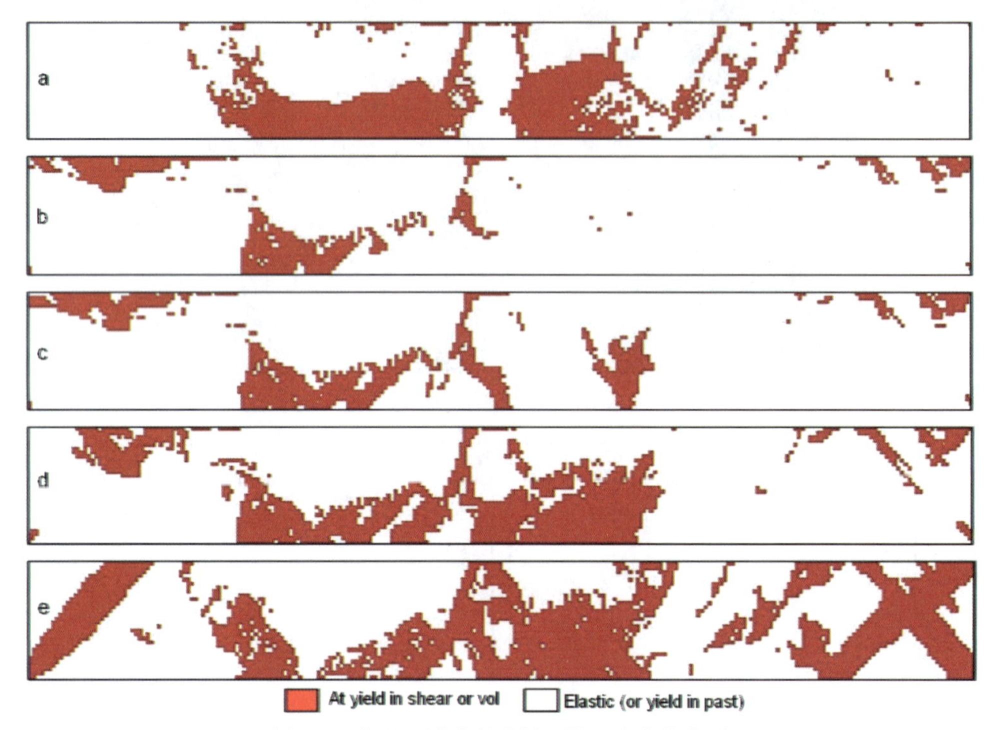

图 8-6　某地区活动断裂剖面模型应力状态图

a. Initial state；b. 2500step；c. 3500step；d. 60 000step；e. 195 000step

8.2　滇中引水工程主要断裂数值模拟分析

滇中引水工程区主要受新生代印度板块与欧亚板块碰撞的影响，造成了青藏高原隆升以及岩石圈向东挤压推进，由于该构造运动目前仍在持续，因此滇中地区新构造运动频繁且强烈，根据 GPS 监测结果，区域应力场方向主要为向东蠕散（图 8-7）。

滇中引水工程主要经过龙蟠-乔后断裂、丽江-剑川断裂以及鹤庆-洱源断裂，3 条断裂收敛于红河主断裂带（图 8-8），是红河断裂带的分支，其形成演化亦与红河断裂带的活动有密切关系。

根据前人对红河断裂带的研究成果，红河断裂带可以分为北、中、南 3 段，其各段的构造活动具有较大的差异性，北段具有走滑-伸展构造活动特征，发育叠瓦扇式张扭型断裂构造（图 8-9），这与龙蟠-乔后断裂、丽江-小金河断裂以及鹤庆-洱源断裂的特征一致，也与我们野外考察的断裂特征一致。

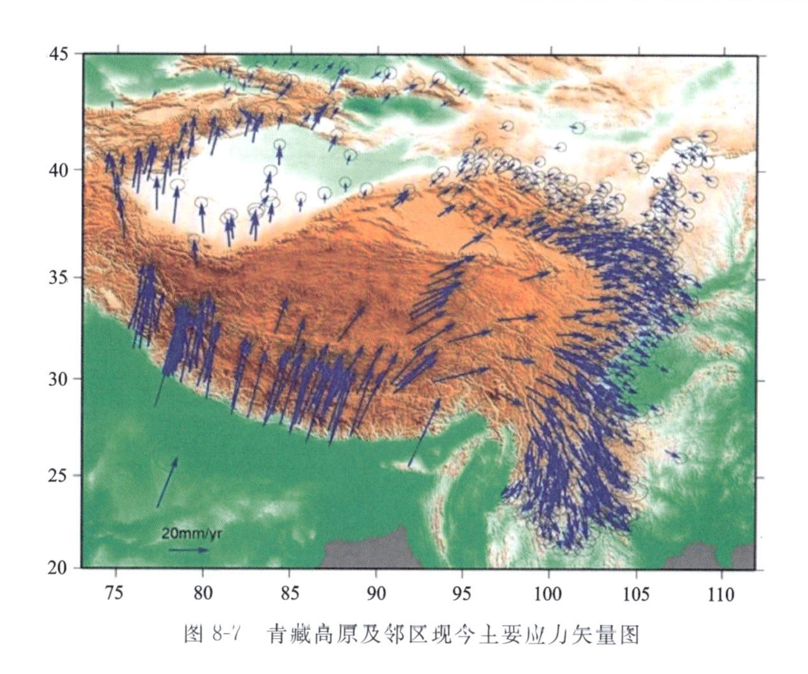

图 8-7 青藏高原及邻区现今主要应力矢量图

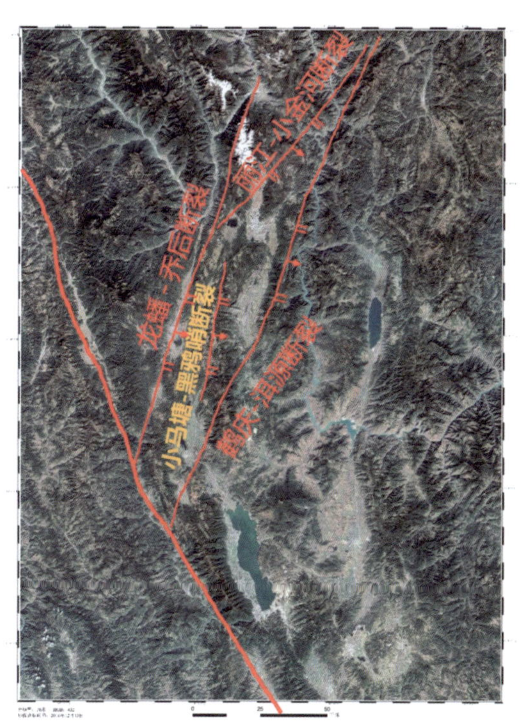

图 8-8 滇中引水工程主要经过的张性断裂图

在此基础上，本书结合区块构造应该场特征建立了3条主断裂带的模型(图 8-10)。表 8-1设置以上地壳的岩石参数，断裂则为薄弱带，根据现代GPS监测的结果分析，我们对模型西边界固定，东边界施加向东的应力，以观测3条断裂的应力和应变特征。

图 8-9 红河断裂带伸-缩型右旋走滑双重构造带(据刘海龄等,2002)

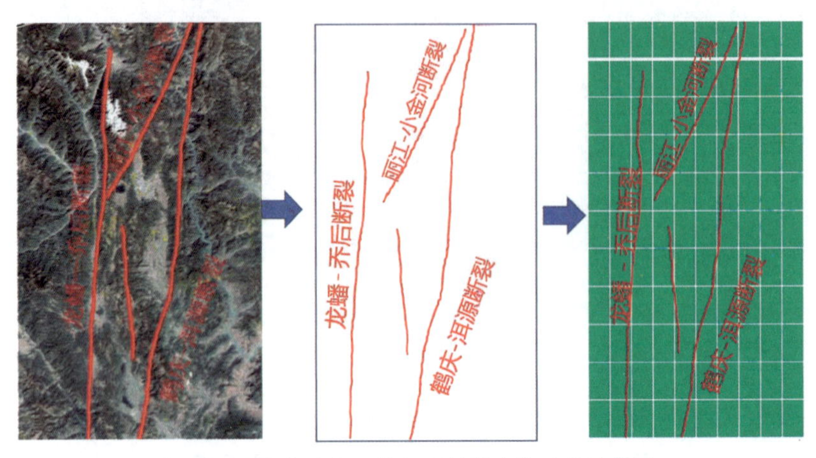

图 8-10 滇中引水工程主要断裂建模过程示意图

我们给模型向东施加 0.5m 位移量时,观察其差应力、总应变量、最大剪应变以及位移量的情况。从图 8-11 可以看出,X 方向的差应力主要分布在中部和南部,呈南北带状分布(图 8-11a 中浅蓝色部分),总应变量主要沿断裂带分布,但在模型中部发育一条东西向的应变带(图 8-11b),最大剪应变和总应变量基本相对应(图 8-11c),最大剪应变和总应变量首先发育在东边的鹤庆-洱源断裂,然后向西迁移,X 轴方向(向东)的位移量从模型东边向西边递减,在断裂部位形成梯度带(图 8-11d)。

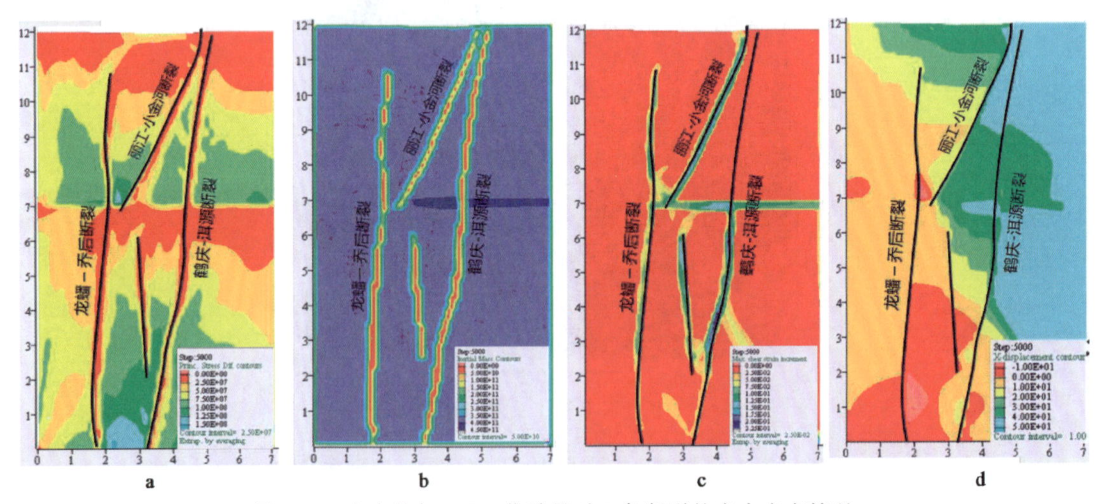

图 8-11 向东施加 0.5m 位移量时 3 条断裂的应力应变情况

a. 差应力;b. 总应变量;c. 最大剪应变;d. 位移量

模型向东施加的位移量达到 2.0m 时，总应变量有所增大，但整体趋势与位移量 0.5m 时相似（图 8-12），考虑模型变形以及实际区域地质构造活动，我们仅考虑最大向东位移 2m 的变形情况。

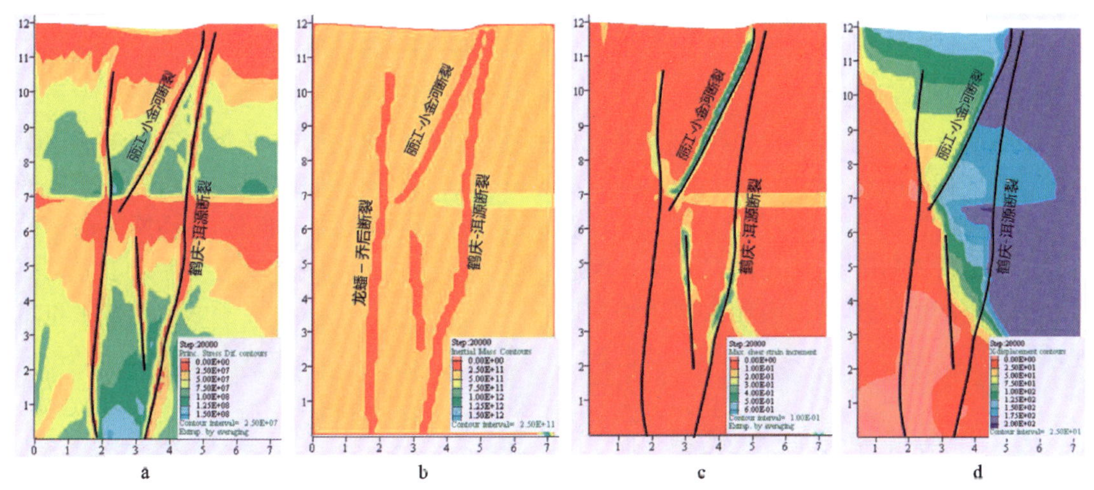

图 8-12　向东施加 2.0m 位移量时 3 条断裂的应力应变情况

a. 差应力；b. 总应变量；c. 最大剪应变量；d. 位移量

按照目前滇中引水工程区的区域应力场进行的数值模拟结果可以得到以下几点认识：

（1）在向东蠕散的大地构造应力场作用下，滇中引水工程区经过的 3 条主断裂以张扭性为特征，是引水工作总应变量最大的地方，因此 3 条断裂带经过的地方应做好工程加固防护工作。

（2）数值模拟结果表明，除了 3 条断裂是总应变量大的地方外，一旦构造活动发生，可能还存在近东西向的大应变量带，其原因可能是龙蟠-乔后断裂、丽江-小金河断裂以及小马塘-黑哨断裂三联点交会处构成了薄弱带，以该处为中心，南北变形量的差异造成了这条近东西向的强应变带，应引起工程部的重视。

（3）根据模拟应力和应变传递的规律，一旦构造活动频繁，这 3 条断裂带中，东边的鹤庆-洱源断裂可能最先被拉开形成大应变带，然后逐级向西传递，因此，东边的断裂带应变量可能大于西边断裂带，在工程加固与防护上应有所差别考虑。

第9章　活动断裂工程活动性分段与活动模式研究的一般方法

活动断裂分段是20世纪80年代地震地质研究领域的一项新成果，是指一条大的活动断裂可以分成若干个大的段落，每个段落都作为独立的震源而发生地震破裂，并且每一个段落发生的地震破裂不受相邻段落的制约而有自己独特的构造活动历史。但是，活动断裂的分段研究还处于发展初期阶段，还没有形成一套完整可靠的通用方法，特别是在实际应用过程中存在比较混乱的状态，主要表现在分段划分上的人为性比较大，没有综合考虑多种方法和多种证据的综合应用。

9.1　地质学方法和流程

通常研究活动断裂的分段有两种基本方法：直接法和间接法。前人总结归纳了6种实用方法，即古地震法、断裂活动习性方法、断裂几何形态方法、地貌形态变异方法、地球物理方法和地质构造变异方法（张培震等，1998）。

（1）古地震法：该方法是活动断裂分段中的一种可靠方法，它通过对断裂带不同部位古地震活动历史的比较，将断裂带划分为具有独立破裂历史的段落，主要依靠探槽所确定的古地震标志和断裂陡坎形态所确定的古地震标志。因为探槽中的古地震事件是根据保存在地质记录中的古位错遗迹来推测的，这些遗迹只能在特定的地貌条件下才保留下来，只有当探槽位置合适或足够多时才能将事件揭露出来，否则容易漏掉古地震事件，得出错误的古破裂历史。由于测年技术以及断代所给出的上下限时间段太长，古地震年代的确定往往包含较大的误差，这些误差可达数百年到上千年。这么大的误差完全有可能将相同的破裂历史混淆为不同的破裂历史。所以古地震作为活动断裂分段的一种较可靠标志，在大多数情况下不能用来作为分段的唯一标志，需要与其他标志一起使用。

（2）断裂活动习性方法：断裂活动习性包括断裂活动历史、最后一次活动时代、活动速率和活动方式，它主要有4种标志，即不同活动历史标志、不同活动时代标志、不同活动速率标志、不同活动方式标志。实际中利用不同活动时代标志法，也是测定断裂活动最后一次活动时间，根据不同活动时间来进行断层活动分带。

（3）断裂几何形态方法：该方法利用断裂带结构的变异确定分段界限区，然后根据分段界限区的位置对活动断裂带进行分段划分。常应用断裂分叉、断裂空缺、断裂终止、断裂弯曲、断裂数量变化、断裂复杂程度、断裂走向改变、断裂交会等标志来确定断裂分段。

（4）地貌形态变异方法：该方法是活动断裂分段中最常用的方法之一。地貌形态可以通过卫星遥感等资料容易获取，它反映着与地震破裂有关的断裂长期的活动习性，是研究分段界限区持久性的重要内容。只有持久的分段界限区才能够一次次地终止地震破裂的传播，形成位移低值，这样在地貌上反映出来就是地貌形态的变异，因此该方法是研究活动断裂分段的重要方法。但是，地貌形态的改变不仅仅受到构造作用的影响，还受到基岩的岩石类型、当地的气候环境等诸多因素控制，因此要结合其他方法同时进行分析。它主要用到的标志为山前凸出和山嘴、山前弯入、横向基岩脊、山脊高度变化、谷地高度变化等。

(5)地球物理方法：该方法通过沿着断裂带地球物理场的异常揭露断裂深部构造和活动的不均一性，识别出构造和活动的变异区，结合之前的地貌研究结果进行活动断裂分段划分。地球物理往往揭露的结构和活动变异是断裂长期差异活动的结果，具有一定的规模性和长期性，理论上是一种比较可靠的分段方法。它主要应用的方法包括重力异常、磁力异常、地震活动性异常和热流异常，实际应用中主要以重力异常和地震活动性异常为主。

(6)地质构造变异方法：该方法利用区域大地构造、岩性带、构造带对活动断裂进行定性分析，主要指新生代以来不再活动的基底构造。与其他的分段方法相比，该方法应用较少，只在特定的构造环境中应用。

9.2　3 条断裂分段性研究

9.2.1　龙蟠-乔后断裂带

前人对该断裂带划分为 4 个一级段(表 9-1)，由北向南为益司-大马场段(Ⅰ)、大马场-三家村段(Ⅱ)、三家村-白汉场(Ⅲ)、白汉场-乔后段(Ⅳ)，主要的分段依据为地貌特征以及地质构造变异特征和活动速率。

表 9-1　龙蟠-乔后断裂带分段表

一级段划分及其主要标志		
分段及代号	分段主要标志	分段边界特点
益司-大马场段(Ⅰ)	断裂结构复杂，断裂地貌清晰，活动性质右旋-拉张，最新活动时代为全新世和晚更新世，水平滑动速率 1.21～3.32mm/a，有多次 $M \geqslant 6$ 级地震发生，小震活动频繁	盆地边界，横向断裂，活动时代不同，地震活动有差异
大马场-三家村段(Ⅱ)	长约 52km，断裂结构简单，为单体断裂，活动性质为挤压—走滑，局部地段发育断层谷，未发现晚更新世以来断裂活动迹象，无中强震活动，除丽江 7 级地震余震外，其他小震也很少	横向小断裂，断裂端部，多组断裂拐弯和交会，活动时代差异，地震活动有差异
三家村-白汉场(Ⅲ)	长约 56km，结构较简单，线性地貌清晰，左旋走滑运动，全新世活动	横向小断裂，断层谷与盆地的分界，有小地震活动，活动时代差异
白汉场-乔后段(Ⅳ)	长约 82km，断裂结构简单，有多条横向断裂插入，断层谷、槽地、断陷盆地发育，断错水系发育，活动性质为左旋一拉张，最新活动时代为全新世，水平滑动速率 0.45～3.03mm/a，垂直位错速率为 0.13～0.43mm/a，有多次 $M \geqslant 6$ 级地震发生，小震活动频繁	盆地边界，斜向大断裂，活动时代差异

9.2.2 丽江-剑川断裂带

丽江-剑川断裂是丽江-小金河断裂带的西南段。而丽江-小金河断裂带由一组北东向断层组成的断裂带，自西南向东北可分为剑川-文治断裂段、丽江-老白渣断裂段、栗楚卫断裂段、大坪子-金棉断裂段、卧罗河断裂段、小金河断裂段共6段。各断裂段以左旋剪切挤压逆冲运动为主，总体表现为一左旋挤压剪切活动断裂带(向宏发，2002)。研究区内主要出露的断裂为剑川-文治断裂，主要分为4个段(表9-2)。

表9-2 丽江-剑川断裂带分段表

分段及代号	分段主要标志
丽江-老白渣段(Ⅰ)	断裂结构复杂，断裂地貌清晰
丽江-清水江(Ⅱ)	长约50km，断裂结构简单，活动性质为左旋走滑
清水江-剑川(Ⅲ)	线性地貌清晰，左旋走滑运动，小震活动频繁
剑川-石龙(Ⅳ)	断裂结构简单，断层谷、槽地、断陷盆地发育，断错水系发育，活动性质为左旋走滑，有多次$M \geqslant 6$级地震发生，小震活动频繁

丽江-剑川断裂过水段的南、北两端均已发生6～7级强震，但中间段都是5级以上地震的空缺段，且其断裂长度达48km。因此，未来百年仍存在发生7级左右地震的可能性。

9.2.3 鹤庆-洱源断裂带

鹤庆-洱源断裂分布于区域西北部，呈北北东方向展布，自西南洱源盆地西缘起，向北东经老虎箐、后本阱、松村曲，然后进入鹤庆盆地后沿盆地西边界和东边界延伸。断裂形成于早古生代，其后经历加里东、海西、印支、燕山运动，形成一系列褶皱逆冲构造带，自西北向东南形成多个推覆构造，宽几十米至几百米，长数十千米。自新生代以来随着构造应力场的变化，断裂运动方式转为走滑—拉张运动性质。

根据鹤庆-洱源断裂两条次级断裂的结构差异，每条次级断裂又可细分为两条更次级的断裂。西边界断裂分为保吉村断裂、新民村断裂，前者分布于山区和丘陵地带，后者成为山区与盆地的交界断裂；东边界断裂分为三义村断裂和后本阱断裂，前者成为山区与盆地的交界断裂，后者则分布于山区的峡谷地带。该断裂带主要分为4段，即保吉村断裂段、新民村断裂段、三义村断裂段和后本阱断裂段。

前人对过水断裂段(后本阱断裂)的活动时代鉴定为全新世，是1万年来仍在活动的断裂，是未来容易再活动的断裂，而且1838年发生过两次6.25级地震。断裂的东北端外围鹤庆盆地东边界断裂在1515年发生过6.75级地震，使本段成为历史地震的空区，增加了发生地震的可能性。计算得出本段断裂的水平滑动速率为2.5～3.0mm/a，垂直滑动速率为0.7～0.8mm/a，属于较强的活动断裂；相邻的三义村断裂一次古地震发生的水平断错位移量为1.0～1.2m，垂直位移量为0.2～0.7m，属强烈活动断裂，据此推断未来可能发生的地震震级大于6.5级。

9.3 地球化学新方法及意义

9.3.1 断裂带中断层泥矿物学特征

通过前述对红河断裂带南段以及北段的利剑-剑川断裂、龙蟠-乔后断裂内的断层泥进行矿物学分析得出，断层泥和围岩的矿物组成主要是石英、长石和黏土矿物。此外，南段围岩还含石榴石、矽线石、角闪石、方解石、黑云母等矿物。断层泥中黏土矿物的含量比围岩高。从图9-1来看，在点位A剖面中，断层泥石英、长石、石榴石、矽线石的含量比围岩低，石英和长石的含量曲线呈"V"形，中间断层泥值低、两端围岩高，石榴石和矽线石表现为右端高；黄铁矿和方解石的曲线表现为倒"V"形，黄铁矿只存在断层泥(D07-2)中，方解石只存在于围岩(D09)中。对于点位B剖面，断层泥长石含量比围岩低，含量曲线呈"V"形，中间断层泥值低两端围岩高；石英的含量曲线表现为左高右低，方解石的含量曲线与长石相反，表现为倒"V"形，只存在断层泥(D40)中；角闪石的含量曲线表现为左低右高的形态。在点位C剖面中，长石和石英的含量曲线类似，表现为左高右低；角闪石的含量曲线相反，表现为左低右高的形态。丽江-剑川断裂和龙蟠-乔后断裂的D、E剖面为断层泥，长石的含量曲线表现为左低右高的形态，石英和黄铁矿的含量较低。在点位F剖面中，长石的含量曲线表现为左高右低的形态，断层泥(J01和J02)低，围岩(J02B)高，而石英的含量曲线呈"V"形，断层泥J02的石英含量低，而断层泥(J01)和围岩的石英含量较高。

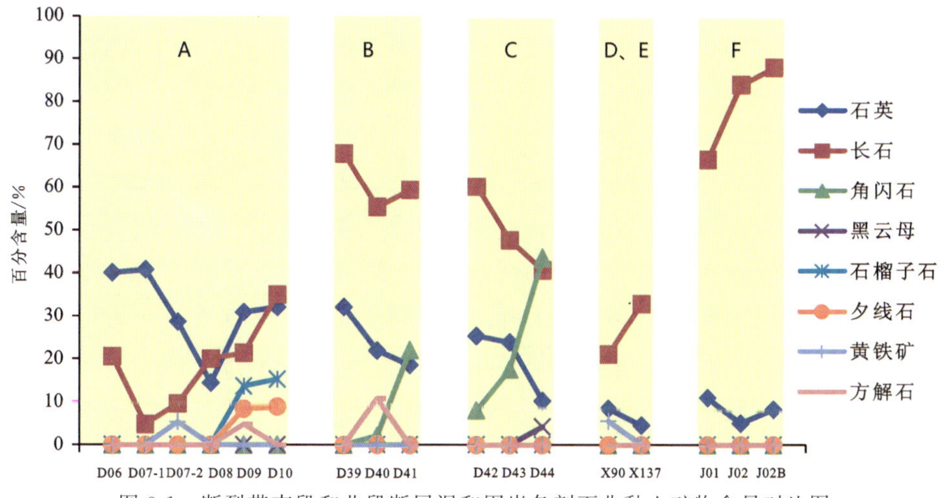

图9-1 断裂带南段和北段断层泥和围岩各剖面非黏土矿物含量对比图

南段断层泥主要有伊利石、绿泥石等黏土矿物，含少量蒙脱石；而北段断层泥的黏土矿物主要是蒙脱石，少量绿泥石，无伊利石。通过南段和北段断层泥的黏土矿物含量对比分析(图9-2)，以红色虚线为界，伊利石和绿泥石的含量曲线左高右低，南段的伊利石和绿泥石较高，北段的绿泥石少；而蒙脱石含量曲线左低右高，北段最高的可达到50%左右。

红河断裂带南段和北段断层泥与围岩的矿物组成主要是石英、长石和黏土矿物。此外，南段围岩还含石榴石、矽线石、角闪石、方解石、黑云母等矿物。断层泥中含有的黏土矿物比

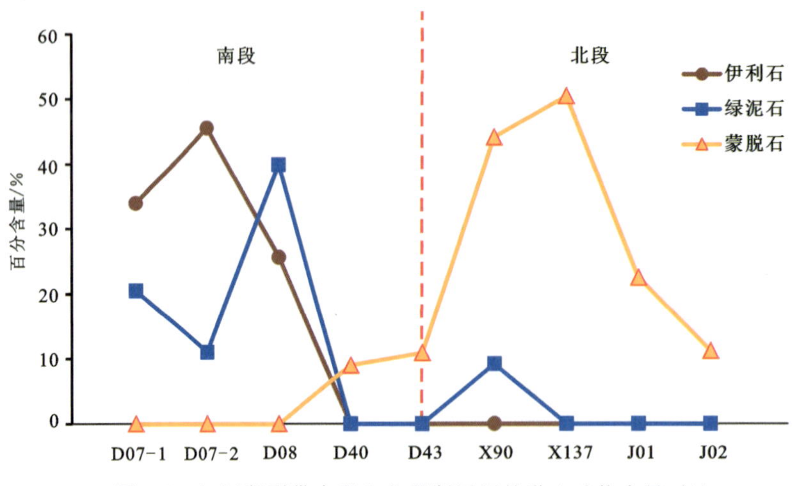

图 9-2 红河断裂带南段和北段断层泥的黏土矿物含量对比

围岩高。南段断层泥主要有伊利石、绿泥石等黏土矿物，含少量蒙脱石；而北段断层泥的黏土矿物主要是蒙脱石，少量绿泥石，无伊利石。因此我们可以建立基岩区活动断层活动性的矿物学特征，当断层泥含量以蒙脱石石为主时，断层的活动性较强，发生地震的概率较大；当断层泥含量以伊利石为主时，断层活动性较弱，发生地震的概率较低。

9.3.2 断裂带中断层泥地球化学特征

断层泥和围岩样品化学成分分析结果见表 9-3。总体来说，在所有样品中，样品主要含有 SiO_2 和 Al_2O_3，含少量 K_2O、TFe_2O_3、MgO、Na_2O、CaO 和微量 TiO_2。不同样品含有的元素含量不同。

表 9-3 红河断裂带南段和北段断层泥与围岩样品主量元素分析数据(%)

编号	SiO_2	Al_2O_3	CaO	K_2O	Na_2O	TFe_2O_3	MgO	TiO_2
J01-1	62.41	16.24	1.47	6.55	3.79	5.62	0.55	0.66
J01-2	62.56	16.29	1.44	6.64	3.82	5.13	0.45	0.62
J02-1	62.30	16.19	1.65	6.89	3.89	5.73	0.46	0.63
J02-2	62.24	16.16	1.64	5.93	4.30	5.84	0.52	0.64
J02B	61.89	15.03	3.64	6.41	3.80	6.03	1.64	0.61
X90	47.69	14.05	6.74	1.68	3.59	10.64	5.84	1.61
X137	58.30	16.10	2.60	3.29	2.19	7.25	1.78	0.98

在 D 和 E 的剖面中(图 9-3)，深度较深的断层泥样品 X137 的 SiO_2 和 Al_2O_3 含量较高，分别为58.3wt%和 16.1wt%，样品 X90 的 SiO_2(47.69wt%)和 Al_2O_3(14.05wt%)含量较低。样品 X90 中的 TFe_2O_3、CaO、Na_2O、MgO 的含量比样品 X137 高，分别为 10.64wt%、

6.74wt%、3.59wt%、5.84wt%。样品 X137 的 TFe_2O_3、CaO、Na_2O、MgO 的含量分别为 7.25wt%、2.6wt%、2.19wt%、1.78wt%。

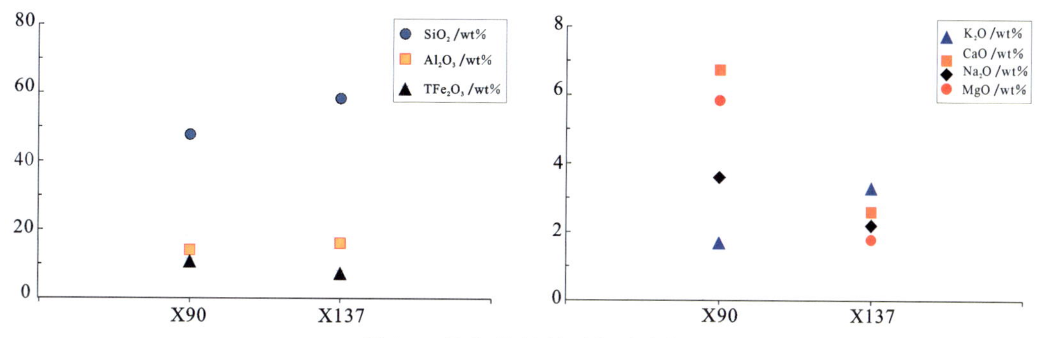

图 9-3　D 和 E 的剖面主要元素

在点位 F 剖面中，围岩 J02B 的 SiO_2 和 Al_2O_3 含量最低，分别为 61.89wt%和15.03wt%，CaO 和 MgO 含量最高，分别为 3.64wt%和 1.64wt%，其他 K_2O、Na_2O、TFe_2O_3 和 TiO_2 含量分别为 6.41wt%、3.8wt%、6.03wt%和 0.61wt%。断层泥 J01 和 J02 的 SiO_2、Al_2O_3 含量较高，平均分别为 62.38wt%、16.22wt%，其他 CaO、K_2O、Na_2O、TFe_2O_3、MgO 和 TiO_2 的含量分别为 1.55wt%、6.5wt%、3.95wt%、5.58wt%、0.5wt%和0.64wt%。从点位 F 剖面的断层泥和围岩主要元素对比图(图 9-4)看，SiO_2、Al_2O_3 和 TiO_2 的变化趋势大体一致，表现为比较平稳的曲线；K_2O 和 Na_2O 的变化趋势相反；CaO 和 MgO 的变化趋势大体一致，呈现很明显的左低右高的状态，变化幅度相对比较大。

通过表 9-4 可知，红河断裂带北段点位 F 剖面断层泥和围岩化学元素之间的相关性有很大差异。其中 SiO_2 与 Al_2O_3 极强正相关，与 CaO、TFe_2O_3、MgO 极强负相关；K_2O 与 Na_2O 极强负相关，图 9-4 它们表现的趋势一致。

表 9-4　F 剖面断层泥和围岩化学元素的相关性

成分	SiO_2	Al_2O_3	CaO	K_2O	Na_2O	TFe_2O_3	MgO	TiO_2
SiO_2	1							
Al_2O_3	0.914 3	1						
CaO	−0.914 2	−0.999 3	1					
K_2O	0.313 6	0.159 6	−0.139 4	1				
Na_2O	−0.064 4	0.241 0	−0.244 2	−0.774 6	1			
TFe_2O_3	−0.900 4	−0.663 7	0.659 5	−0.383 0	0.274 5	1		
MgO	−0.884 2	−0.994 7	0.991 2	−0.159 0	0.274 5	0.628 1	1	
TiO_2	0.442 4	0.619 6	−0.641 6	−0.133 0	0.198 6	−0.061 6	−0.577 8	1

从红河断裂带南段 F 剖面断层泥和围岩样品的 SiO_2 与其他氧化物的相关关系图(图 9-5)中可以看出，Al_2O_3 的含量随 SiO_2 的百分含量增加而增加，但增加的幅度不明显；TFe_2O_3、

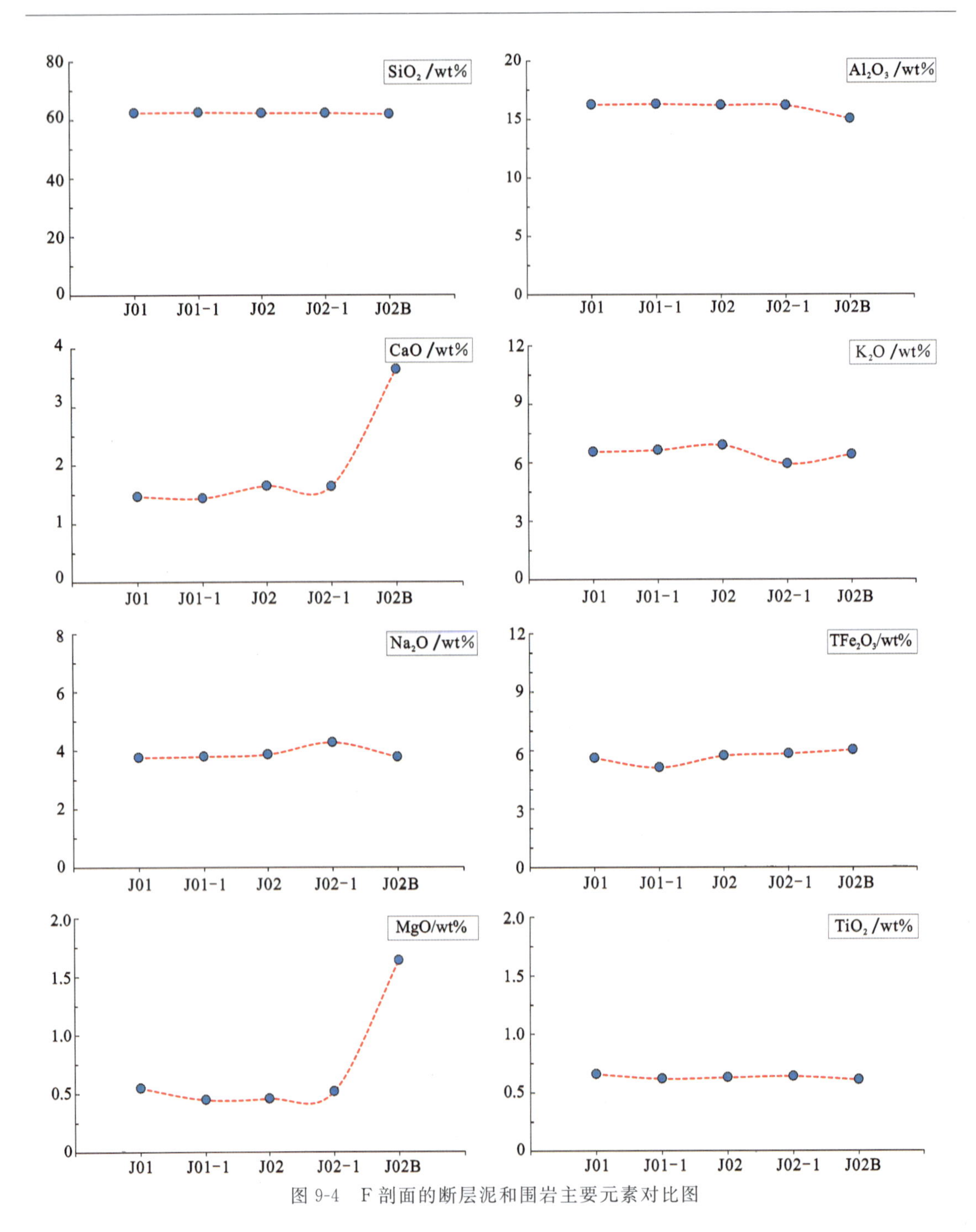

图 9-4　F 剖面的断层泥和围岩主要元素对比图

MgO 和 CaO 的含量随 SiO_2的百分含量增加而减少，CaO 的含量变化较明显；K_2O、Na_2O 和 TiO_2的变化不明显。

断层泥和围岩所有样品化学成分主要为 SiO_2 和 Al_2O_3，少量 K_2O、TFe_2O_3、MgO、Na_2O 和 CaO，以及微量 TiO_2。断层核心部分的 Al_2O_3 和 Na_2O 的含量比围岩较高，CaO 的含量比围岩较低。

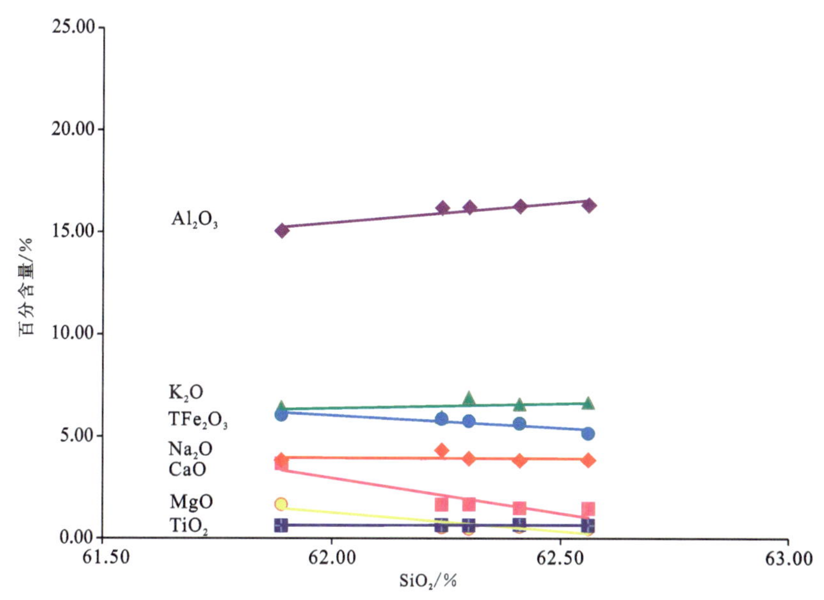

图 9-5　红河断裂带南段 F 剖面断层泥和围岩样品的 SiO_2 与其他氧化物的相关关系

断层泥和围岩化学元素之间的相关性有很大差异。具体表现如下：SiO_2 与 Al_2O_3 强—极强相关；TFe_2O_3 与 MgO 强—极强正相关；Na_2O 与 TFe_2O_3、MgO 和 TiO_2 的相关性不大；SiO_2 与 TFe_2O_3 和 MgO 在 F 剖面表现为极强负相关；SiO_2 与 CaO 在 F 剖面表现为极强负相关；SiO_2 与 K_2O 在 F 剖面相关性变弱；CaO 与 TFe_2O_3 在 F 剖面表现为强—极强正相关；Na_2O 与 K_2O 在 F 剖面变现为强相关；MgO 与 TiO_2 在 F 剖面为负相关。此外，SiO_2 与 Al_2O_3 和 TiO_2 在北段表现为正相关。

从红河断裂带不同剖面断层泥和围岩样品的 SiO_2 与其他氧化物的相关关系来看，不同元素在不同的剖面活动性相差有些大。总体来说，Al_2O_3、TFe_2O_3、MgO 和 CaO 相对于其他氧化物的变化较明显，说明 Al、Fe、Mg 和 Ca 元素的活泼性较强。

9.3.3　断层泥矿物特征对断层滑动的影响

关于断层泥的特征对断层滑动的影响，国内外学者展开了大量的摩擦滑动实验，这些研究表明，断层泥的矿物成分与断层滑动方式有关（Collettini et al.，2009；Niemeijer et al.，2010；Crawford et al.，2008；Brown et al.，2003；Boulton et al.，2012；Zhang et al.，2013），尤其是断层泥中的黏土矿物，在断层弱化有显著的作用（Morrow C et al.，1992；Tembe et al.，2010；Lockner et al.，2011；Takahashi et al.，2007；Behnsen et al.，2012），但不同的黏土矿物在断层弱化能力有差异，甚至相同的黏土矿物由于含量不同，对断层弱化的能力也不同（图 9-6）。比如 Simamoto 和 Logan（1981）滑动摩擦实验表明，在 100MPa 围压条件下，蒙脱石断层泥的摩擦强度非常低，而高岭石较高，绿泥石和伊利石介于其间。

此外，Saffer 和 Marone（2003）在伊利石砂岩和蒙脱石的摩擦滑动实验也发现，在相同条件下，富含蒙脱石的断层泥比富含伊利石断层泥摩擦系数低，其中富含蒙脱石的断层泥的摩擦系数范围是 0.15～0.32，而富含伊利石断层泥摩擦系数为 0.42～0.68。Moore 和 Lockner（2007）认为水的参与会影响断层泥的摩擦性质，蒙脱石的摩擦强度和水有很大关系，无水条

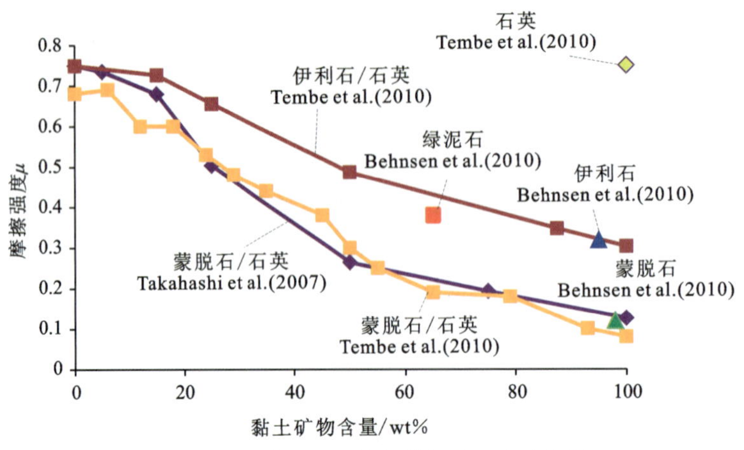

图 9-6 各种黏土矿物与摩擦强度的关系图

件下其摩擦强度值可以达到 0.8 左右，而饱和水下摩擦系数仅为 0.18。一些实验的研究表明，断层泥中黏土矿物含量对摩擦强度的影响也不一样(图 9-6)。5%的蒙脱石在滑动过程中摩擦系数为 0.734，但蒙脱石的含量增加，其摩擦系数变小，当蒙脱石的含量达 75%，摩擦系数为 0.193(Tembe et al.，2010)。

岩石摩擦滑动过程中的不稳定滑动容易形成地震，前人用速率和状态依赖的摩擦滑动本构关系[$(a-b)=\Delta\mu_{ss}/\Delta\ln(v)$)]的经验性理论框架为我们理解地震成核过程提供了理论基础(Dieterich et al.，1979，1981；Ruina et al.，1983)。其中，$\Delta\mu_{ss}$为断层摩擦系数的变量，$\Delta\ln(v)$为断层活动速度对数的变量，这两者在断层摩擦滑动实验可以测定。速率依赖性表示的意义是，当$(a-b)>0$时，为速度强化，此时摩擦系数随着速率的增加而增加；当$(a-b)<0$时，为速度弱化，此时摩擦系数随速率的增加而减小。

富含蒙脱石和伊利石的断层泥的摩擦实验结果表明(图 9-7)，蒙脱石在一定深度下表现为速度弱化的摩擦滑动行为[$(a-b)<0$]，而伊利石则仅表现为速度强化的摩擦滑动行为[$(a-b)>0$]。此外，Morrow 等(1992)的实验结果也表明不管含水还是干燥的伊利石砂岩，在围岩 100MPa 和 300MPa 条件下都表现为速度强化的摩擦滑动行为。

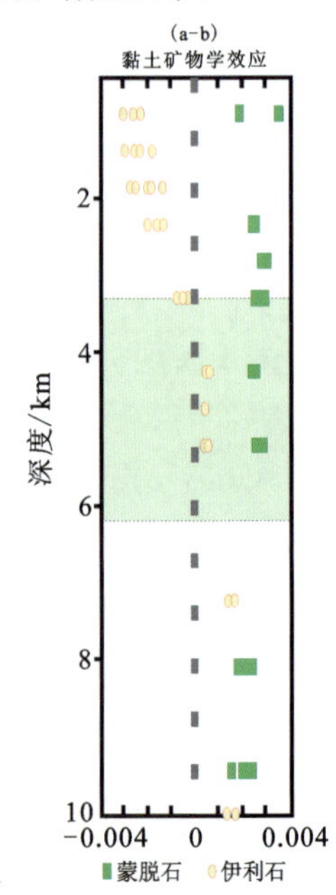

图 9-7 蒙脱石与伊利石摩擦特性与深度的关系图(据 Saffer et al.，2003)

断层活动时断层给流体提供了一个通道，断裂带中裂缝空隙也发育，因此断裂带流体参与的水岩反应广泛发生，即流体参与到断层滑动中。由于伊利石、绿泥石、蒙脱石、绿泥石对断层滑动的影响不同，断层泥是断层活动的直接产物。因此断层泥黏土矿物中的差异反映了该区域构造活动的不同。从图 9-7 看，南段断层泥主要有伊利石、绿泥石等黏土矿物，含少量蒙脱石，而北段断层泥的黏土矿物主要是蒙脱石，少量绿泥石，无伊利石。富含蒙脱石的断层泥和富含伊利石断层泥的摩擦强度不同，摩擦滑动行为也不同，因此红河断裂带断层泥的矿物差异可能对红河断裂构造活动有不同的影响。

第10章　活动断层工程活动性分带、活动模式及位错速率研究

10.1　活动断层工程活动性分带研究

10.1.1　活动断层工程活动性分带研究一般步骤

活动断层工程活动性分带研究应贯穿勘察研究的全过程，针对线路工程经多方案比选仍无法绕避需直接穿过的活动断层，在前期勘察阶段应采用递进研究，不断提高研究精度的步骤。通常来说，一般按如下步骤开展活动断层工程活动性分带研究工作。

(1)在规划选线阶段，应收集分析研究区区域地质构造背景和活动断裂最新研究成果，梳理线路工程直接穿过的活动断裂，按活动时代及强度进行分类，一般分为全新世活动断裂及晚更新世活动断裂。

(2)在项目建议书及可研阶段，应结合工程地质勘察，对晚更新世以来的活动断裂，特别是全新世活动断裂开展现场详细调查研究工作，主要开展卫星影响解译现场复核、区域范围地质构造调查、近场区范围大比例尺构造测绘、线路穿越活动断裂部位平面地质分带调查、取样测试等研究工作，结合线路轴线物探测试剖面及钻孔揭露，查明活动断裂的分段活动特征、线路穿过部位断裂带的分支断层组成特征，绘制活动断裂平面分带特征图、跨断层概化地质构造剖面，并进行初步分带。对活动断裂的活动特性进行研究，区分断裂的活动性、活动强度及运动特征(黏滑、蠕滑)，划分正断层、逆断层、走滑断层，查明断层的上盘、下盘及其运动方向。

(3)在初步设计及施工图阶段，应结合勘探方案及施工支洞，布置跨活动断层的试验平洞，对平洞(支洞或主洞)揭露的活动断裂及其分支断层进行详细的编录，绘制大比例尺活动断层工程活动性分带剖面，依次划分影响带、断层构造岩带，在断层构造岩带内根据断面的分布自然分段，进一步划分出角砾岩、碎粒岩、碎粉岩、断层泥带，为工程经过活动断裂抗错断设防部位的确定提供依据。

10.1.2　活动断层工程活动性分带研究方法

活动断层工程活动性分带研究方法按照宏观—工程尺度—微观，逐层推进，精度不断提高，总体来说就是综合运用卫星影像、实地调查、物探测试、构造测绘、断面特征研究、取样测试等手段，查明活动断层的工程活动性分带特征，确定断层蠕滑软弱变形带位置。

(1)通过高清区域影像及现场构造测绘等工作，分析活动断层的分段展布特征，进行活动断层工程穿越段活动时代复核及地震活动强度研究。

(2)对工程穿越段进行大比例尺构造测绘研究工作,结合断裂带各分支断层对现今地貌、水系的控制强弱、断层错断地层的新老关系,辅以跨断层坑槽探、大地电磁物探剖面、浅层地震剖面或放射性氡测试剖面,逐步确定工程活动断裂带内各分支断层的活动强弱。

(3)跨断裂带进行平面地质分带,建立活动断裂带宏观分带特征。

(4)跨活动断层绘制大比例尺构造地质学剖面,充分利用天然露头(当有覆盖层时,通过坑槽探),查明各分支断层的破碎带宽度、不同构造岩分带特征(宽度、胶结状态)、断面几何学特征、运动学特征及切割关系,取构造岩样、断层上断点样、未被错断地层年代学样品测年,宏观确定断层最新蠕滑活动性质及最新的活动断面;结合年代学样品的特征选用合适的测年方法。

(5)隧洞工程实际开挖揭露活动断裂带,对断层两侧影响带、主断面、次级断面的几何学和运动学特征进行详细编录描述,分析不同期次断面的新老切割关系,判别地震位错事件,鉴定同震位错变形带宽度;对活动断裂带进行构造岩物质分带,详细记录隧洞开挖揭露的断层影响带、角砾岩带、碎粒岩带、碎粉岩带、断层泥带宽度及性状,胶结类型及强弱,对各构造岩分带进行工程力学、矿物化学、微纳米微观定向、显微构造研究、黏土矿物、石英微形貌快速测年等研究,综合判断最近一次断层地震事件破碎带位置及同震变形带宽度,探索位错位移量与变形带宽度的正相关关系,界定最新活动的部位。

(6)通过以上方法对活动断裂从地表到地下,从宏观到微观,定量地研究并确定活动断层最新蠕滑活动断面及变形带宽度。根据地表物探测试、坑槽地层年代学研究,以及测年和构造学研究、构造岩胶结强弱等成果,定量界定活动断层最新蠕滑活动断面位置及其与工程的相互位置关系,为隧洞工程抗错断设防提供依据。

(7)综合考虑最新活动断面两侧构造岩的物理特征(粒度、胶结程度、力学指标等),结合断层的性质,确定最新蠕滑活动断面变形带的宽度。

10.1.3 典型活动断层工程活动性分带及最新活动断面快速确定

详细的活动断层工程活动性分带研究工作主要集中在施工开挖揭露阶段,施工之前的研究主要集中在地表不同尺度的分带研究,从整体宏观上查明活动断层的空间展布特征,为工程建设的设计提供技术支撑。对隧洞工程来说,活动断层地表的分带特征与地表一定深度以下隧洞洞穿部位的分带特征不尽相同,仅依靠地表工程活动性分带无法直接应用到精细化抗错断结构设计工作,需要在施工期隧洞开挖揭露后,开展详细的编录、测量、取样、测试工作,进行工程活动性分带精细化研究,鉴别出最新活动变形带的范围,界定工程措施设防的准确桩号。本书以香炉山隧洞2号支洞及部分主洞揭露龙蟠-乔后断裂带为例,进行总结分析。

根据国内外震后对地震活动断层考察、地震破裂机制研究与试验研究结果,在大多数情况下地震是沿地壳中已有的活动断层破裂、滑动扩展和终止的产物,在某些特殊情况下则是地壳岩石受力沿应变集中带破裂成核、滑动扩展形成新生断层的结果。其中,已有断层面闭锁引起弹性应变能或应力的积累,并达到摩擦强度时发生突然滑动是地壳内发生地震的主流观点。从上述原理衍生的重要假设是,未来的地震破裂最有可能沿以前发生过地震破裂的活动断层段发生。古地震以及不同时期断错地貌累积位移有规律地增加等现象印证了这一假设。同理,活动断层蠕滑运动也相对集中在活动断层最近一次破裂带内。当活动断裂发生一次强震后，在很长一段时间内（强震复发周期）断层则表现为蠕滑活动性质，沿着最近一次活动的断层面部位产生持续或断续的蠕滑运动。本书研究的龙蟠-乔后断裂带、丽江-剑川断裂带目前位于强震复发的间歇期内，现今断层活动表现为左旋走滑性质，运动模式为蠕滑运动。

活动断层最新活动部位的鉴定，主要依据跨断层坑槽（隧洞）开挖，直观揭露断裂上盘、断层破碎带、断层下盘，对揭露的壁面进行详细编录，根据断层破碎带构造岩粒度、密实程度、性状（软、硬）、不同期次断面切割关系、碎粉岩、断层泥胶结情况，辅以必需的黏土矿物类型、含量分析、石英微形貌、取样测年等手段确定活动断层最新活动部位。洞内开挖揭露的构造岩带的性状及宽度与邻近地表揭露的构造岩带的性状及宽度有一定的差异，表现出局部化特征，主要受断层两侧岩性及破裂断面的几何结构影响。

在研究中，研究对象龙蟠-乔后断裂带及丽江-剑川断裂带形成了宽缓的、长的槽谷，槽谷内全新世松散堆积层发育，有淤泥层及卵砾石层分布，无法开挖跨断层的坑槽，应充分利用香炉山隧洞 2 号支洞及主洞开展揭露进行研究，但是截至目前仅揭露了龙蟠-乔后断裂带 F1-1 断层的上盘及部分断裂带（图 10-1 中实线）。在开挖过程中，紧跟开挖进度，进行详细的编录，然后对剖面进行概化处理，在断层上盘影响带内取方解石脉测年样，在钙泥质大粒角砾岩带、角砾岩带及碎粒岩、碎粉岩带内取测年样、蒙脱石含量样品及断层泥石英微形貌样，进行了室内分析。

断层 F10-1 影响带内及大粒角砾岩带内的方解石 U 系测试结果显示，该区主要有 5 期断层活动：第一期在 300～600ka，第二期在 120～180ka，第三期期在 76ka，第四期在 50ka，第五期在 1.25ka。断层构造岩粒度越细，测试年龄越新。因角砾岩带及碎粒岩、碎粉岩黏土矿物及石英微形貌样品运输问题，导致没有获得测试结果，但可以肯定的是断层出现蒙脱石的位置一般为断层最新活动面，可以根据这些断层新生矿物进行年代学约束和显微构造的研究，从而判断最新活动面位置，进而确定最新活动部位及宽度。取构造岩样微米级和纳米级颗粒观察表明，断层面发育大量微米颗粒，少量纳米颗粒，说明断裂活动过程中，断层面上应力作用较小，不足以使岩石形成纳米颗粒，揭示断裂的性质为走滑拉张性质。

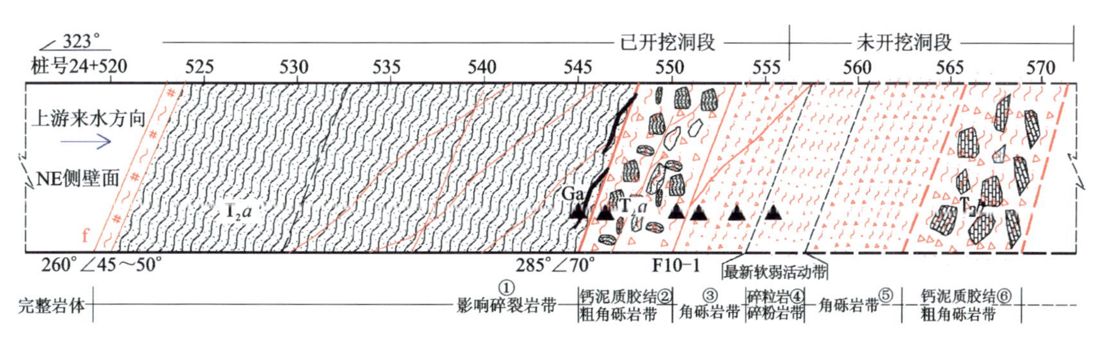

图 10-1　龙蟠-乔后断裂带 F10-1 断层洞内揭露编录图

F10-1 断层上盘岩体受断层活动影响，岩体呈碎裂状（①带），宽度大于 30m，岩体中局部可见顺岩层面发育的次级断面，沿断面可见宽 10～30cm 角砾岩、碎粒岩带，岩体中方解石脉发育（图 10-2，图 10-3），取方解石进行了 U 系测试，测试结果显示在 400～500ka 曾有过一次强烈的活动，并有热液侵入。

洞内揭露主断层面倾向285°，断面呈微波状，整体倾角约70°，向下游方向（南东侧）可见大块钙泥质胶结的角砾岩带（②带），宽约10m，角砾长轴方向无定向排列（图10-4），揭示断层曾有一期强烈的张性活动，沿主断面分布棕黄色碎粒岩、碎粉岩带（图10-5），宽约20cm，采集碎粉岩样品进行石英微形貌及定向微纳米微观运动学特征研究。

隧洞开挖揭露角砾岩带（③带），可见宽约8m，夹条带状碎粉岩、碎粒岩带（图10-6），结构软弱，遇水后松散，强度低，带内次级断面发育，连续变形迹象明显，黏土矿物含量逐渐增多。

隧洞仅揭露部分碎粒岩、碎粉岩带（④带），夹断层泥及泥化碎粉岩，呈灰绿色—灰白色条带状（图10-7），与地表及钻孔内揭露的特征一致（图10-8），失水后呈细砂及粉末状，揭露宽约3m，带内小断面发育，多呈弧形，擦面平滑，可见斜擦痕，擦痕倾伏角25°左右；碎粉岩带中有不切砾追踪微断裂、弧形或勺状擦痕；碎粒中见有研磨面、研磨坑以及擦面平滑的弧形擦痕等现象，指示断层具有蠕滑运动特征。碎粒岩、碎粉岩带工程力学性状差，为活动断裂软弱带和最新活动带，宽度约8m。取样进行黏土矿物含量测试，碎粉岩和断层泥定向样进行显微运动特征研究，断层泥样进行石英微形貌、矿物学（XRD分析）研究。根据构造岩特征，结合地表构造测绘、钻孔揭露，龙蟠-乔后断层F1-1自中更新世以来至少有过4次活动，全新世以来至少活动1次。

在开展研究工作时发现，隧洞揭露断层破碎带部位围岩类别均为Ⅴ类，岩体自稳能力差，开挖出来以后需要及时衬砌，否则会带来围岩变形、突水、突泥等工程地质问题。在循环作业期间，断裂破碎带详细编录、取样研究窗口期短。在进行编录、取样研究工作时，应抓住重点。编录过程中应快速进行分段测量，界定桩号，主要根据断面的切割新老关系、构造岩粒径、密实或胶结状态进行。对最新活动断面应详细观测断面几何学及运动学特征，断面详细记录擦痕的性状、阶步方向等。沿洞壁一侧连续高密度取样，主要包括揭示断层活动时代的年代学样品。揭示断层活动性质的运动学特征样品（需定向），主要包括断层泥、碎粉岩、断层内充填的方解石脉等。断层泥应尽可能多地取样，可根据断层泥内所含的石英颗粒进行快速的微形貌分析，进而快速地进行定年、运动模式研究，而且时间短，能满足工期的需要。

图10-2　断层附近上盘岩体中方解石脉

图10-3　方解石脉系统取样

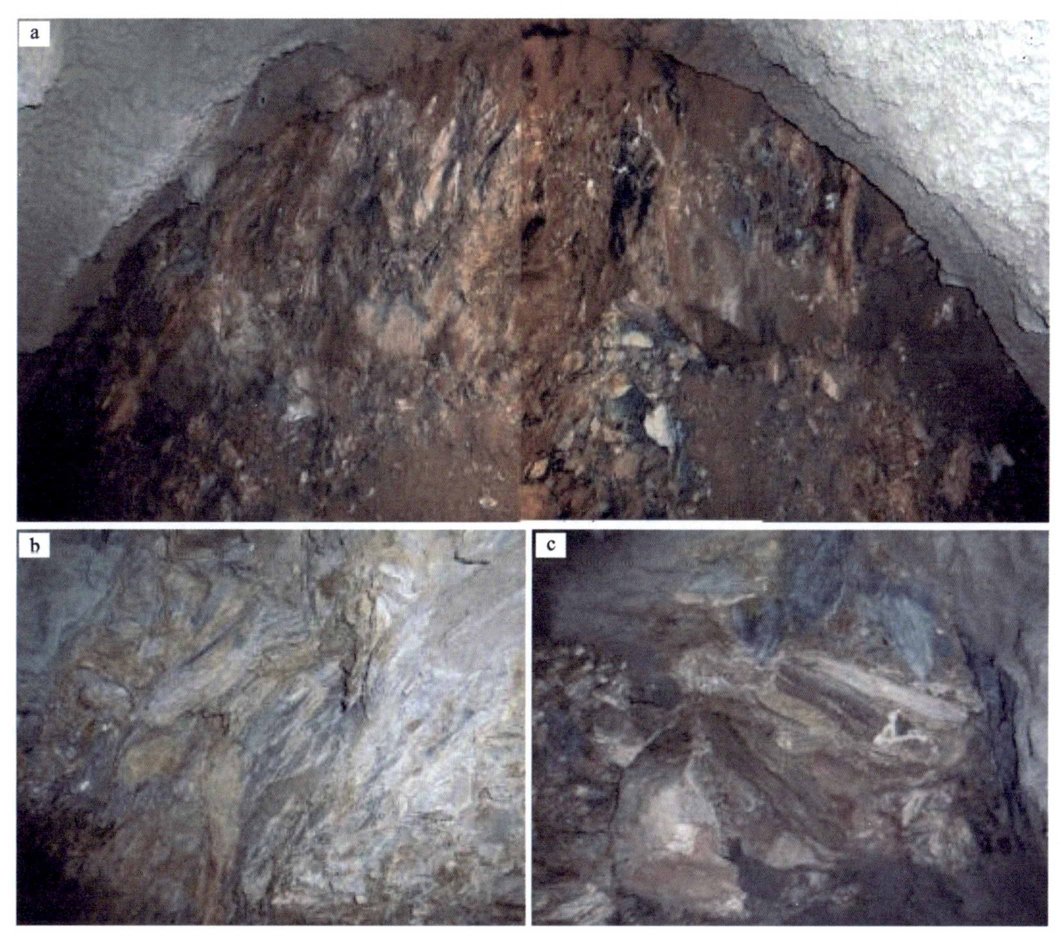

图 10-4　断裂带内角砾岩带(②带)

a. 为整体拼接图；b、c. 为局部图片

图 10-5　断裂带内碎粒岩、泥化碎粉岩(②带)

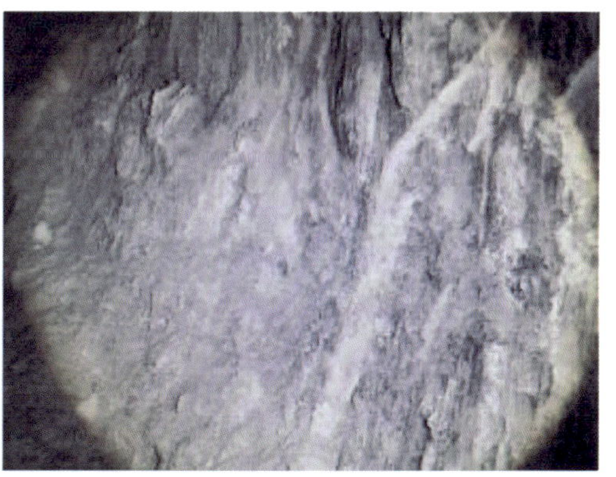

图 10-6　断裂带内碎粒岩、泥化碎粉岩(③带)

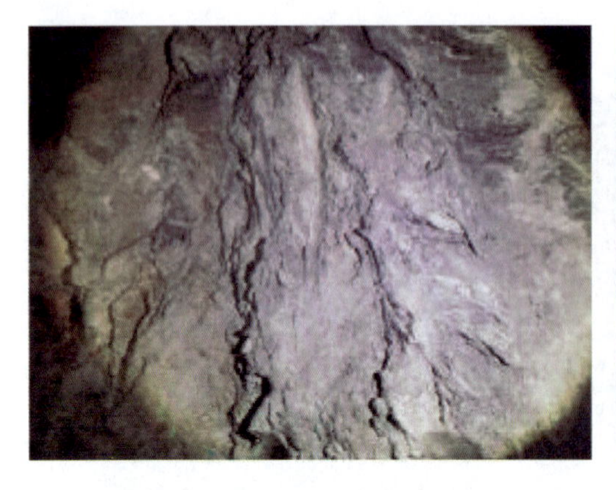

图 10-7　断裂带内碎粒岩、泥化碎粉岩(④带)

图 10-8　断裂带内碎粒岩、泥化碎粉岩(④带)

断层泥中石英颗粒表面主要有两种微形貌：①断层两盘机械摩擦碰撞产生的应力破裂微形貌，如贝壳状、阶步状等，能够反映断层的滑动方式，阶步状是蠕滑，贝壳状断口、平直擦线、撞击碎裂为黏滑。②断层泥形成之后，断层泥内的石英颗粒因断层多次活动而形成截然不同的石英刻蚀微形貌，能够反映断层活动的相对时间(表 10-1)。随着时间的增长及断层多次活动影响，断层泥中石英颗粒表面的尖锐棱角逐渐消失、光滑表面变凹凸、刻蚀坑不断加深加大，当石英颗粒表面微形貌呈鱼鳞状及橘皮状时可定性认为是中更新世断层，当呈次贝壳状为主、少量橘皮状时为晚更新世活动断层，当呈贝壳状形貌时为全新世活动断层。

表 10-1　断层泥石英颗粒表面微形貌特征年代对应表

石英颗粒表面微形貌	破裂	溶蚀微形貌					
	I_0	I_a	I_b	I_c	Ⅱ	Ⅲ	Ⅳ
贝壳状 次贝壳状 橘皮状 鱼鳞状 苔藓状 钟乳状 虫蛀状 涡穴状 珊瑚状							
年代/Ma	全新世	晚更新世	中更新世	早更新世	上新世	中新世	
		0.01			1		10

通过断层破碎带构造岩粒度、密实程度、性状(软、硬)、不同期次断面切割关系、碎粉岩、断层泥胶结情况，辅以必需的黏土矿物类型、含量测试、石英微形貌鉴定、取样测年等手段，对香炉山隧洞揭露的 F10-1 断裂带进行了活动部位确定及分带，最新活动的部位为粒度相对均匀最细的灰色碎粉岩(已开挖揭露部分)，后续隧洞开挖揭露后，再划定最新活动带的下游侧边界。

通过以上研究，总结提出活动断裂最新滑动面位置判定方法如下：依据跨断层坑槽(隧洞)开挖，直观揭露断裂上盘、断层破碎带、断层下盘，对揭露的壁面进行详细编录，根据断层破碎带构造岩粒度、密实程度、性状(软、硬)、不同期次断面切割关系、碎粉岩、断层泥胶结情况，辅以必需的黏土矿物类型、含量分析、石英微形貌、取样测年等手段确定活动断层最新活动部位。

10.2 活动断层蠕滑运动模式特征

目前，国内外对蠕滑活动断层的变形带宽度研究几乎没有，本书借鉴强震活动形成的变形带研究成果进行了定性的研究。

地震活动断层破裂带和变形带的宽度取决于活动断层断面的几何学特征、地震震级、断层破裂带内岩(土)体性状及软硬程度。$M \geqslant 6.5$ 级的地震沿发震活动断层形成条带状展布的变形带，变形带的宽度在数米至数十米不等(徐锡伟等，2018)，某些地段受断层几何构造的影响，变形带宽度可能超过百米，表现出变形和破裂局部化的典型特征。总体来看，陡倾角走滑断层发生的强震变形带宽度为断层破裂带两侧一定的范围，变形带的宽度主要受地震震级大小的影响。

徐锡伟等(2018)通过调查昆仑山库赛湖地震、海城地震等多个地震的地表变形带，认为强变形带宽度大部分小于或等于 30m。张永双等(2010)通过汶川地震地表破裂影响带调查认为，地表破裂宽度与地表破裂垂直位移存在如下关系：

$$D = 11.1H + 16.0 \tag{10-1}$$

式中：D 为地表破裂影响带宽度，m；H 为地表破裂垂直位移，m。

对于蠕滑活动断层，因断层长期蠕滑活动从而引起一定范围内的变形，变形带的分布范围与蠕滑活动断层蠕滑运动速率及累计位移量息息相关。理论上来说，累计位移量越大，变形带宽度(D)也越大，同时变形带的宽度受最新活动带的宽度(L)、破碎带内构造岩胶结强度、构造岩粒度、均匀性影响。当蠕滑活动断层百年累计位移量与强震位错量相同时，在同等介质情况下，断层蠕滑产生的变形带宽度应小于强震活动产生的变形带宽度。本书研究认为陡倾角蠕滑断层位错变形带宽度与累计位移变形量也存在一定的正比例关系，同时因断层并非完全垂直，具有一定倾滑特征，要考虑一定的“上盘效应，即上盘变形量比下盘大”，探索性的提出蠕滑断层变形带宽度计算公式如下：

蠕滑断层变形带宽度：$D = D1 + D2$ (10-2)

最新滑动断面上盘变形带：$D1 = kS + 10.0$ (10-3)

最新滑动断面下盘变形带：$D2 = kS + 8.0$ (10-4)

式中：D 为蠕滑断层变形带宽度，m；S 为蠕滑百年位错量，m；k 为系数，取值范围 6～10，最新活动断面两侧构造岩为粒度细时取低值，粒度大时取高值。

当计算得到的蠕滑断层变形带宽度(D)大于最新活动软弱带宽度(L)，应取最新活动软弱带宽度(L)并适当外包络；当最新活动软弱带宽度(L)范围内存在多个同期最新活动断面时，叠加各断面计算得到的变形带宽度(D)。在工程使用年限内(按 100 年计)，对香炉山隧洞穿过的龙蟠-乔后断裂分支断层进行蠕滑变形带宽度计算，按均匀的碎粉岩计，k 取 6，累计位移量取 0.6～0.72m，初步计算，其中断层 F10-1 上盘变形带宽度为 13.6～14.32m($D1$)，下盘变形带宽度为 11.6～12.32m($D2$)，总变形带宽度为 25.2～26.64m(需要开挖后验证性修正)。

活动断裂滑动方式，即断层滑动位移分布模式。本书主要针对蠕滑活动断裂百年累计滑动位移量在变形带内的分布模式进行研究。

受变形带宽度、构造岩粒度、胶结强度、软硬程度等影响，本书借鉴活动断层坑槽揭露变形特征，进行了概括归纳总结，并定性分析，构建了适用于蠕滑模式的断层滑动方式判定标准。断层滑动方式主要有以下两种(图 10-9)：当软弱破碎带宽度(L)大于理论计算变形带宽度(D)时(图 10-9a)，活动断裂累计位移在变形带内呈曲线分布，在最新活动断面附近位移相对集中分布；当软弱活动破碎带宽度(L)较小(图 10-9b)，小于理论计算变形带宽度(D)时，因受两侧胶结较好或大粒角砾岩等围岩岩体力学性质好、与软弱带内力学性质差异大的影响，累计位移在变形带内呈近似的直线分布。

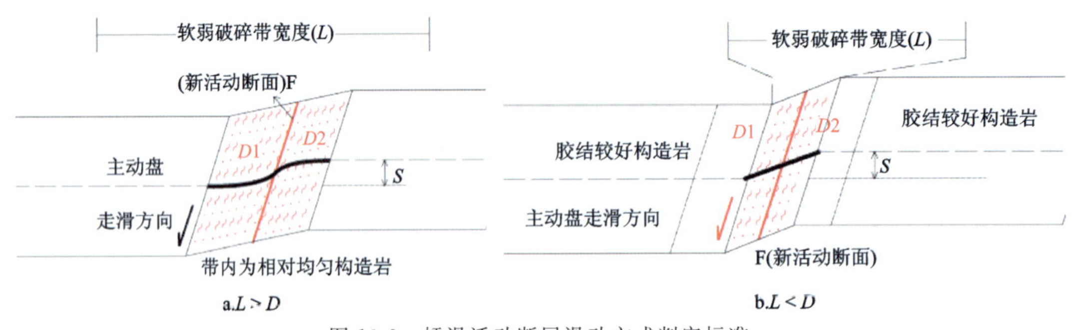

图 10-9　蠕滑活动断层滑动方式判定标准

10.3　活动断裂带错动位置及位错速率分布特征

10.3.1　龙蟠-乔后断裂带活动速率初步研究

龙蟠-乔后断裂带是一条从早古生代起就长期处于活动状态的断裂带，破碎带宽 100～200m，力学性质复杂。该条断裂水系不太发育，沿着断裂带出现一系列断层谷和残余断层夹块的构造样式，其水平和垂直运动速率初步简述如下。

龙蟠-乔后断裂带在垂直方向上的运动方式有过变化。很多证据表明龙蟠-乔后断裂带在新近纪以前表现有逆冲性质。如在乔后合江桥边，苍山群逆冲于上三叠统的红色砂砾岩、页岩之上；桃园附近的断裂带内新近系有明显的挤压片理化和微变质作用，古近系中的砾石被压扁拉长，其长轴方向与断裂走向一致；梅园到九河一带，东盘三叠系在断裂附近发生倒转。而现在，龙蟠-乔后断裂带处于拉张环境。

同时，龙蟠-乔后断裂带在水平方向上的运动方式也发生过变化。在九河一带与沙溪以南，断裂带东盘泥盆系灰岩中存在着一组轴向北东的褶皱，这表明断裂带在较早的时期有过左旋走滑运动。断裂西盘的苍山群、古生界、中生界都被向北错断，地层越老，位错越大。另外，据区测报告，乔后一带，三叠系中的节理产状显示断裂有过右旋运动；剑川北的梅园到九河一带上新近系中有近南北向的背斜褶皱，这也是断裂右旋运动的产物。由此，可以认为龙蟠-乔后断裂在新近纪末期仍为右旋错动，直到第四纪期间才转化为左旋运动(何科昭等，1983)。这个转化很可能发生在早更新世中晚期(冉永康等，1987)。

沿断裂带发育有龙蟠、九河、剑川、沙溪、乔后等盆地。盆地边界受断裂控制，其中发育有厚度不等的第四系沉积。乔后盆地位于断裂南端，它的形成与断裂活动的尾端拉张有关。沙溪盆地形似菱形，其东北和西南边界表现为正断层性质，而其他两个边界断层以走滑为主，是较为典型的走滑拉分盆地，盆内第四系沉积厚约 300m。剑川盆地构造较复杂，受多组断裂控制。剑川断裂从盆地西部通过，丽江-小金河断裂由东北角进入盆地，止于剑川县城以西。从盆地东南的玉华水库一带，经甸南到西中乡一线有一条北西向断裂。后两条断层的走滑作用导致了剑川盆地东部边界的正断层，并控制剑川盆地第四纪中晚期以来的沉降中心。盆地中第四系沉积厚度 500m。剑川以北的九河盆地长 16km，宽仅 1.5～2km，第四系沉积厚约 200m，表现出断裂的张性拉开，沿断裂破碎带侵蚀下掉的特征。最北的龙蟠盆地与前述的盆地不同，它更可能是金沙江沿断裂破碎带侵蚀、堆积而成。

龙蟠-乔后断裂带在剑川盆地最为发育。翟青山等(1989)通过钻孔崩落应力测量资料确定，剑川应力场方向为北偏东 20°。盆地南部的隆起由南向北。该盆地周围有不同时代、不同层次的地貌面，时代越老位置越高，从四周向盆地逐渐变新。各级地貌面的形成和变形受第四纪以来断裂运动控制。

断裂以西海拔 2700～2800m 的台面是上新世末期形成的夷平面。该台面现今分别高出九河、剑川、沙溪 500～600m，而这几个盆地分别埋藏在 200m、300m 和 500m 之下。但纵观整条断裂，两侧山地的夷平面没有位差(李祥根等，1986)，断裂只在盆地段或靠近盆地段表现出一定的倾滑运动。

《滇西北地区活动断裂》(1990)指出，龙蟠-乔后断裂带是一条从古生代就开始活动的断裂，前第四纪断裂以压性右旋走滑为主。第四纪中晚期，断裂表现为左旋走滑运动，其中南段压性明显，而北段则为张扭性。断裂在山区以走滑为主，速率为 2.2mm/a，是倾滑量的 10 倍。在各盆地，垂直速率不一，剑川盆地最大。第四纪平均垂直滑动速率为 0.44mm/a，全新世速率为 2mm/a。剑川盆地水平滑动速率是其在全新世垂直滑动速率的 1/3。

而在中国地震局地质研究所(2002)完成的中甸龙蟠-乔后断裂活动性鉴定与金沙江龙蟠上虎跳峡段区域地震基本烈度复核研究工作报告中，根据断裂几何结构、地形地貌、活动性质、活动时代、活动度和地震活动差异等将龙蟠-乔后断裂分为 4 段：①塘上村段，长约 21km，断裂结构简单，为单体式断裂，线性地貌清楚，断错水系、断层陡坎发育，最新活动时代为全新世，水平活动速率为 3.03mm/a，垂直速率为 0.43mm/a；②剑川段，长约 28km，断裂呈雁行式排列，多条斜向断裂插入，断陷盆地发育，最新活动时代为全新世，水平滑动速率为 3.03mm/a，垂直速率为 0.41mm/a，有多次级 $M>6.0$ 地震；③白汉场段，长约 44km，断裂结构简单，南段由两条平行断裂组成，控制长条形断陷盆地的发育，断层水系非常发育，最新活动时代为全新世，平均水平滑动速率为 1.17mm/a，南段为 0.45mm/a，垂直速率南端为 0.31mm/a，北段为 0.13mma，有多次级地震；④中和段，长约 22km。断裂结构较简单，北段断裂分叉，断裂线性地貌较清楚，活动性质走滑拉张，晚更新世有活动，有中小地震活动，水平滑动仅在晚更新世活动，滑动速率仅为 0.45mm/a，全新世断裂未见活动，垂直速率趋近于零。由此可见，龙蟠-乔后断裂晚更新世以来主要是左旋拉张性质的断裂，其水平滑动速率由南向北逐渐变小，垂直方向也一样。

在古地震研究方面，计风梧等(1987)在剑川龙门邑西南 200m 附近的两个断层剖面和一个探槽剖面上获得了该断裂上的 3 次古地震事件。

第一次事件发生在(10 328±577)a BP之前,估算事件时间为左右10 000a BP。

第二次事件发生在(7847±1466)a BP之后,在假定龙门邑断层全新世期间位错速率均等的基础上推测事件发生在5225a BP左右。

第三次事件发生在1751年6.75剑川级历史地震,是通过张裂隙中充填的耕作土推断出的,但未见明显断距。

这三次地震均应是$M>6.5$,其重复间隔为4700～5000a。而通过历史地震分析可知,6～6.5级地震的重复间隔约200a。

本节从区域地质构造背景的角度介绍了滇西北地区区域构造演化历史、主要断裂带的位置和演化历史、新生代地层沉积特点,重点围绕龙蟠-乔后断裂带的研究情况,主要有以下认识:

(1)龙蟠-乔后断裂带形成时间较早,在早古生代时期就开始活动。它所处位置相当复杂,在乔后与通甸山断裂带相交,呈北北东向延伸,又正好处于北东向丽江-小金河断裂带与北西向红河断裂带之间的结合部位,与二者形成了地槽与地台的分界。

(2)龙蟠-乔后断裂带在岩浆活动方面,从二叠纪起就有玄武岩沿裂隙呈线状喷发,在喜马拉雅期有酸性花岗岩类侵入,直到上新世,在剑川盆地以西还有大量碱性粗面岩溢出和喷发。在沉积层方面,古生代地层在断裂南段出露于东盘,北段则相反,中生代和第三纪地层主要出露在断裂以西,而第四纪地层则主要分布在盆地。

(3)第四纪地层沿龙蟠-乔后断裂带均有分布,其中在剑川盆地尤为发育。早更新世地层以蛇山组为代表,是以黏土、泥、粉细砂等为主的河流相、河湖相及湖沼相沉积,并有中粗砂含砾石及砂砾石为主的洪积相沉积,年龄范围在70万年～240万年;中更新世以鹤云寺组为代表,是以砂层和砂砾石层为主夹薄层粉细砂及砂质黏土的洪冲积相和河流相沉积,年龄范围在10(12)万年～70万年;晚更新世地层以甸南组为代表,是以黏土、泥、砂质黏土、黏土质砂及粉细砂等为主的河湖相和湖沼相沉积,也还有砂砾石、粗细砂等为主的洪积相、河漫滩相和冰水沉积,年龄范围在1.2万年～10(12)万年;全新世地层是以泥、黏土、砂质黏土及泥炭为主的河湖相和湖沼相沉积,还有以砂、砂砾石为主的河流相和洪冲积相沉积,年龄范围是1.2万年以来。

(4)龙蟠-乔后断裂带在前第四纪断裂以压性右旋走滑为主,第四纪中晚期,断裂表现为左旋走滑运动,其中南段压性明显,而北段则为张扭性。第四纪以来,断裂带水平滑动速率由南向北逐渐变小,垂直方向也是一样,其中剑川段水平滑动速率为2.7mm/a,垂直速率为0.41mm/a。

(5)龙蟠-乔后断裂带发生过3次$M>6.5$的地震,时间分别为10 000a BP、5225a BP和1751年,其重复间隔约为200年。

10.3.2 丽江-剑川断裂水平和垂直运动速率估计

对于断裂带的滑动速率各家给出的数据不一致,归纳为全新世以来的水平滑动速率1～5mm/a,垂直滑动速率为0.2～0.79mm/a;中更新世以来水平滑动速率3.7～3.8mm/a,垂直滑动速1～1.5mm/a。

前人通过遥感图像解译和判读(图10-10,图10-11)认为,丽江-剑川断裂带地貌表现为较明显的线性特征，侧重于断裂带附近的地貌高程分析和年代学测试两个方面。

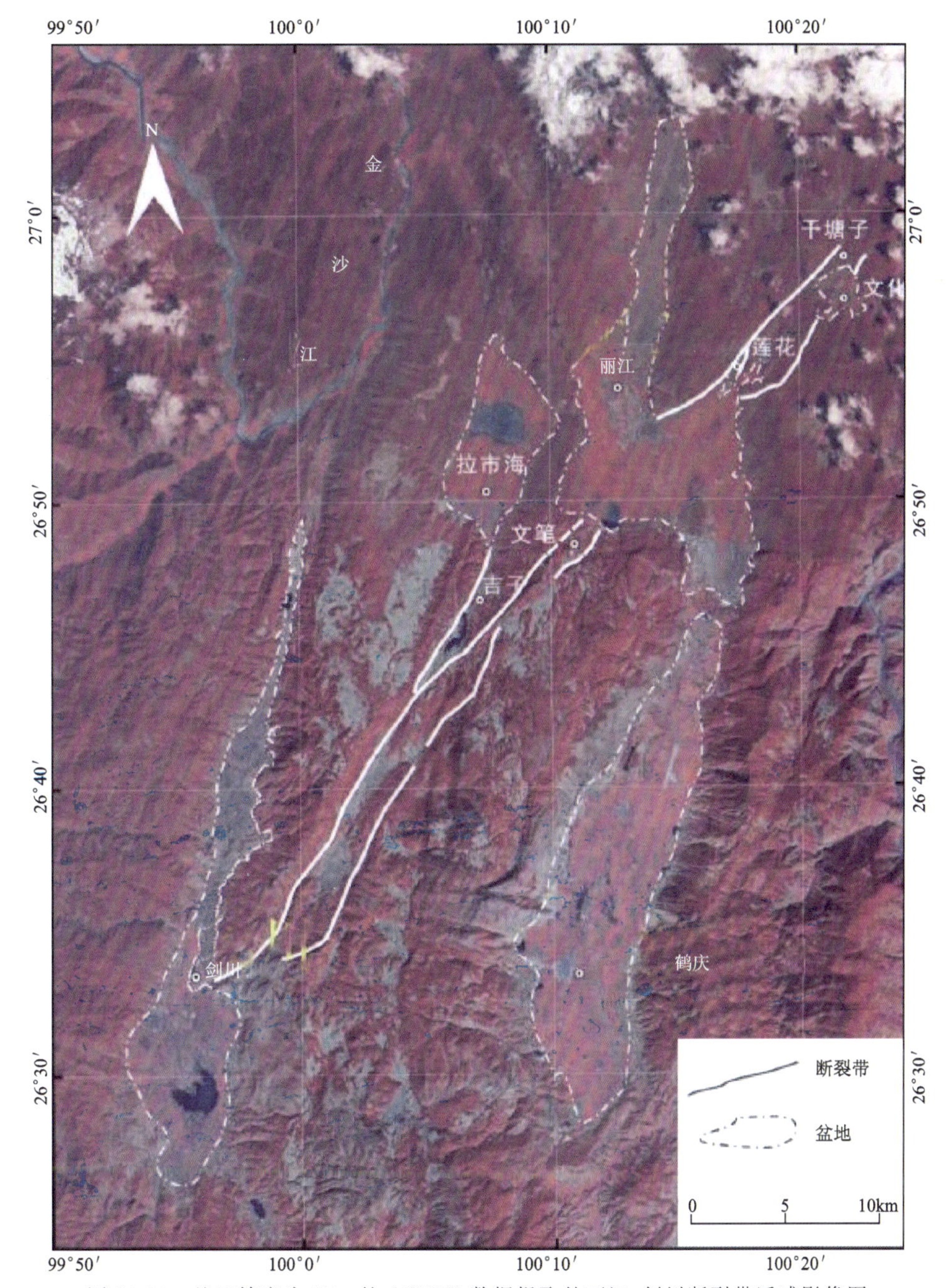

图10-10　基于精度为15m的ASTER数据提取的丽江-剑川断裂带遥感影像图

团山附近采石场中西北支断裂带附近二叠系黑泥哨组玄武岩片理化，片理产状南东88°，片理间距在1～2cm之间，局部呈透镜状(图10-12)。断裂带附近的岩石强烈破碎，沿断裂带陡崖下可见多处角砾破碎带。沿断裂采石场灰岩露头显示，变形作用随着断裂带深度变化。靠近断裂带的岩石变形明显，而远离断裂带变形则相对较弱。

在莲花村一带观测点中腊美组泥岩逆冲至北衙组的灰岩上部(图10-13)，断裂带附近的

图 10-11 丽江-剑川断裂带及两侧三维影像图

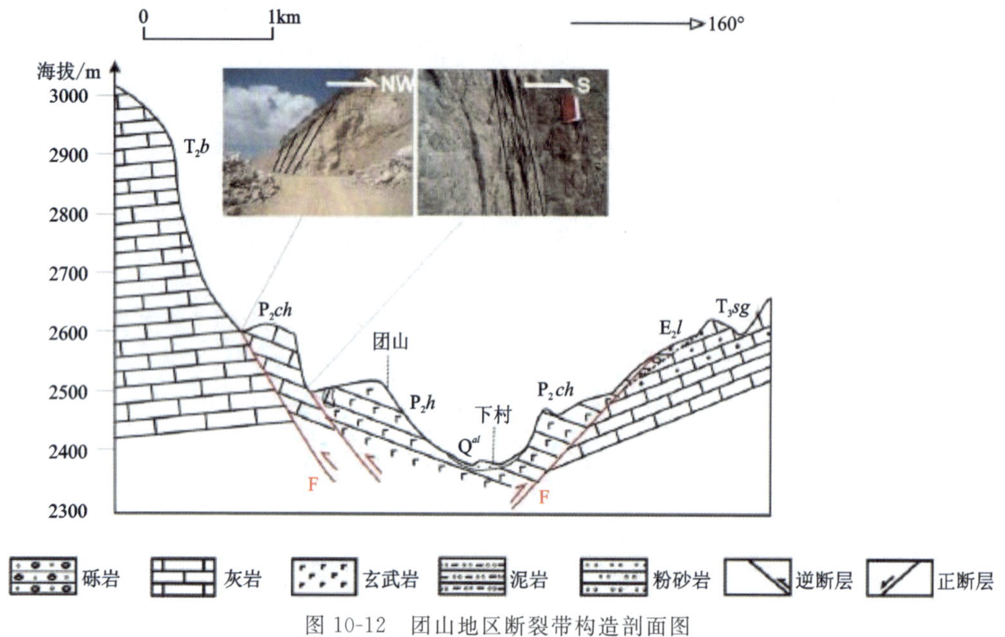

图 10-12 团山地区断裂带构造剖面图

P_2h. 二叠系黑泥哨组；T_2b. 三叠系北衙组；T_3sg. 三叠系松桂组；P_2ch. 二叠系长兴组；

E_2l. 始新统丽江组；Q^{al}. 第四系冲积

露头中泥岩与灰岩接触带夹有钙质粉砂岩，该位置腊美组钙质砂岩产状急剧变陡，为北西西48°～72°。泥岩中有壳类化石，同时有伴生若干小型揉皱带，产状较为复杂，揉皱带总体指示上盘向北北西方向滑动，在断裂带附近三叠系泥岩与灰岩产状差异显著，泥岩的产状为40°∠13°，而灰岩的产状大致为北西41°。断裂带形成了由腊美组构成的极小型飞来峰构造。

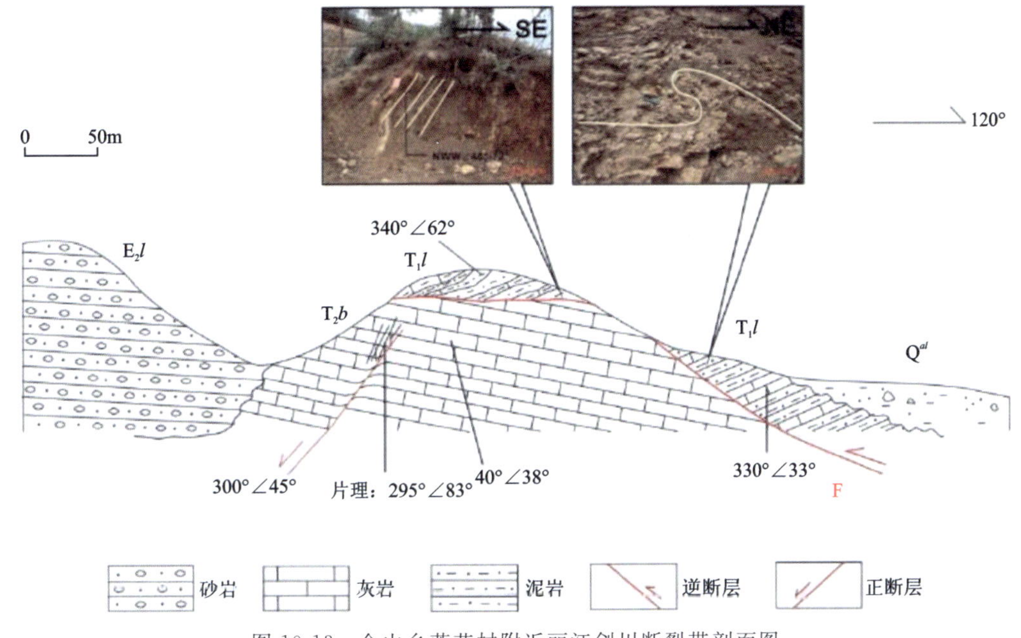

图10-13　金山乡莲花村附近丽江剑川断裂带剖面图

E_2l. 始新统丽江组；T_2b. 三叠系北衙组；T_1l. 三叠系腊美组；Q^{al}. 第四系冲积

10.3.3　鹤庆-洱源断裂水平和垂直运动速率估计

基于滇西地区活动断层水平运动速率的估计，20世纪80年代就做过不少工作。在过去几十年，有关断层水平运动速率的估计在研究思路和方法并没有新的突破，地表水系依然是断层水平运动速率估计的主要方式。本书综合野外调查结果和前人研究成果，对鹤庆-洱源断裂带水平运动速率以及断层活动归纳整理(表10-2，表10-3，表10-4)，其余3条断裂水系分布较少，需要进一步研究。

1. 小团山-垛古当段

前人对该段断层的运动参数较少谈及。本段断层展布较复杂，活动性较强的北北东向断层在局部位置切过山麓冲积扇，为确定断层运动提供了参照系。图10-14a显示的是在启可村与美白村之间断层和冲沟断错的关系。南部冲沟断错晚更新世冲积扇，水平断距约20m，据此估计水平速度约0.7mm/a(冲积扇以30ka计)；北部断层两侧基岩台地则显示了明显的垂直断错(图10-14b)，冲沟也显示了断层的右旋活动。断层以东平台高度大致2520～2530m，西侧约2430～2440m，两侧台地高差约90m。关于台地断错时代，可以通过区域地貌面来估计。隔盆相望的蛇山(向西约3km)，山顶海拔大致在2435m，与前述台地属于同一级地貌面。基于这一地貌与地层关系，可以认为蛇山组发育以来断层垂直位错达90m。而蛇山组生物化石特征显示其年代为早更新世早期，如果假定其形成于格拉斯期(Gelasian，2.588～1.806Ma)，断错开始于沉积之后，由此估计的断层垂向运动速度大致为0.05mm/a。

表 10-2　前人测年结果统计表

序号	采样位置	岩性/物性	成因	东经	北纬	测试方法	年龄	水平速率	垂直速率	时间段	文献
1	剑川西南侧一小拉分盆地的探槽剖面	泥炭	砂砾石层	99°52′43.77″	26°29′26.64″	^{14}C	10 010±4.0a BP				汤勇，胡朝忠，田勤俭，等，2014
2		泥炭	黏土层				6320±40a BP				
3		泥炭	泥炭层				6130±30a BP				
4		泥炭	黏土层				33 860±280a BP				
5	永胜盆地灵源河东岸Ⅱ级阶地	亚黏土	亚黏土层	100°45′33.61″	26°41′28.59″	^{14}C	>42 000a BP				彭贵，焦文强，1986
6		亚黏土	亚黏土层				40 950±3440a BP				
7		亚黏土	砂砾石层				28 925±800a BP				
8	永胜县西北方向约200米灵源西岸Ⅱ级阶地	泥炭	泥炭层底部	100°44′26.35″	26°41′10.12″	^{14}C	20 390±305a BP				
9		泥炭	泥炭层中下部				18 575±250a BP				
10		泥炭	泥炭层中上部				18 335±245a				
11		泥炭	泥炭层顶部				15 860±270a				
12	金官盆地西南缘	含碳亚黏土	砂砾石层	100°40′16.06″	26°42′36.35″	^{14}C	33 320±1885a				
13	永胜盆地西洪水塘南	含碳砂黏土	砂黏土层	100°41′35.97″	26°43′58.01″	^{14}C	7750±135a				
14	剑川县塘上村公路旁	粉砂	粉砂层	99°55′56.28″	26°26′57.05″	光释光	47.14ka				汤勇，2014
15	剑川县印盒村西北公路旁	粉砂层	湖滨相交错层理的粉砂层	99°53′43.63″	26°27′16.42″	光释光	62.033 5ka				

续表 10-2

序号	采样位置	岩性/物性	成因	东经	北纬	测试方法	年龄	水平速率	垂直速率	时间段	文献
16	剑川中北村剖面	粉砂质黏土	粉砂质黏土层	99°53′14.63″	26°26′52.34″	ESR	37±5.2ka				
17	剑川中北村剖面	粉砂质黏土	粉砂质黏土层	99°53′14.63″	26°26′52.34″	ESR	38±5.7ka				
18	剑川水泥厂剖面	黏土	黏土层	99°56′6.98″	26°34′49.15″	^{14}C	10 230±50a BP				汤勇，2014
19	仁和村吊桥东侧Ⅱ级阶地	含碳砂土	砂层	100° 4′42.78″	27° 3′3.33″	^{14}C	10 890±40a				
20	甸南江尾河南部的阶地	粉砂	下部粉砂层	99°55′12.20″	26°30′21.51″	光释光	47.13ka BP				
21	龙门村附近江尾河北部Ⅴ级阶地	粉砂	粉砂层	99°53′31.84″	26°30′4.95″	光释光	118.14ka BP				
22	江长门Ⅰ级阶地	含碳砂土	粉砂层	99°52′15.18″	26°26′57.69″	^{14}C	7320±30a BP				
23	江长门北Ⅳ级阶地	粉砂	粉砂层	99°52′16.67″	26°27′28.61″	光释光	87.059ka				
24	北长村山间盆地	细粒石英	冲洪积层顶部	100° 8′10.31″	26°26′7.09″	光释光	100.73±10.16ka				沈晓明，李德文，孙昌斌，等，2016
25	北长村山间盆地	细粒石英	粉砂质黏土				101.63±10.72ka				
26	北长村山间盆地	细粒石英	冲洪积层				99.39±10.95ka				

续表 10-2

序号	采样位置	岩性/物性	成因	东经	北纬	测试方法	年龄	水平速率	垂直速率	时间段	文献
27	小菁河西侧瓜拉坡剖面	泥炭	炭泥层	100° 3′42.78″	26°23′40.76″	^{14}C	16 780±60a BP				
28	福和村	细粒石英	洪积层顶部	100° 3′1.74″	26°22′47.59″	光释光	122.6±15ka				
29	福和村	细粒石英	洪积层断层楔				86.46±9.27ka				
30	板桥村	细粒石英	洪积砂砾石层	100° 1′9.08″	26°20′19.48″	光释光	52.78±4.39ka				
31	板桥村	细粒石英	砂砾层中细脉				114.93±9.59ka				
32	板桥村	细粒石英	粉砂质黏土				98.48±7.96ka				
33	板桥村	细粒石英	被穿插的地层				150.46±12.44ka				
34	板桥村	细粒石英					58.38±6.18ka				
35	板桥村	细粒石英	砂砾层中砂脉	100° 1′9.08″	26°20′19.48″	光释光	87.15±7.40ka				
36	鹤庆东南六合村	锆石	透辉石正长斑岩	100°20′1.00″	26°24′15.00″	SHRIMP U-Pb	37.8±1.1 Ma				夏斌，耿庆荣，张玉泉，2007
37	奔子栏金沙江Ⅱ级阶地	细砂	砂层			光释光	21.10 ± 3.20ka				常祖峰，张艳凤，李鉴林，等,2014
38	中甸盆地东南缘	黑色炭粒	全新统坡积层			^{14}C	1930 ± 30a BP				
39	大具盆地西部的永壳村	贝壳	含砂砾石层(含贝壳)	100°12′56.29″	27°18′51.96″	^{14}C	25 620 ± 110a				

续表 10-2

序号	采样位置	岩性/物性	成因	东经	北纬	测试方法	年龄	水平速率	垂直速率	时间段	文献
40	大具盆地永壳村南	炭粒	湖相黏土层			^{14}C	7040±40a				
41	哈巴盆地金沙江支流Ⅱ级阶地	炭粒	Ⅱ级阶地上部	100° 8′19.33″	27°22′44.69″	^{14}C	4850±60a	1.7～2.0 mm/a	0.6～0.7 mm/a	全新世以来	
42	丽江-小金河断裂带西南段南溪担读村北东山前地带	泥炭	洪积砾石层之上的黑色泥炭层	100° 8′15.85″	26°45′28.46″	^{14}C	9910±210a	3.1±0.4 mm/a			徐锡伟，闻学泽，郑荣章，等，2003
43	丽江盆地北东的团山莲花村	木炭	砂砾石层（冲洪积扇）	100°16′14.07″	26°53′39.07″	^{14}C	2950±110a	4.5±0.2 mm/a	0.65±0.14 mm/a	全新世以来	
44	丽江盆地莲花村小冲沟阶地	木炭	灰色砾石层	100°16′7.72″	26°53′46.21″	^{14}C	1905±95a				
45	鹤庆盆地东南钻孔（1.45m处）	泥炭	棕灰色泥	100°10′14.20″	26°32′6.88″	^{14}C	5885±110a				童国榜，刘志明，王苏民，等，2002
46	鹤庆盆地东南钻孔（3.5m 处）	泥炭	青灰色泥	100°10′14.20″	26°32′6.88″	^{14}C	11 858±370a BP				

续表 10-2

序号	采样位置	岩性/物性	成因	东经	北纬	测试方法	年龄	水平速率	垂直速率	时间段	文献
47	鹤庆盆地东南钻孔（8.11m 处）	泥炭	灰绿色泥	100°10′14.20″	26°32′6.88″		30 586±1120a BP				
48	剑川县江长门南冲沟	黏土	黏土层	99°52′52.92″	26°26′44.57″	光释光	94.397 5ka				汤勇，2014；肖海丰，沈吉，肖霞云，2006
49	剑川县江长门南冲沟						112.260 75ka				
50	剑川县塘上村公路旁	粉砂	粉砂层	99°55′56.28″	26°26′57.05″	光释光	47.14ka				
51	鹤庆钻孔24.62m处	泥	细砂层夹泥层	100°10′14.20″	26°33′43.10″	古地磁测年	0.123Ma				
52	鹤庆钻孔152.12m 处	细砂	细砂层夹泥层				0.78Ma				
53	鹤庆钻孔157.2m 处	粗砂	粗砂层夹泥层				0.822Ma				
54	鹤庆钻孔177.89m 处	泥	红褐色粗砂和泥互层				0.886Ma				
55	鹤庆钻孔187.68m 处	粗砂	红褐色粗砂和泥互层				0.932Ma				

续表 10-2

序号	采样位置	岩性/物性	成因	东经	北纬	测试方法	年龄	水平速率	垂直速率	时间段	文献
56	鹤庆钻孔 193.57m处	砂砾	红褐色砂砾混杂堆积				0.987Ma				
57	鹤庆钻孔 233.53m处	泥	灰黑色泥				1.068Ma				
58	鹤庆钻孔 245.2m处	泥	青灰色泥				1.115Ma				
59	鹤庆钻孔 290.15m处	粉砂	泥夹粉砂层	100°10′14.20″	26°33′43.10″	古地磁测年	1.19Ma				肖海丰，沈吉，肖霞云，2006
60	鹤庆钻孔 293.49m处	泥	黄灰色泥				1.215Ma				
61	鹤庆钻孔 308.89m处	泥	红褐色泥夹砂砾				1.255Ma				
62	鹤庆钻孔 355.36m处	砂砾	红褐色泥夹砂砾				1.472Ma				
63	鹤庆钻孔 357.68m处	砾石	红褐色砾石层				1.48Ma				
64	鹤庆钻孔 388.24m处	泥	青灰色泥				1.571Ma				
65	鹤庆钻孔 416.42m处	粉砂	泥夹的粉砂层				1.778Ma				

续表 10-2

序号	采样位置	岩性/物性	成因	东经	北纬	测试方法	年龄	水平速率	垂直速率	时间段	文献
66	鹤庆钻孔 452.93m 处	泥	青灰色泥层	100°10′14.20″	26°33′43.10″	古地磁测年	1.945Ma				肖海丰，沈吉，肖霞云，2006
67	鹤庆钻孔 468.65m 处	细砂	灰黑色细砂层				1.977Ma				
68	鹤庆钻孔 539.53m 处	粉砂	含砾石粉砂层				2.14Ma				
69	鹤庆钻孔 542.61m 处	黑色泥	湖泊相黑色泥				2.15Ma				
70	鹤庆钻孔 668.52m 处	砾石	湖泊相砾石层				2.581Ma				
71	大理市定西岭冲沟	含碳砾石	冲沟沉积物	100°22′4.99″	25°26′22.27″	^{14}C	5365±90a				虢顺民，张靖，李祥根，等，1984
72	大理下关苍山山前	含碳砾石	冲沟沉积物	100°11′55.82″	25°35′52.03″	^{14}C	18 695±285a	5mm/a			
73	大理蝴蝶泉	含碳砾石	砂砾石层（与上一点属于同一套地层）	100° 5′48.20″	25°54′30.62″	^{14}C	6050±95a		9mm/a		
74	宁蒗县母猪达探槽 MZDC-1	炭粒	细砾层夹的细砂透镜体	100°42′26.66″	27°18′22.48″	^{14}C	390±100a				丁锐，任俊杰，张世民，等，2018

续表 10-2

序号	采样位置	岩性/物性	成因	东经	北纬	测试方法	年龄	水平速率	垂直速率	时间段	文献
75	MZDC-3	炭粒	粉砂层	100°42′26.66″	27°18′22.48″	^{14}C	1900±60a				丁锐，任俊杰，张世民，等,2018
76	MZDC-5	炭粒	砾石层夹的粉砂透镜体				7960±80a				
77	MZDC-6	炭粒	砾石层				8390±60a				
78	MZDC-8	炭粒	含砾粉细砂黏土层				5500±100a				
79	MZDC-16	炭粒	砂砾石层				2210±140a	异常值?			
80	MZDC-18	炭粒	含砾粉砂质黏土层				2210±140a				
81	MZDC-21	有机沉积物	细砂层				4710±160a				
82	MZDC-22	炭粒	粉砂土层				4710±160a				
83	MZDC-23	炭粒	含砾粉砂质黏土层				2230±120a				
84	MZDC-24	炭粒	粉砂层				1860±60a				
85	MZDC-25	炭粒	粉砂层				1880±60a				
86	MZDC-26	炭粒	细砾层				1980±80a	异常值?			

续表 10-2

序号	采样位置	岩性/物性	成因	东经	北纬	测试方法	年龄	水平速率	垂直速率	时间段	文献
87	宁蒗红星探槽 JMC-3	炭屑	含砾粉细砂层	100°36′44.10″	27°11′48.65″	^{14}C	2030±100a	异常值			丁锐，任俊杰，张世民，等,2018
88	JMC-6	有机沉积物	含砾细砂层	100°36′44.10″	27°11′48.65″	^{14}C	4990±160a				
89	JMC-7	炭屑	含角砾砂土层				1910±60a	异常值			
90	JMC-9	炭屑	含角砾砂土层				112.4±0.3(pMC)	异常值			
91	JMC-11	炭屑	含角砾砂土层				1280±60a				
92	JMC-12	有机沉积物	含角砾砂土层				3920±80a	异常值			
93	13JMC1	炭屑	含角砾砂土层				2080±100a				
94	13JMC2	炭屑	含角砾砂土层				2040±100a				
95	13JMC3	炭屑	崩积相砾石层				1920±60a				
96	13JMC4	有机沉积物	含角砾砂土层				3340±100a				
97	13JMC5	炭屑	含角砾砂土层				1280±60a				
98	宁蒗干塘子探槽 W02	炭屑	黏土层	100°21′20.77″	26°58′32.50″	^{14}C	19 490±160a				
99	W03	炭屑	黏土层				19 490±160a				

续表 10-2

序号	采样位置	岩性/物性	成因	东经	北纬	测试方法	年龄	水平速率	垂直速率	时间段	文献
100	W04	炭屑	黏土层				3970±140a				
101	W08	炭屑	含砾砂土层				740±60a				
102	W09	炭屑	粉砂质黏土层	100°21′20.77″	26°58′32.50″	^{14}C	180±180a				丁锐，任俊杰，张世民，等,2018
103	E01	炭屑	粗砂黏土层				46 620±460a				
104	E14	炭屑	黏土层				10 020±200a				
105	E15	炭屑	粗砂黏土层				43 140±440a				
106	ETWC-B	炭屑	黏土层				2450±160a				
107	ETWC-C	炭屑	黏土层				2610±140a				
108	ETWC-V	炭屑	黏土层				4030±100a				
109	ETWC-X	炭屑	淤泥质土层				1620±80a				
110	ETWC-Y	炭屑	淤泥质土层				120±160a				
111	宁蒗长坪水田大河 T2 阶地上部 Too -52	粉细砂	粉细砂层	100°39′43.07″	27°14′48.85″	TL 测年热释光	17.48 ±1.36ka				向宏发，徐锡伟，虢顺民，等,2002
112	宁蒗长坪水田大河 T1 阶地上部 Too-53	细砂	细砂层				9.90±0.80ka				

续表 10-2

序号	采样位置	岩性/物性	成因	东经	北纬	测试方法	年龄	水平速率	垂直速率	时间段	文献
113	宁蒗长坪水田大河 T3 阶地上部 Too-39	亚黏土	亚黏土层	100°39′43.07″	27°14′48.85″	TL 测年热释光	37.21±2.87ka				向宏发，徐锡伟，虢顺民，等,2002
114	宁蒗长坪水田大河 T3 阶地上部 Too-34	亚黏土	亚黏土层				32.29 ±2.66ka				
115	鹤庆县赵屯村	砂	砂层	100°10′15.52″	26°31′12.12″	热释光	480 000a BP				
116	红河断裂剑川境内 ApH-1	磷灰石	断层构造岩带			裂变径迹	1.6±0.7Ma	2430mm/a			向宏发，万景林，韩竹军，等,2006
117	红河断裂 ApH-2						15.8±1.8Ma	2250mm/a			
118	红河断裂 ApH-3						5.4±1.1Ma	2240mm/a			
119	红河断裂剑川境内 ApH-4	磷灰石	断层构造岩带			裂变径迹	1.5±0.4Ma	2290mm/a			向宏发，万景林，韩竹军，等,2006
120	红河断裂剑川境内 ApH-5						3.1±0.5Ma	2290mm/a			

续表 10-2

序号	采样位置	岩性/物性	成因	东经	北纬	测试方法	年龄	水平速率	垂直速率	时间段	文献
121	红河断裂剑川境内 ApH-6						2.4±0.8Ma	2450mm/a			
122	红河断裂 ApH-7						1.6±0.4Ma	1870mm/a	3.04mm/a		
123	红河断裂 ApH-8						3.8±0.6Ma	1530mm/a	1.05mm/a		
124	红河断裂 ApH-9						24.5±2.5Ma	1300mm/a			
125	红河断裂 ApH-10						3.6±0.6Ma	1050mm/a	1.11mm/a		
126	红河断裂 ApH-11		基底变质岩				24.7±2.5Ma	970mm/a			
127	红河断裂 ApH-12		断层构造岩带				20.7±2.4Ma	506mm/a			
128	红河断裂 ApH-13						12.3±2.4Ma	490mm/a			
129	红河断裂 ApH-14						11.9±1.7Ma	436mm/a			
130	红河断裂 ApH-15		构造糜棱岩				26.1±2.5Ma	509mm/a			
131	红河断裂 ApH-16		断层构造岩带				2.1±0.6Ma	493mm/a			
132	红河断裂 ApH-17						4.6±1.0Ma	493mm/a			

续表 10-2

序号	采样位置	岩性/物性	成因	东经	北纬	测试方法	年龄	水平速率	垂直速率	时间段	文献
133	红河断裂 ApH-18						2.3±0.8Ma	1000mm/a	1.73mm/a		
134	红河断裂 ApH-19						14.9±3.4Ma	733mm/a			
135	红河断裂 ApH-20						20.8±7.8Ma	291mm/a			
136	红河断裂 ApH-21						4.9±1.6Ma	251mm/a			
137	大理三塔寺西苍山东麓 S13-1	自生伊利石	红河断裂裂断层泥	100° 7′58.04″	25°42′6.99″	K-Ar	2.72 ±0.47Ma				韩淑琴，陈情来，张永双，2007
138	大理定西岭南凤仪-定西岭断裂 S32-1	自生伊利石	红河断裂断层泥	100°21′51.27″	25°26′43.01″	K-Ar	8.96±1.17Ma				韩淑琴，陈情来，张永双，2007
139	湾坡塘-江尾断裂带 S15-1	自生伊利石		99°57′32.88″	26° 8′32.29″		39.67 ±1.45Ma				
140	大理平坡麻山箐村Ⅰ级堆积阶地	细砂	漫滩相细砂层	100° 3′22.00″	25°35′46.00″	热释光	2.17±0.18ka		0.91mm/a	2.2ka以来	任俊杰，张世民，侯治华，等,2007

续表 10-2

序号	采样位置	岩性/物性	成因	东经	北纬	测试方法	年龄	水平速率	垂直速率	时间段	文献
141	大理平坡麻山箐村Ⅱ级基座阶地	砂层	漫滩相粉砂层				36.36±3.11ka	1.25mm/a	0.17mm/a	36ka以来	
142	北溪村	炭粒	含砾石砂层			^{14}C	8.36～8.18ka				李德文等,2015
143	鹤庆县北溪村东探槽HQ1304	细粒石英颗粒	冲积扇细粒层	100°12′56.84″	26°31′51.02″	光释光	20.32±2.25ka				Sun C, Li D, Shen X, et al., 2017
144	HQ1336						23.20±2.42ka				
145	HQ1322	有机沉积物	黄色砾石层			^{14}C	8360～8180a				
146	HQ1323		红黄色堆积				1410～1310a				
147	HQ1324		棕色黏土				7950～7790a				
148	HQ1325		黄色黏土层				6170～5920a				
149	HQ1326						960～800a				

续表 10-2

序号	采样位置	岩性/物性	成因	东经	北纬	测试方法	年龄	水平速率	垂直速率	时间段	文献
150	HQ1327						800～690a				
151	HQ1328						290～0a				
152	HQ1329		黄色黏土层	100°12′56.84″	26°31′51.02″	^{14}C	1610～1520a				
153	HQ1330						910～730a				
154	永胜县桃源乡东安村西约 3.5km Y-2	灰白色断层泥	程海断裂的灰岩断裂带	100°36′33.12″	26°12′6.12″	热释光（TL）	7.4 ±0.7ka				俞维贤，张建国，周光全，等,2005
155	永胜县龙洞山 Y-3	棕黄色断层泥	砂岩断裂带	100°42′13.45″	26°37′24.71″		10.6±1.0ka				
156	永胜县翠湖村西公路边 Y-5	棕黄色断层泥	断裂带	100°41′35.92″	26°44′41.84″		10.5±1.1ka				
157	清水二村东侧 Y-7	褐黄色断层泥	玄武岩与灰岩之间的断裂带	100°39′11.87″	26°23′56.32″		9.2±0.9ka				
158	清水二村东侧 Y-8	紫红色断层泥					12.1±1.7ka				
159	鹤庆钻孔 0.515m深 编号：（LuS7286）	花粉		100°10′14.20″	26°33′43.10″	^{14}C	16 385±418a				Xiao X Y, Shen J, Wang S M,et al., 2010

续表 10-2

序号	采样位置	岩性/物性	成因	东经	北纬	测试方法	年龄	水平速率	垂直速率	时间段	文献
160	鹤庆钻孔 1.06m深 编号:(LuS7287)	花粉					24 293±308a				
161	鹤庆钻孔 1.605m深 编号:(LuS6624)	全岩					32 097±221a				
162	鹤庆钻孔 1.655m深 编号:(LuS7288)	花粉					31 022±356a				
163	鹤庆钻孔 2.075m深 编号:(LuS7289)	花粉					20 775±298a				
164	鹤庆钻孔 2.405m深 编号:(LuS6625)	全岩		100°10′14.20″	26°33′43.10″	^{14}C	33 446±380a				Xiao X Y, Shen J, Wang S M,et al., 2010

续表 10-2

序号	采样位置	岩性/物性	成因	东经	北纬	测试方法	年龄	水平速率	垂直速率	时间段	文献
165	鹤庆钻孔 3.825m深 LuS 6626	全岩					40 572±940a				
166	鹤庆钻孔 4.395m深 LuS 7290	花粉					20 473±369a				
167	鹤庆钻孔 4.595m深 LuS 6627	全岩					37 519±771a				
168	鹤庆钻孔 5.095m深 LuS 6628	全岩					42 680±950a				
169	鹤庆钻孔 5.655m深 LuS 6629	全岩					32 764±376a				
170	鹤庆钻孔 6.505m深 LuS 6630	全岩					43 493±674a				
171	鹤庆钻孔 7.135m深 LuS 6631	全岩					45 501±1388a				
172	鹤庆钻孔 7.55m深 LuS 7291	花粉					33 351±400a				
173	鹤庆钻孔 8.015m深 LuS 6632	全岩					44 863±1501a				
174	鹤庆钻孔 8.765m深 LuS 6633	全岩					47 441±2330a				

续表 10-2

序号	采样位置	岩性/物性	成因	东经	北纬	测试方法	年龄	水平速率	垂直速率	时间段	文献
175	鹤庆钻孔 9.65m深 (LuS 6634)	全岩					43 318±793a				
176	鹤庆盆地东南钻孔 (1.45m处)	泥炭	棕灰色泥	100°10′14.20″	26°32′6.88″	^{14}C	5385±110a				羊向东，王苏民，童国榜，等,2000
177	鹤庆盆地东南钻孔 (3.5m处)	泥炭	青灰色泥	100°10′14.20″	26°32′6.88″	^{14}C	11 858±370a BP				
178	鹤庆盆地东南钻孔 (8.11m处)	泥炭	灰绿色泥				30 586±1120a BP				

表 10-3 鹤庆-洱源断裂带中段典型错断面光释光测年表

剖面	样号	测量技术	测试物质	测试粒径/μm	α系数	环境剂量率/($Gy \cdot ka^{-1}$)	等效剂量/Gy	年龄/ka
北长	BC-1	SMAR	细颗粒石英	4～11	0.04	3.81	383.43±5.19	100.73±10.16
	BC-2	SMAR	细颗粒石英	4～11	0.04	5.74	583.03±19.56	101.63±10.72
	BC-3	SMAR	细颗粒石英	4～11	0.04	3.89	386.69±17.87	99.39±10.95
福和	FH-1	SMAR	细颗粒石英	4～11	0.04	4.73	579.99±38.09	122.64±14.67
	FH-2	SMAR	细颗粒石英	4～11	0.04	6.71	580.45±21.84	86.46±9.27
板桥	EY-1213	SMAR	细颗粒石英	4～11	0.04	5.26	277.83±6.38	52.78±4.39
	EY-1214	SMAR	细颗粒石英	4～11	0.04	4.67	536.33±12.76	114.93±9.59
	EY-1215	SMAR	细颗粒石英	4～11	0.04	5.09	501.07±5.84	98.48±7.96
	EY-1216	SMAR	细颗粒石英	4～11	0.04	3.80	571.36±11.87	150.46±12.44
	EY-1217	SMAR	细颗粒石英	4～11	0.04	4.59	267.70±18.59	58.38±6.18
	EY-1218	SMAR	细颗粒石英	4～11	0.04	5.28	460.36±13.07	87.15±7.40

表 10-4 瓜拉坡剖面 ^{14}C 样品测年结果

剖面	样号	Beta 编号	测年物质	^{14}C 年龄±1σ/a BP	树轮校正年龄±2σ /cal a BP
瓜拉坡	HQ1320	343194	泥炭	16 780±60	19 880±280

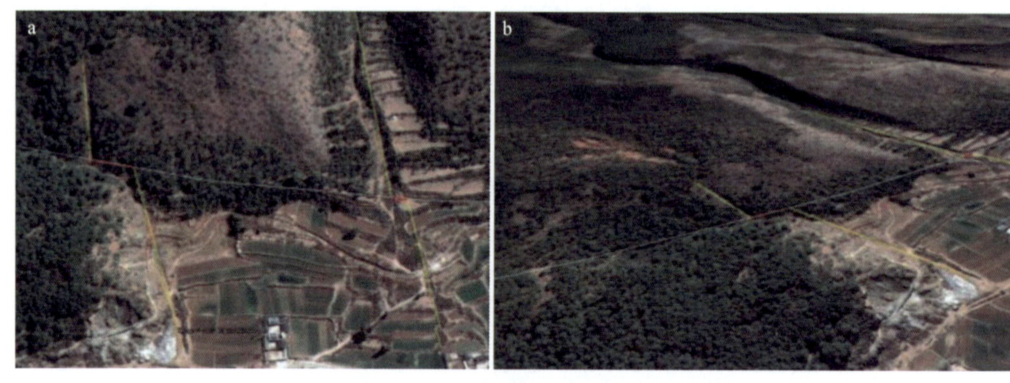

图 10-14 丽江盆地东南缘断错水系示意图

a. 平面图(影像方位为向上为东)；b. 俯视图(约 120°方向)

黄线为拟合的冲沟迹线；白线为断层位置；红色段为冲沟断错距离

2. 垛古当-赵家登段

本段前人工作较多，主要集中在鹤庆盆地东缘(表 10-5)，共 12 个点获得本段水平运动平均速率为 1.6mm/a。

表 10-5 鹤庆-洱源断裂鹤庆盆地东边界段冲沟洪积扇水平位错估计

地点	编号	被断错河道长度/km	年龄/ka	平均位错量/m	单点速率/(mm·a^{-1})
磨斧场	1	1.5	66	200	3.0
南河东	2	3.0	133	100	0.7
北西村	3	4.0	177	200	0.6
小水	4	5.0	222	500	2.1
北宝麓	5	3.5	155	200	1.2
北宝麓	6	5.0	222	300	1.3
石朵河	7	2.0	88	300	3.4
大水	8	0.8	35	60	1.4
鹿鸣村	9	3.0	133	150	1.1
义朋	10	6.0	266	500	1.8
南排	11	4.0	177	100	0.6
中排	12	3.0	133	200	1.5

说明:数据来自鹤庆-洱源断裂 1∶5 万地质填图(201108001-20)报告。

结合遥感影像,本书对北宝麓冲积扇上的 3 个地点冲沟进行了测量(图 10-15),获得水平断错距离分别为 29m、29m 和 32m。结合该处冲积扇地貌面的年龄(23～20ka),获得水平运动平均速率为 1.45～1.6mm/a,与前人结果大体一致。

图 10-15 鹤庆盆地东缘北宝麓附近断层陡坎两侧水系断错示意图(影像方位向上为东)
白线为拟合的扇面冲沟;红线为断层位置;橘黄色段为冲沟断错距离

3. 赵家登-福田段

本段主要为山区,前人对水系位错进行了测量和调查。对断错水系的年龄,主要根据断错河道上游长度来推算。表 10-6 列出了 4 个测量点所获数据断错量以及根据水系长度估计的年龄。该段水平运动平均速率大致为2.8mm/a。另外，根据前述福和剖面附近冲沟断错约120m(图10-16)，台地年龄以122.6ka来估算，水平速率大致为0.98mm/a。两侧台地落差大约32m，估算垂直位错约为0.26mm/a。

表10-6 鹤庆-洱源断裂鹤庆-牛阶段冲沟、山脊水平位错估计

地点	编号	被断错河道长度/km	年龄/ka	平均位错量/m	单点速率/(mm・a^{-1})
三场旧	1	4.5	199	300	1.5
三场旧	2	5.5	244	300	1.2
军营	3	5	222	1000	4.2
格局	4	10	444	2000	4.4

说明：数据来自鹤庆-洱源断裂1：5万地质填图(201108001-20)报告。

图10-16 福田大沟福和村北断错地貌示意图(影像方位为向上为北)
蓝线为拟合的冲沟迹线；红线为断层位置，加宽段为线状地貌断错距离；
冲沟两侧台地也存在明显左旋错动

4.福田-小新村段

福田-小新村段在穿过福田村南台地时，除了引起台地明显的垂向断错，其水平方向的位错还导致了梁状台地脊线的偏移(图10-17，影像上部)和冲沟的位错(图10-17，影像中下部)。通过两侧脊线和冲沟的线性拟合和投影，估算出梁状台地水平位错约25m，冲沟水平位错约26.2m。根据福田探槽的年代学资料(28～42ka)，获得水平运动速率0.89～0.94mm/a。

5.北衙组碳酸盐岩中鹅管U系定年及其隆升速率初步估算

本书选取滇西北地区鹤庆-洱源断裂带经过的北衙组地层作为研究对象，通过对干涸的溶洞内鹅管进行U系不平衡法准确定年，厘定构造隆升作用的起始时间，最终计算得出该套地层抬升速率为2.4mm/a。

图 10-17　福田大沟福田村南断错地貌示意图(影像方位为向上为北)
黄线为拟合的冲沟迹线;深灰色线为拟合的梁状台地;
红线为断层位置,加宽段为线状地貌断错

10.4　活动断层工程设防参数的选取

10.4.1　活动断层百年位错量研究

目前通常采用古地震或历史地震法、滑动速率法、断层长度转换法、预测震级转换法、定量类比法及加权综合法对活动断裂未来时段百年最大位移量(蠕滑位错量及同震位错量)进行评估。根据本书对活动断裂研究深度及已有资料,初步选用以下几种方法对活动断裂百年位移量进行估算(主要参考中国地震局地质所研究成果)。

1. 震级—位移量关系法(M—D 法)

利用现今或历史地震震级(M)与位移量(D)间的关系统计分析,求得 M—D 的经验关系式,并由此关系式计算发生相应地震震级的位移量。对此,已有不少学者有过研究(叶文华,1987;张裕明等,1987;邓起东等,1993;闻学泽,1995;向宏发等,1982),并建立起不同区域、不同类型断层的 M—D 经验关系式。

2. 滑动速率法(简称 V—D 法)

根据目标断裂(段)平均地质位错速率(V),扣除断层蠕滑量,可计算未来某一时间段积累的地震位移量(D)。这对多数断裂均可使用,因为一般情况下,断层位错速率比较容易获得,但使用该方法有两点需注意:一是需从总位错速率扣除断层蠕滑量,而断层黏滑与蠕滑量的定量标定,到目前为止,尚无一个严格的定量标准(向宏发,1995)。

通过中国大陆区主要断裂的地质滑动速率(v_g)与地震位错速率(v_s)的对比研究表明,多数活动断裂的地震位错速率(v_s)与地质位错速率(v_g)的比值——Q 值$\left(Q=\dfrac{v_s}{v_g}\right)$介于 0.5～0.8之间,即我国大陆多数活动断裂属于黏滑为主的活动断裂。按 Q 值的大小,可将断裂滑移类型划分为强黏滑型(Q≥0.75)、黏滑为主型(0.5≤Q≤0.75)、蠕滑为主型(0.5>Q≥0.25)

和强蠕滑型(Q<0.25)4类。

二是时间段的选取,理论上讲,未来100年的位移量,应指该断裂(段)最近一次突发性位错(并假设这一突发生位错释放了该断裂段的全部或大部弹性应变)的离逝时间至未来100年积累的弹性位错量,但若断裂在历史上未发生过大地震且无古地震事件资料,则计算的起始时间选择将较复杂和困难。此外,断裂位移速率应取资料准确度较好、较典型的,如取香炉山隧洞穿过的活动断裂段的位移速率值,若有多个值则最好取平均值。

3. 断裂长度与位移量关系法(L—D法)

根据不同断裂未来可能发生相应地震的破裂长度(L)与位移量(D)的统计关系,估算该断裂段未来时段的最大位移量,本书采用邓起东等(1993)提出的关系式 $\lg D=1.59\lg L-2.38$ 进行计算。

不难看出,用L—D法最重要的是确定下一次参与一次性突然发生破裂位错的断裂长度(L),是一个断裂小段(或某一部分)的单段破裂,或是多个单元段的联合破裂,L取值不一样,所得结果也不同,在一般情况下,我们取单一断裂段长度(L)进行计算。

4. 构造类比法

在无法取得上述断裂参数资料的情况下,可通过与相邻或构造相似的其他活断裂的地震构造标志进行类比,解决本目标断层的上限地震震级(M),再由M—L或M—D关系式计算断层的位移量。经计算对比,M—L关系式,用向宏发(1982)非走滑型公式 $M_s=2.51\lg L+2.4$ 和邓起东等(1993) $M=5.92+0.88\lg L$ 计算进行对比,取相对更为合理的结果。

5. 综合评估法

应该看到,对于一个目标断层,用不同方法计算其结果可能有一定的差别,有时可能差别较大,因为每一种计算方法都有它的局限性并有多个影响因素。因此,最终确定未来100年位移量综合评估就显得非常重要,即首先要考虑目标断裂所处的地震构造环境,区域地震构造背景及可能影响未来发生上限震级的各个主要因素。

为此,在断层位移量的理论计算过程中和最终确定位移量计算时,均作相应的综合评估。

在进行活断裂长度(L)与震级关系计算时,断裂长度(L)的取值影响其结果,当断裂分段的必要条件不甚充分时,只部分段破裂或破裂跨段发生时,则由哪一段的长度(L)计算结果就会有很大差别;当用M—D法时,地震震级(M)的确定就很关键,但计算方法采用公式及所得结果也要综合分析;用滑动速率法如前所述也有多种条件影响。

另外,计算得到的断层位移量多为水平位移量,垂直位错量可由擦线侧伏角或用相应水平与垂直位错速率比值计算。如上所述,本工作区各主要断裂多属以水平位移为主的断裂,统一按20°侧伏角计算其相应垂直位移量。

考虑到各位研究者在建立关系式时,选用采样点多少、地区划分及断裂性质分类等情况的差别,经相关对比比较后,本书主要采用邓起东等(1993)有关D—M及D—L的相关公式:

$$\lg D=0.53M-3.37 \tag{10-5}$$

$$\lg D=1.91M-6.34 \tag{10-6}$$

$$\lg D=1.59\lg L-2.38 \tag{10-7}$$

式(10-5)适用于 $M\geqslant 6.5$ 级地震；式(10-6)适用于 $M<6.5$ 级地震。

考虑到邓起东等(1993)M—L 关系式（$M=5.92+0.88\lg L$）以走滑型为主，计算结果偏差较大，本书采用向宏发(1982)M—L 关系式（$Ms=2.511\lg L+2.4$）进行校正和 M—L 转换。

当震级小于 6.5 级时，一般地震难以形成地表破裂位错，这种情况下，我们用 $\lg D=0.91M-6.34$ 给出理论位移量。计算结果列于表 10-8 中。

对计算过程中的一些具体问题说明如下：

用速率法进行估算时，本书采用相对可靠、断裂工程穿越段或距断裂工程穿越段较近且可以对比的资料，若有多个数据，取其平均值，并扣除相应蠕滑量。鉴于本工作区断裂多以黏滑为主或强黏滑型，取 Q 值为 0.8 进行计算，即由滑动速率计算最近一次地震起至未来 100 年的累积位移。当断裂工程穿越段历史以来未发生大于或等于 6 级地震时移，我们分别按 500 年、300 年(大约分别是 6.7 级、6.5 级地震的重复时间)计算未来百年的积累位错；当综合评估震级小于 6.0 时，按 100 年算。

另需说明的是，表 10-7 中 100 年位移量由 V—D 法、L　D 法和 M—D 法计算得到位移量值后，综合评估值是综合分析上述 3 种方法对目标断层位移量贡献的真实性和可靠性进行分析与定量评估，即理论上的一个定量评估。而最大突发性地震地表位移值是由断裂工程穿越段最终确定的未来可能发生的上限震级用 M—D 关系式计算得到的。从工作区活动断裂与现代构造应力方位关系分析和实际资料情况，区内活动断裂多以水平运动为主，垂直位错速率分量较小。区内一些断裂擦痕显示的侧伏角也多在 20°～30°范围，因此，垂直位错按 20°侧伏角计算。

各活动断裂百年位移量值见表 10-7。断层 100 年位移参数的确定是在各种方法计算结果的基础上，依据对断层未来百年上限地震震级的综合判定，由此计算未来百年最大突发性地震地表位移。因此，它是各种方法理论计算与宏观地震构造条件判定的综合结果，此计算值包含了同震黏滑位错及震间蠕滑位错量值。

10.4.2　活动断裂及其分支断层蠕滑位错量研究

一条活动断裂现今保留的位移总量包含间歇式突出性位错(同震黏滑)和震间断层缓慢运动位错(蠕滑)两种运动成分，即一个时期内的断层地质位移量大体上等于此阶段内的地震位错量和断层蠕动量。

目前，人们还没有找到一种能够较好地确定断层蠕动量的方法，但对断层地质位移的准确测量是能够做到的。一条活动断裂的地震位错量可以通过地震距方法求取，这样就可以粗略地通过断裂的地质位错与地震位错的对比分析研究断层的蠕滑与黏滑分量问题。

中国地震局地质研究所向宏发(2002)、虢顺民(1984)等对滇西北地区的活动断层的黏滑与蠕滑运动做了深入的研究和讨论，得出滇西多数活动断层蠕滑量约占位错总量的 1/3～2/3 的初步认识，类比给出香炉山隧洞穿过的各活动断层的 100 年位错总量及蠕滑位移设防建议值，龙蟠-乔后断裂(F10-1 断层)及丽江-剑川断裂(F11-2、F11-4 断层)100 年蠕滑位移设防建议值按占位错总量的 0.5～0.6 给值，龙蟠-乔后断裂(F10-2 断层)、丽江-剑川断裂(F11-3 断

表 10-7　活动断裂百年设防参数建议值表

<table>
<tr><th rowspan="2">线路段</th><th rowspan="2">断裂编号及名称</th><th colspan="2">断裂长度/km</th><th rowspan="2">活动性质</th><th rowspan="2">活动时代</th><th colspan="2">断裂位错速率/(mm·a^{-1})</th><th colspan="3">100 年位移量计算/m</th><th colspan="2">历史最大地震</th><th colspan="2">潜源最大地震震级或断裂震级上限</th><th colspan="2">活动断裂 100 年位移设防建议值/m(含同震位错及蠕滑位错量)</th></tr>
<tr><th>总长</th><th>断裂工程穿越段</th><th>水平</th><th>垂直</th><th colspan="2">水平</th><th>垂直</th><th>区域段</th><th>断裂工程穿越段×4</th><th>潜源震级</th><th>工程穿越段断裂震级</th><th>水平</th><th>垂直</th></tr>
<tr><td rowspan="12">大理Ⅰ段</td><td rowspan="4">F10 龙蟠-乔后断裂</td><td rowspan="4">210</td><td rowspan="4">56</td><td rowspan="4">正左旋走滑</td><td rowspan="4">Qh</td><td rowspan="4">1.0～3.3
(2.2)</td><td rowspan="4">0.31</td><td>V—D 法</td><td>0.33</td><td>0.06</td><td rowspan="4">6.25</td><td rowspan="4">1925
(6)</td><td rowspan="4">7.5</td><td rowspan="4">6.9
6.8×1
7.0×2</td><td rowspan="4">1.9</td><td rowspan="4">0.33</td></tr>
<tr><td>L—D 法</td><td>2.50</td><td>0.04</td></tr>
<tr><td>M—D 法</td><td>1.70</td><td>0.36</td></tr>
<tr><td>加权×3</td><td>2.00</td><td>0.35</td></tr>
<tr><td rowspan="4">F11 丽江-剑川断裂</td><td rowspan="4">240</td><td rowspan="4">48</td><td rowspan="4">正左旋走滑</td><td rowspan="4">Qh</td><td rowspan="4">2.4～5.0
(3.2)</td><td rowspan="4">0.85</td><td>V—D 法</td><td>0.42</td><td>0.07</td><td rowspan="4">6.75</td><td rowspan="4">1951
(6.25)</td><td rowspan="4">7.5</td><td rowspan="4">7.0
6.6×1
7.0×2</td><td rowspan="4">2.2</td><td rowspan="4">0.34</td></tr>
<tr><td>L—D 法</td><td>1.90</td><td>0.33</td></tr>
<tr><td>M—D 法</td><td>1.19</td><td>0.21</td></tr>
<tr><td>加权×3</td><td>1.60</td><td>0.23</td></tr>
<tr><td rowspan="4">F12 鹤庆-洱源断裂</td><td rowspan="4">108</td><td rowspan="4">37</td><td rowspan="4">左旋走滑</td><td rowspan="4">Qh</td><td rowspan="4">2.5～3.0
(2.8)</td><td rowspan="4">0.7～0.8
(0.75)</td><td>V—D 法</td><td>0.62</td><td>0.11</td><td rowspan="4">6.25</td><td rowspan="4">1839
(6.25)</td><td rowspan="4">7.5</td><td rowspan="4">6.7
6.3×1
>6.5×2</td><td rowspan="4">1.5</td><td rowspan="4">0.26</td></tr>
<tr><td>L—D 法</td><td>1.30</td><td>0.23</td></tr>
<tr><td>M—D 法</td><td>0.90</td><td>0.17</td></tr>
<tr><td>加权×3</td><td>1.10</td><td>0.19</td></tr>
</table>

层)、鹤庆-洱源断裂(F12)100 年蠕滑位移设防建议值按占位错总量的 0.4～0.5 给值。各活动断层建议设防位置及位移设防建议值见表 10-8。

表 10-8　活动断层位错设防建议值表

<table>
<tr><th rowspan="2">断层编号</th><th rowspan="2">断层名称</th><th rowspan="2" colspan="2">断层活动性质</th><th colspan="2">百年最大地表位错设防参数建议值/m</th><th colspan="2">分支断层百年最大位错设防参数建议值/m</th><th colspan="2">分支断层百年蠕滑位错设防建议值/m</th></tr>
<tr><th>水平</th><th>垂直</th><th>水平</th><th>垂直</th><th>水平</th><th>垂直</th></tr>
<tr><td>F10-1</td><td>龙蟠-乔后断裂(西支)</td><td>左旋走滑兼正断(粘滑-蠕滑复合型)</td><td>北西盘下降</td><td rowspan="2">1.9
(1.0～1.9)</td><td rowspan="2">0.33</td><td>1.2</td><td>0.22</td><td>0.6～0.72</td><td>0.11～0.14</td></tr>
<tr><td>F10-2</td><td>龙蟠-乔后断裂(中支)</td><td>左旋走滑兼正断(粘滑-蠕滑复合型)</td><td>北西盘下降</td><td>1.9</td><td>0.33</td><td>0.80～0.95</td><td>0.12～0.17</td></tr>
<tr><td>F11-2</td><td>丽江-剑川断裂(中 1 支)</td><td>左旋走滑兼正断(黏滑-蠕滑复合型)</td><td>北西盘下降</td><td rowspan="3">2.2
(1.2～2.2)</td><td rowspan="3">0.34</td><td>1.3</td><td>0.25</td><td>0.65～0.78</td><td>0.13～0.15</td></tr>
<tr><td>F11-3</td><td>丽江-剑川断裂(中 2 支)</td><td>左旋走滑兼正断(黏滑-蠕滑复合型)</td><td>北西盘下降</td><td>2.2</td><td>0.34</td><td>0.88～1.1</td><td>0.14～0.18</td></tr>
<tr><td>F11-4</td><td>丽江-剑川断裂(东支)</td><td>左旋走滑兼正断(黏滑-蠕滑复合型)</td><td>北西盘下降</td><td>1.5</td><td>0.28</td><td>0.75～0.9</td><td>0.14～0.17</td></tr>
<tr><td>F12</td><td>鹤庆-洱源断裂</td><td>左旋走滑兼正断(黏滑-蠕滑复合型)</td><td>北西盘下降</td><td>1.5
(0.9～1.5)</td><td>0.26</td><td>1.5</td><td>0.26</td><td>0.6～0.75</td><td>0.11～0.15</td></tr>
</table>

龙蟠-乔后断裂带百年累计水平位移设防量值为1.9m，垂直位移设防量值为0.33m，其分支断层中的西支断层水平位移设防量值为0.6～0.72m，垂直位移设防量值为0.11～0.14m，中支断层水平位移设防量值为0.80～0.95m，垂直位移设防量值为0.12～0.17m；丽江-剑川断裂带水平及垂直位移设防量值分别为2.2m和0.34m，其中中1支分支断层水平位移设防量值为0.65～0.78m，垂直位移设防量值为0.13～0.15m，中2支分支断层水平位移设防量值为0.88～1.10m，垂直位移设防量值为0.14～0.18m，东支断层水平位移设防量值为0.75～0.90m，垂直位移设防量值为0.14～0.17m；鹤庆-洱源断裂水平及垂直位移设防量值分别为0.6～0.75m和0.11～0.15m。

第 11 章　结论与方法体系

11.1　主要结论

(1) 研究区内 3 条断裂都是属于全新世活动断裂，而通过采集的方解石样本显示断层活动的活跃期为 4 万年左右，并产生了区域上与断裂有关的流体排泄，主要形成了沿着断裂带分布的不同时代的方解石脉，4 万年后的断层活动周期和时限有待进一步研究。

(2)断裂带分带性具有明显的不对称性质，鉴于目前部分断层岩构造年代学的缺乏，尚难以精确制约。但是可以肯定的是，在龙蟠-乔后断裂带中出现蒙脱石的位置一般为断层最新活动面，可以根据这些断层新生矿物进行年代学约束和显微构造的研究，从而判断最新活动面空间位置以及活动复发期规律。断层泥以蒙脱石为主的，断层滑动性强，地震发生概率较大，断层泥中以伊利石为主的，断层滑动性较弱，发生地震概率较低。张性断层形成的断层泥以蒙脱石为主，剪切作用形成的断层泥以伊利石为主。

(3)定向标本微观-超微观的擦痕、阶步指示了丽江-剑川断裂的活动方向为南东向，并且在活动过程中发生过方向的改变。微米级和纳米级颗粒观察表明，断层面发育大量微米颗粒，少量纳米颗粒，说明丽江-剑川断裂活动过程中，断层面上应力作用较小，不足以使岩石形成纳米颗粒，揭示丽江-剑川断裂的性质为张扭性。纳米颗粒呈线状或槽状排列，显示为黏滑的运动特征，揭示该断裂具有一定程度的不稳定性。

(4)3 条活动断裂带基岩区活动年代学特征：龙蟠-乔后断裂带在基岩断面上形成的方解石脉主要年代集中于 500～400ka，说明龙蟠-乔后断裂基岩区在中更新世为强烈的构造事件，中新世以来的活动较弱，而全新世以来的断层活动主要集中在盆地中。丽江-剑川断裂带主断层走向 40°，次为 130°，为正断层兼左旋走滑，在断层面上可见砾石被切断，方解石 U 系测试结果显示该区主要有 5 期断层活动，第一期 600～300ka，第二期 180～120ka，第三期 76ka，第四期 50ka，第五期 1.25ka。鹤庆-洱源断裂带南段断裂活动年龄介于 600～47ka 之间，大量样品集中在 80～70ka，表明鹤庆-洱源断裂带南段活动时间长达至少 60～50ka，其中 80～70ka 可能是一期较为强烈的断裂活动，造成地层隆升。

(5)通过碳氧同位素分析认为，龙蟠-乔后断裂带内的碳酸盐物质的来源可能是以深部热液为主，大气降水的贡献较小，同时可能受到了深部气体的影响和改造。丽江-剑川断裂带内方解石脉的碳氧同位素全部为负值，且变化较小，推测该区的热液物质主要来自深部的热液，可能受到深部气体的交换改造。鹤庆-洱源断裂带南段发育的方解石脉碳氧同位素变化较大，但大多为负值，极个别的样品为正值，但也接近 0，值得注意的是碳同位素低至－11.3‰，氧同位素低至－18‰，由此推测其热液系统的物质来源可能是大气降水和深部物质的混合，而具有较低的碳氧同位素的样品，很有可能受到深部释放 CO_2 的影响。说明龙蟠-乔后断裂带和丽江-剑川断裂带较鹤庆-洱源断裂带延伸较远，以深部热液为主。

(6)应力-应变数值模拟结果表明,在向东蠕散大地构造应力场作用下,滇中引水工程区经过的3条主断裂以张扭性为特征,可能还存在近东西向的大应变量带,东边的鹤庆-洱源断裂可能最先被拉开形成大应变带,然后逐级向西传递,在工程加固与防护上应有所差别考虑。

(7)活动断层工程活动性分带研究应贯穿勘察研究的全过程,针对线路工程经多方案比选仍无法绕避需直接穿过的活动断层,在前期勘察阶段应采用递进研究、精度不断提高的研究步骤。综合运用卫星影像、实地调查、物探测试、构造测绘、断面特征研究、取样测试等手段,查明活动断层的工程活动性分带特征,确定断层蠕滑软弱变形带位置。需要在施工期隧洞开挖揭露后,开展详细的编录、测量、取样、测试工作,进行工程活动性分带精细化研究,鉴别出最新活动的变形带的范围,界定工程措施设防的准确桩号。

(8)综合采用古地震或历史地震法、滑动速率法、断层长度转换法、预测震级转换法、定量类比法、加权平均法等方法,确定活动断裂在工程使用年限内最大可能位移量的参考值,创新性提出龙蟠-乔后断裂及丽江-剑川断裂蠕滑活动位错量占总位错量的1/3～2/3的观点,根据各断裂带的分支断层活动强度,在各最新活动部位确定了蠕滑位错量。龙蟠-乔后断裂带百年累计水平位移设防量值为1.9m,垂直位移设防量值为0.33m,其中分支断层西支水平位移设防量值为0.6～0.72m,垂直位移设防量值为0.11～0.14m,中支断层水平位移设防量值为0.80～0.95m,垂直位移设防量值为0.12～0.17m;丽江-剑川断裂带水平及垂直位移设防量值分别为2.2m、0.34m,其中中1支分支断层水平位移设防量值为0.65～0.78m,垂直位移设防量为0.13～0.15m,中2支分支断层水平位移设防量值为0.88～1.10m,垂直位移设防量值为0.14～0.18m,东支分支断层水平位移设防量值为0.75～0.90m,垂直位移设防量值为0.14～0.17m;鹤庆-洱源断裂水平及垂直位移设防量值分别为0.6～0.75m、0.11～0.15m。

11.2 活动断裂工程活动性分带及其活动模式研究方法体系研究成果

从宏观(空)到工程尺度(地)再到微观(显微尺度),从地表到地下,依托测年、地球物理、地球化学、断裂带工程力学特性、运动学特征、微观岩矿变形特征进行活动断裂的识别、断裂带工程活动性分带、断层滑动方式鉴别、给定蠕滑位错量,整理总结形成活动断裂工程活动性分带和活动模式研究的方法及活动断层蠕滑活动方式判定标准。

活动断层错断晚更新世以来地层或水系的累计位错量是由同震黏滑位错量和震间蠕滑位错量组成,本书研究成果基于在晚更新世以来活动断层的活动性质、运动方式及滑动方向没有发生变化或反转,震间保持一定速率的蠕滑位错。活动断层黏滑运动发生强震,产生强烈位错,特别是隧洞衬砌结构难以适应同震突发位错。根据活动断层发震特征研究成果,活动断层多具强震复发周期,震间期活动断层往往表现为一定程度的蠕滑运动特征,本书研究成果仅针对活动断层的蠕滑特征进行研究。

11.2.1 活动断层最新蠕滑活动断面位置判定方法

活动断层最新蠕滑活动断面位置的判定应遵循从宏观到工程尺度到微观,从地表到点下,从定性到定量,贯穿勘察设计工程的全过程,定量确定蠕滑活动断面位置在工程实际开挖揭露阶段。

(1)通过高清区域影像及现场构造测绘等工作,分析活动断层的分段展布特征,进行活动断层工程穿越段活动时代复核及地震活动强度研究。

(2)对工程穿越段进行大比例尺构造测绘研究工作,结合断裂带各分支断层对现今地貌、水系的控制强弱、断层错断地层的新老关系,辅以跨断层坑槽探、大地电磁物探剖面、浅层地震剖面或放射性氡测试剖面,逐步确定工程活动断裂带内各分支断层的活动强弱。

(3)跨断裂带进行平面地质分带,建立活动断裂带宏观分带特征。

(4)跨活动断层绘制大比例尺构造地质学剖面,充分利用天然露头,当有覆盖层时,通过坑槽探,查明各分支断层的破碎带宽度、不同构造岩分带特征(宽度、胶结状态)、断面几何学特征、运动学特征及切割关系,取构造岩样、断层上断点样、未被错断地层年代学样品测年,宏观确定断层最新蠕滑活动性质及最新的活动断面。

(5)隧洞工程实际开挖揭露活动断裂带,对断层两侧影响带、主断面、次级断面的几何学和运动学特征进行详细编录描述,分析不同期次断面的新老切割关系,判别地震位错事件,鉴定同震位错变形带宽度;对活动断裂带进行构造岩物质分带,详细记录隧洞开挖揭露的断层影响带、角砾岩带、碎粒岩带、碎粉岩带、断层泥带宽度及性状,胶结类型及强弱,对各构造岩分带进行工程力学、矿物化学、微纳米微观定向、显微构造、黏土矿物、石英微形貌快速测年等研究,综合判断最近一次断层地震事件破碎带位置及同震变形带宽度,探索位错位移量与变形带宽度的正相关关系,界定最新活动的部位。

(6)通过以上方法对活动断裂从地表到地下,从宏观到微观,定量地研究活动断层最新蠕滑活动断面及变形带宽度。根据地表物探测试、坑槽地层年代学研究、测年、构造学研究、构造岩胶结强弱等成果,定量界定活动断层最新蠕滑活动断面位置及其与工程的相互位置关系,为隧洞工程抗错断设防提供依据。

(7)最新蠕滑活动断面变形带宽度的确定,应综合考虑最新活动断面两侧构造岩的物理特征(粒度、胶结程度、力学指标等),结合断层的性质,探索统计得到基于考虑断层上盘效应的变形带宽度确定方法。

11.2.2　既定工程年限内的断层蠕滑活动量计算方法

(1)断层蠕滑活动速率复核,对活动断裂有明显的地表地貌表现,如盆地、河流水系、山脊、堵塞脊等有同步同方向位错迹象时,需要通过坑槽探、地震考古、历史地震记载、被错断地层的起止时间、晚更新世以来活动断层错断地层位移总量,计算活动断层年蠕滑位错速率,包括水平蠕滑速率及垂向滑动速率。

(2)对线路工程无法绕避的工程活动断裂,需在项目建议书或可行性研究阶段(或更早)建立地表跨断层高精度形变监测网,含水平及垂直位移监测网;为工程活动断裂速率研究提供翔实的监测资料,更好地指导隧洞工程过活动断层的抗错断措施的选用及累计设防位移量。

(3)结合工程地质勘察钻孔,对孔内揭露有活动断裂的孔段布置孔内自动化监测位移计,实施记录断层上下盘或断面的走滑运动特征,与断层地层年代学方法、地表形变监测网监测成果对比分析,合理界定断层蠕滑位移运动的速率。

(4)综合采用古地震或历史地震法、滑动速率法、断层长度转换法、预测震级转换法、定量类比法及加权综合法进行计算分析，取合理值作为既定年限活动断层百年位移设防量值。

(5)既定工程年限，震间活动断层蠕滑位错设防量为总的位错量的1/3～2/3，当活动断层表现为现今强烈的走滑运动性质是，取大值，反之取小值；将地表形变监测的多年平均蠕滑速率计算的百年蠕滑位移设防量与之对比，取合理值作为抗错断设防位移量值。

(6)当同一条活动断裂带由多条活动断层是，应根据分支断层的活动强弱，合理估算每条活动断层的蠕滑活动位错设防量值，一般情况下主活动断层(即对现今地貌水系控制最明显的断层)占活动断裂带位错总量的2/3。

11.2.3　活动断层蠕滑活动方式判定标准体系

(1)对活动断层地表出露及地下工程实际开挖揭露，重点观察断层运动学特征及运动期次，不同期次的断面擦痕性质，最新一次活动断面留下的指示断层运动方向的擦痕，特别是水平向擦痕的性质，阶步等指示断层运动方向的运动痕迹。

(2)当断裂带内断面或构造岩带内的碎粉岩带中有不切砾追踪微断裂、弧形或勺状擦痕，碎粒中见有研磨面、研磨坑以及擦面平滑的弧形擦痕等现象时，可直接判定断层具有蠕滑运动特征。

(3)断裂带为粗颗粒构造岩，或无法观测到指示断层活动方向或运动特征的构造痕迹时，需要取颗粒粒度较细的构造岩做定向研究，根据构造岩或矿物的显微构造特征来判定断层的活动方式。

(4)活动断裂滑动方式，即断层滑动位移分布模式。本书主要针对蠕滑活动断裂百年累计滑动位移量在变形带内的分布模式进行研究。受变形带宽度、构造岩粒度、胶结强度、软硬程度等影响，本书借鉴活动断层坑槽揭露变形特征，进行了概化归纳总结，并定性分析，构建了适用于蠕滑模式的断层滑动方式判定标准。当软弱破碎带宽度大于理论计算变形带宽度时，活动断裂累计位移在变形带内呈曲线分布，在最新活动断面附近位移相对集中分布；当软弱活动破碎带宽度较小，小于理论计算变形带宽度时，因受两侧胶结较好或大粒角砾岩等围岩岩体力学性质好、与软弱带内力学性质差异大的影响，累计位移在变形带内呈近似的直线分布。

(5)宏观(空)—工程尺度(地)—微观(显微尺度)，从地表到地下，依托测年、地球物理、地球化学、断裂带工程力学特性、运动学特征、微观岩矿变形特征进行活动断裂的识别、断裂带工程活动性分带、断层滑动方式鉴别、给定蠕滑位错量，定性和半定量地确定了变形带宽度，并对蠕滑位错量在变形带内的分布进行了概化分析，形成活动断裂工程活动性分带及其活动模式研究方法流程体系。

第 12 章　应用推广意义

1.遥感方面

本书通过研究，初步建立了一套断层遥感识别的方法，对类似研究具有借鉴意义。

2.活动断层年代学方面

通过测试分析，丽江-剑川断裂带方解石样品 U 系测年的结果显示，活动峰值时间为 1249a、46ka 和 173ka，说明丽江-剑川断裂的活动性是从更新世一直持续到全新世，具有强活动性；北长村断裂带露头采集的样品年代学结果显示，其主要活动时间集中在 7 万～8 万年，活动较为稳定。本书研究证明碳酸岩 U 系测年在活动断裂带研究方面是可行有效的，能够快速识别最新活动时间以及活动面，值得推广应用。

3.断层泥矿物学及地球化学

本书首次将矿物学及地球化学分析引入到活动断层判别之中。断层泥以蒙脱石为主的，断层滑动性强，地震发生概率较大，断层泥中以伊利石为主的，断层滑动性较弱，发生地震概率较低。张性断层形成的断层泥以蒙脱石为主，剪切作用形成的断层泥以伊利石为主。

4.计算机数值模拟计算

本书首次对丽江地区 3 条断裂带进行 FLAC 数值模拟计算，数值模拟结果表明，除了 3 条断裂带是主要应变量大的地方外，一旦构造活动发生，可能还存在近东西向的大应变量带。其原因可能是龙蟠-乔后断裂、丽江-小金河断裂以及小马塘-黑哨断裂三联点交会处构成了薄弱带，以该处为中心，南北变形量的差异造成了这条近东西向的强应变带，应引起工程部的重视。根据模拟应力和应变传递的规律，一旦构造活动频繁，这 3 条断裂带中，东边的鹤庆-洱源断裂可能最先被拉开形成大应变带，然后逐级向西传递，因此，东边的断裂带应变量可能大于西边断裂带，在工程加固与防护上应有所差别考虑。

5.活动断层工程活动性分带及其活动模式研究方法体系

本书通过研究，初步探索形成活动断裂工程活动性分带及其活动模式研究方法流程体系（图 12-1），为相关类似线路工程穿过活动断裂开展研究提供借鉴。

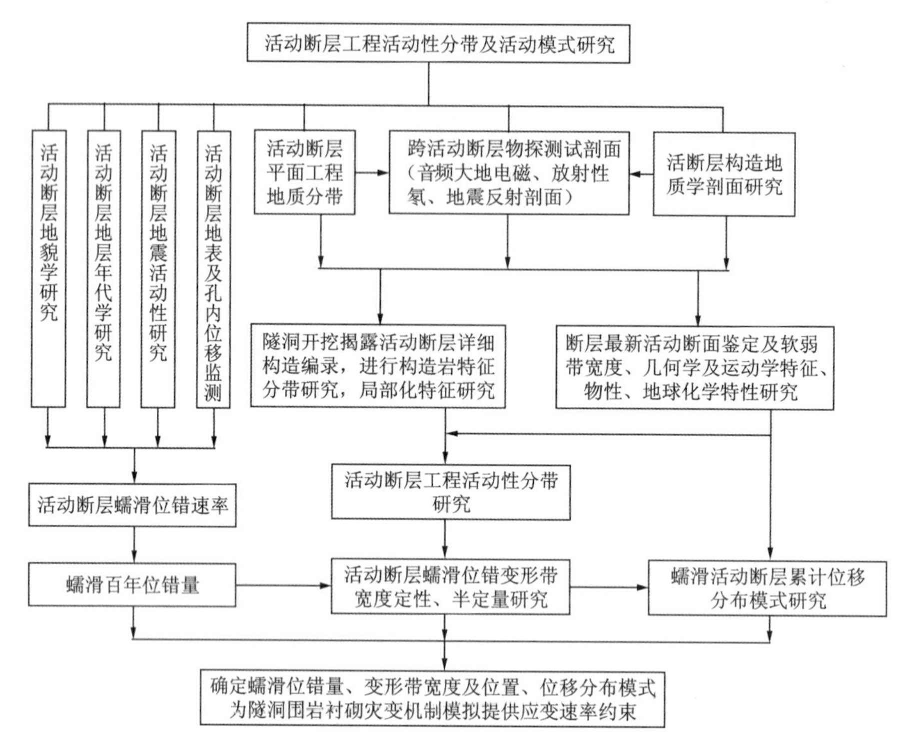

图 12-1 活动断裂工程活动性分带及其活动模式研究方法流程体系

主要参考文献

常祖峰，张艳凤，李鉴林，等，2014. 德钦-中甸-大具断裂晚第四纪活动的地质与地貌表现[J]. 地震研究，37(1)：46-52.

沉积构造与环境解释编著组，1984. 沉积构造与环境解释[M]. 北京：科学出版社.

崔之久，1998. 中天山冰冻圈地貌过程与沉积特征[M]. 石家庄：河北科学技术出版社.

崔之久，2013. 混杂堆积与环境[M]. 石家庄：河北科学技术出版社.

丁国瑜，卢演俦，1986. 对我国现代板内运动状况的初步探讨[J]. 科学通报，18(1)：1412-1415.

丁锐，任俊杰，张世民，等，2018. 丽江-小金河断裂中段晚第四纪古地震历史[J]. 地震地质，40(3)：622-640.

房艳国，罗文行，叶浩，等，2019. 鹤庆要洱源断裂晚第四纪活动特征及对滇中引水工程的影响[J]. 华南地震，39(3)：113-120.

虢顺民，1988. 1511 年云南永胜地震形变带及震级讨论[J]. 地震研究，11(2)：43-52.

虢顺民，2001. 云南红河断裂带[M]. 北京：海洋出版社.

虢顺民，张靖，李祥根，等，1984. 云南红河断裂带北段断裂位错与地震重复发生的时间间隔[J]. 地震地质，6(1)：1-12.

韩淑琴，陈情来，张永双，2007. 红河断裂北段断层泥中自生伊利石 K-Ar 年龄及地质意义[J]. 第四纪研究，27(6)：1129-1130.

韩竹军，向宏发，虢顺民，2005. 滇西北丽江盆地北部区第四纪时期的左旋剪切拉张[J]. 科学通报，50(4)：356-362.

韩竹君，徐杰，虢顺民，等，1993. 滇西北伸展构造区的构造特点及其动力学研究[J]. 中国地震，9(2)：138-145.

皇甫岗，1997. 1996 年 2 月 3 日云南丽江 7.0 级地震[J]. 地震研究，3(1)：3-10.

黄兴根，焦震兴，1984. 云南鹤庆盆地的古地震遗迹[J]. 地震地质，1(6)：32.

计凤桔，郑荣章，李建平，等，2000. 滇东、滇西地区主要河流低阶地地貌面的年代学研究[J]. 地震地质，22(3)：265-276.

蒋雪中，王苏民，1998. 云南鹤庆盆地 30ka 以来的古气候与环境变迁[J]. 湖泊科学，10(2)：10-16.

李鼎容，黄兴根，王安德，等，1987. 滇西北第四系的划分[J]. 地质论评，33(2)：105-114.

刘本培，吕弋培，李建中，等，1994. 川滇断块东界中段地区现代地壳形变和断裂现今活动[J]. 四川地震(4)：53-63.

罗文行，房艳国，周云，等，2020. 可控源音频大地电磁法在滇中引水工程隧洞穿越区活动断裂调查中的应用[J]. 工程地球物理学报，17(6)：759-767.

罗文行,周云,房艳国,等,2019.碳酸岩U系测年在滇西北北衙组地层抬升速率计算中的应用[J].华南地震,39(3):52-56.

马宗晋,陈鑫连,叶叔华,等,2001.中国大陆区现今地壳运动的GPS研究[J].科学通报,46(13):1118-1120.

彭贵,焦文强,1986.永胜-金官盆地晚第四纪沉积物的[14]C年龄测定及其地质意义[J].地震地质,8(3):10.

彭贵,麦学舜,李红春,等,1984.大理地区全新世地层的划分及[14]C年龄测定[J].地震地质,6(1):55-60.

任纪舜,1980.中国大地构造及其演化[M].北京:科学出版社.

任俊杰,张世民,侯治华,等,2007.滇西北通甸-巍山断裂中段的晚第四纪滑动速率[J].地震地质,29(4):756-764.

沈吉,安芷生,王苏民,等,2008.鹤庆深钻岩芯揭示的构造-沉积旋回及其西南季风区2.78Ma以来的气候环境演化[J].中国科学(D辑:地球科学),38(3):355-363.

沈晓明,李德文,孙昌斌,等,2016.鹤庆-洱源断裂带中段晚更新世以来的走滑活动[J].大地构造与成矿学,40(1):29-37.

四川地质矿产局,1991.四川省区域地质志[M].北京:地质出版社.

汤勇,胡朝忠,田勤俭,等,2014.云南龙蟠-乔后断裂剑川段古地震初步研究[J].地震,34(3):117-124.

童国榜,刘志明,王苏民,等,2002.云南鹤庆盆地近1Ma来的气候序列重建初探[J].第四纪研究,22(4):332-339.

王运生,王士天,2000.云南剑川—鹤庆一带新生代推覆构造成因机制分析[J].成都理工学院学报,27(2):162-165.

魏永明,魏显虎,李德文,等,2017.滇西北地区鹤庆-洱源断裂带遥感影像特征及活动性分析[J].第四纪研究,37(2):234-249.

吴大宁,韩竹君,1988.断层几何障碍与地震的发生和发展:以剑川-洱源伸展带为例[J].地震地质,10(4):60-69.

夏斌,耿庆荣,张玉泉,2007.滇西鹤庆地区六合透辉石正长斑岩锆石SHRIMP U-Pb年龄及其意义[J].地质通报,26(6):692-697.

向宏发,虢顺民,冉勇康,等,1986.滇西北地区的现代构造应力场[J].地震地质,8(1):15-23.

向宏发,万景林,韩竹军,等,2006.红河断裂带大型右旋走滑运动发生时代的地质分析与FT测年[J].中国科学(D辑:地球科学),36(11):977-987.

向宏发,徐锡伟,虢顺民,等,2002.丽江-小金河断裂第四纪以来的左旋逆推运动及其构造地质意义:陆内活动地块横向构造的屏蔽作用[J].地震地质,24(2):188-198.

肖海丰,沈吉,肖霞云,2006.鹤庆孔碳酸盐记录与深海$\delta^{18}O$和黄土粒度记录的对比[J].海洋地质与第四纪地质,26(2):41-47.

肖海丰,沈吉,肖霞云,2006.云南省鹤庆盆地2.78Ma以来的环境演化[J].湖泊科学,18(3):255-260.

徐锡伟,闻学泽,郑荣章,等,2003.川滇地区活动块体最新构造变动样式及其动力来源[J].中国科学(D辑:地球科学),33(B04):151-162.

许志琴,1992.中国松潘-甘孜造山带的造山过程[M].北京:地质出版社.

羊向东,王苏民,童国榜,等,2000.滇西北鹤庆盆地1.0Ma以来构造抬升的植被与气候响应[J].微体古生物学报,17(2):207-217.

杨建强,崔之久,2003.云南点苍山冰川地貌特征[J].水土保持研究,10(3):90-93.

杨建强,崔之久,易朝路,等,2007.关于点苍山"大理冰期"[J].中国科学(D辑:地球化学),37(9):1205-1211.

俞维贤,张建国,周光全,等,2005.2001年永胜6级地震的地表破裂与程海断裂[J].地震地质,28(2):125-128.

云南省地质矿产局,1990.云南省区域地质志[M].北京:地质出版社.

赵国光,1965.滇西北大理丽江地区新生代地层及构造的初步观察[J].地质论评,23(5):345-358.

郑本兴,2000.云南玉龙雪山第四纪冰期与冰川演化模式[J].冰川冻土,22(1):53-61.

周云,房艳国,王家祥,等,2019.滇中引水工程穿过活动断裂防震抗震思路研究[J].三峡大学学报,41(S):7-11.

AITKEN M J,1998. Introduction to optical dating:the dating of Quaternary sediments by the use of photon-stimulated luminescence[M]. Oxford:Clarendon Press.

BRIDGE J, DEMICCO R, 2008. Earth surface processes, landforms and sediment deposits[J]. Earth Surface Processes,1:815.

CLIFT P D, TADA R, ZHENG H, 2010. Monsoon evolution and tectonics-climate linkage in Asia:an introduction[J]. Geological Society,London,Special Publications,342(1):1-4.

GADGIL S,2003. The Indian monsoon and its variability[J]. Annual Review of Earth and Planetary Sciences,31(1):429-467.

GAN W,ZHANG P,SHEN Z K,et al.,2007. Present-day crustal motion within the Tibetan Plateau inferred from GPS measurements[J]. Journal of Geophysical Research:Solid Earth,112(B8):B8416.

HARVEY A M, MATHER A E, STOKES M, 2005. Alluvial fans: geomorphology, sedimentology, dynamics-introduction. A review of alluvial-fan research [J]. Geological Society,London,Special Publications,251(1):1-7.

HARVEY A M,SILVA P G,MATHER A E,et al.,1999. The impact of Quaternary sea-level and climatic change on coastal alluvial fans in the Cabo de Gata ranges,southeast Spain[J]. Geomorphology,28(1-2):1-22.

HARVEY A M,WIGAND P E,WELLS S G,1999. Response of alluvial fan systems to the late Pleistocene to Holocene climatic transition:contrasts between the margins of pluvial Lakes Lahontan and Mojave,Nevada and California,USA[J]. Catena,36(4):255-281.

HARVEY A M, 2002. Effective timescales of coupling within fluvial systems [J].

Geomorphology,44(3-4):175-201.

HARVEY A M, 1997. The role of alluvial fans in arid-zone fluvial systems [J]. Chichester:Wiley:231-259.

HARVEY A M, 1996. The role of alluvial fans in the mountain fluvial systems of southeast Spain:implications of climatic change[J]. Earth Surface Processes and Landforms, 21(6):543-553.

HU S, GODDU S R, APPEL E, et al. , 2005. Palaeoclimatic changes over the past 1 million years derived from lacustrine sediments of Heqing basin (Yunnan, China) [J]. Quaternary International,136(1):123-129.

LI D,LI Y,MA B,et al. ,2009. Lake-level fluctuations since the Last Glaciation in Selin Co (lake), Central Tibet, investigated using optically stimulated luminescence dating of beach ridges[J]. Environmental Research Letters,4(4):045204.

ROBINSON R A J,SPENCER J Q G,STRECKER M R,et al. ,2005. Luminescence dating of alluvial fans in intramontane basins of NW Argentina [J]. Geological Society, London,Special Publications,251(1):153-168.

SORRISO-VALVO M, ANTRONICO L, LE PERA E, 1998. Controls on modern fan morphology in Calabria,Southern Italy[J]. Geomorphology,24(2-3):169-187.

SUN C, LI D, SHEN X, et al. , 2017. Holocene activity evidence on the southeast boundary fault of Heqing basin,middle segment of Heqing-Eryuan fault zone,West Yunnan Province,China[J]. Journal of Mountain Science,14(7):1445-1453.

VISERAS C, CALVACHE M L, SORIA J M, et al. , 2003. Differential features of alluvial fans controlled by tectonic or eustatic accommodation space. Examples from the Betic Cordillera,Spain[J]. Geomorphology,50(1-3):181-202.

XIAO X Y,SHEN J,WANG S M,et al. ,2010. The variation of the southwest monsoon from the high resolution pollen record in Heqing Basin,Yunnan Province,China for the last 2.78 Ma[J]. Palaeogeography,Palaeoclimatology,Palaeoecology,287(1-4):45-57.

ZHISHENG A, CLEMENS S C, SHEN J, et al. , 2011. Glacial-interglacial Indian summer monsoon dynamics[J]. Science,333(6043):719-723.